★★★
★"十三五"★

国家重点图书出版规划项目

ICT认证系列丛书

U0877838

华为信息与网络技术学院指定教材

云计算技术

林康平　王磊　/编著

人 民 邮 电 出 版 社

北　京

图书在版编目（CIP）数据

云计算技术 / 林康平，王磊编著. -- 北京 : 人民邮电出版社，2017.11
（ICT认证系列丛书）
ISBN 978-7-115-45651-9

Ⅰ. ①云… Ⅱ. ①林… ②王… Ⅲ. ①云计算一研究 Ⅳ. ①TP393.027

中国版本图书馆CIP数据核字(2017)第223594号

内 容 提 要

本书是华为 ICT 学院云计算技术官方教材，旨在帮助学生学习云计算技术的基本概念、体系架构以及基础云平台的搭建和使用。

本书从云的概念、技术、架构、应用 4 个方面介绍云计算的相关知识，以华为的 FusionSphere OpenStack 为核心，让读者了解如何构建公有云、混合云、私有云平台；以华为云服务为基础，阐述企业建云、上云、用云的各种解决方案。

除华为 ICT 学院的学生之外，本书同样适合正在备考 HCNA-Cloud 认证，或者正在参加 HCNA-Cloud 技术培训的学员进行阅读和参考。其他有志于从事 ICT 行业的人员和云计算技术爱好者也可以通过阅读本书，加深自己对云计算技术的理解。

◆ 编　　著　林康平　王　磊
责任编辑　李　静
责任印制　彭志环
◆ 人民邮电出版社出版发行　　北京市丰台区成寿寺路 11 号
邮编　100164　　电子邮件　315@ptpress.com.cn
网址　http://www.ptpress.com.cn
三河市祥达印刷包装有限公司印刷
◆ 开本：787×1092　1/16
印张：20　　2017 年 11 月第 1 版
字数：414 千字　　2024 年 8 月河北第35次印刷

定价：69.00 元

读者服务热线：(010)81055493　印装质量热线：(010)81055316
反盗版热线：(010)81055315

序

物联网、云计算、大数据、人工智能等新技术的兴起，推动着社会的数字化演进。全球正在从“人人互联”发展至“万物互联”，未来二三十年，人类社会将演变成以“万物感知、万物互联、万物智能”为特征的智能社会。

新兴技术快速渗透并推动企业加速数字化转型，企业业务应用系统趋于横向贯通，数据趋于融合互联，ICT 正在成为企业新一代公共基础设施和创新引擎，成为企业的核心生产系统。据华为 GIV（全球 ICT 产业愿景）预测，到 2025 年，全球的联接数将达到 1000 亿，85%的企业应用上云，100%的企业会联接云服务，工业智能的普及率将超过 20%。数字化发展为各行各业带来的纵深影响远超出想象。

作为企业数字化转型中的关键使能者，ICT 人才将站在更新的高度，以更为全局的视角审视整个行业，并依靠新思想、新技术驱动行业发展。因此，企业对于融合型 ICT 人才需求也更为迫切。未来 5 年，华为所领导的全球 ICT 产业生态系统对人才的需求将超过 80 万。华为积累了 20 余年的 ICT 人才培养经验，对 ICT 行业发展现状及趋势有着深刻的理解。面对数字化转型背景下的企业 ICT 人才短缺，华为致力于构建良性的 ICT 人才生态。2013 年，华为开始与高校合作，共同制定 ICT 人才培养计划，设立华为信息与网络技术学院（简称华为 ICT 学院），依据企业对 ICT 人才的新需求，将物联网、云计算、大数据等新技术和最佳实践经验融入到课程与教学中。华为希望通过校企合作，让大学生在校园内就能掌握新技术，并积累实践经验，促使他们快速成长为有应用能力、会复合创新、能动态成长的融合型人才。

教材是知识传递、人才培养的重要载体，华为聚合技术专家、高校教师倾心打造 ICT 学院系列精品教材，希望帮助大学生快速完成知识积累，奠定坚实的理论基础，助力同学们更好地开启 ICT 职业道路，奔向更美好的未来。

亲爱的同学们，面对新时代对 ICT 人才的呼唤，请抓住机遇，拥抱精彩的 ICT 时代，书写未来职业的光荣与梦想吧！华为，将始终与你同行！

前　言

云是在商业模式中，以服务为形式的一种抽象表现，计算是云服务具体实施的技术细节，这个细节包括 IT 架构的方方面面，从软件到硬件，从服务器、存储、网络到安全，它是计算机技术和网络发展到一定程度的必然产物。云服务模式正在成为企业 IT 的新模式，这已经成为产业界的共识，云计算及大数据以互联网为基础的信息化应用推动了信息化与工业化的融合，由此引发了整个 IT 的变革。未来，云计算结合大数据，将为人工智能时代的到来，提供重要的技术支撑和更大价值的商业服务。

本书主要内容

本书共分为四个部分。

第一部分从云计算的起源、发展、概念、架构、分类、应用、安全到云计算的未来趋势进行详细的介绍，并结合云计算物理架构的演变深刻理解云计算在业务和技术多个层面的发展过程。

第二部分主要讲解云计算中各个层面运用的技术，包括底层的硬件基础设施，中间层的分布式系统，上层的传统虚拟化 PaaS 架构和以容器为基础的新一代微服务 PaaS 架构，最后，本部分阐明云计算中技术发展的趋势。

第三部分介绍基于 OpenStack 架构的 FusionSphere 云解决方案，通过统一的 OpenStack API 支持开放混合云业务，实现从 FusionSphere 私有云扩展到 OpenStack 混合云或公有云，解决企业自己建云、上云并使用云的实际问题。

第四部分主要介绍云计算在各个层面的具体应用案例，如 IaaS 层的桌面虚拟化应用，PaaS 层的 Java 中间件的开发，以及 SaaS 层的 Office 365 如何使用。

本书内容丰富，从概念、技术、架构、应用等方面对云计算进行全面的阐述，理论结合实践，对学习云计算能够起到帮助和参考的作用。

关于本书读者

本书定位是华为 ICT 学院云计算技术官方教材，本书适合于以下几类读者。

1. 华为 ICT 学院的学生。

2. 各大高校学生。

3．正在学习 HCNA-Cloud 课程的学员和正在备考 HCNA-Cloud 认证的考生。

4．有志于从事 ICT 行业的初学者。

5．云计算技术爱好者。

联合创作

本书是由华为技术有限公司联合泰克教育集团、高校专家共同为华为 ICT 学院打造的云计算技术官方教材。泰克教育集团自 2003 年成立以来，致力于 ICT 校企合作、课程资源建设和人才培养服务。泰克教育集团秉承“技术为王，服务至上”的理念，连续多年被评为“中国区优秀服务合作伙伴”，为 ICT 人才生态良性发展提供有力支持。

本书作者

主要编写人员：林康平、王磊、安俊秀

编委人员（排名不分先后）：陈亮、丁琳琦、黄生、倪凯、王隆杰、徐来、许魏山、杨诚、周浩、周江飞、朱颖杰

技术审校（排名不分先后）：蔺子荣、刘洋、张博、张亮、张伟、赵静

目　　录

第一部分　云计算概念

第二部分 云计算技术

第三部分 云平台架构

第四部分 云计算应用

第一部分　云计算概念

第1章
云计算概念及发展历程

1.1　云计算起源

1.2　云计算发展与历程

1.3　云计算概念

1.4　云计算架构

1.5　云计算特征及优势

1.6　云计算的未来

习题

在日新月异的信息时代，随着计算机技术的不断发展，云计算已经成为推动社会生产力变革的新生力量，是计算机技术和网络技术发展融合的产物。它将在人类历史的舞台上谱写新的篇章。在本章中，主要讲解云计算的发展历程和概念、云计算的架构、云计算的特征及未来的发展趋势。

学习目标

- 理解云计算的发展历程；
- 掌握云计算的概念和特征；
- 掌握云计算的逻辑架构和物理架构；
- 了解云计算未来发展趋势。

1.1 云计算起源

1.1.1 互联网促进了云计算的产生

在历史长河的深处，云时代其实早已悄悄拉开了序幕。

20 世纪 60 年代的第一波信息化革命，即计算机革命，很多传统企业紧跟这一轮信息化的浪潮，将计算机广泛应用到业务中。20 世纪 90 年代的第二波信息化革命，即互联网革命，1987 年 9 月 14 日发出了中国第一封电子邮件："Across the Great Wall we can reach every corner in the world.（越过长城，走向世界）"，揭开了中国人使用互联网的序幕，当时通信速率为 300bit/s。1989 年，在欧洲粒子物理研究所工作的蒂姆·伯纳斯·李发明了万维网（World Wide Web），也叫作 Web、WWW、W3，通常简称为 Web。4 年后，美国网景公司推出了万维网产品，顿时风靡全世界。万维网的诞生给全球信息的交流和传播带来了革命性的变化，打开了人们获取信息的方便之门。

Web1.0 时代开始于 1994 年，其主要特征是大量使用静态的 HTML 网页来发布信息，开始使用浏览器来获取信息，这个时候主要是单向的信息传递。Web1.0 的本质是聚合、联合、搜索，其聚合的对象是巨量、无序的网络信息。Web1.0 只满足了人对信息搜索、聚合的需求，而没有满足人与人之间沟通、互动和参与的需求。这个时期诞生了百度、谷歌、亚马逊等企业。

Web2.0 时代开始于 2004 年，其主要特征是软件被当成一种服务，Internet 从一系列网站演化成一个成熟的为最终用户提供网络应用的服务平台，强调用户参与、在线网络协作、数据储存的网络化、社会关系网络、RSS（Really Simple Syndication，简易信息聚合）应用以及文件的共享。这个时期变成了双向传递信息，用户既是信息的浏览者也是信息的创造者，大大激发了企业及用户的创造和创新的积极性，使 Internet 重新变得生机勃勃。

2010 年掀起第三波信息化革命，即移动互联网革命，商业世界正式进入大数据时代。截至 2017 年 1 月，中国网民规模达 7.31 亿，相当于欧洲人口总量，互联网普及率达到 53.2%。手机网民占比达 95.1%，手机支付习惯已经形成。

在 Web2.0 时代，Flickr、MySpace、FaceBook、YouTube、Blog、Wiki 等网站的访问量已经远远超过传统门户网站的访问量。用户数量多以及用户参与程度高是这些网站的特点。因此，如何有效地为如此巨大的用户群体服务，让他们参与时能够享受方便、快捷的服务，成为这些网站不得不解决的一个问题。

1.1.2 大数据促进了云计算的发展

我们正处在一个 IT 变革的时代，云计算、大数据和移动办公是 IT 未来发展的趋势。在 IT 的整个发展过程中，数据一直伴随着我们，由最初 KB 到现在 ZB（1ZB 等于 10 亿 TB）。随着互联网技术的不断发展，数据量呈爆发式增长，预计到 2020 年，全球数据总量将达到 35～45ZB。

大数据聚合在一起的数据量是非常大的，根据国际数据公司（IDC）的定义至少有超过 100TB 可供分析的数据。数据量大是大数据的基本特征，导致数据大规模增长的原因有很多：首先是随着互联网技术的发展，使用网络的企业、机构和个人等呈增长的趋势，数据的获取和分享方式越来越简易；其次是随着各种传感器数据获取能力的大幅提高，使得人们获取的数据越来越接近原始事物的本身，描述同一事物的数据量激增，早期通过表格等方式收集、存储、整理的数据，大多存在抽象化等特点，不便于用户真实统计数据并分析。此外，数据量大还体现在人们思维的转变，人们在数据的获取方式及理念发生了巨大的变化。早期人们对事物的认知受限于获取、分析数据的能力，较多地使用采样的方式，以少量的数据来近似描述事物的全貌，通过采样方式获取到的部分样本，可能分析得到的数据与实际的数据存在相反的结论。因此，为了让分析的结果具有更高的准确性，必须要调取大量的数据，从接近事物本身的数据开始着手，从更多的细节来解释事物本身所具有的特征。

如今的数据类型早已不是单一的文本形式，结构化数据、半结构化数据和非结构化数据共存。非结构化数据快速增长，占到当前总数据量的80%～90%。以往的数据通常是按照原先定义的结构化数据来存储。结构化数据是指可以用二维表结构来逻辑表达实现的数据，在定义数据结构化过程中，往往忽略了一些在特定应用场景下的细节，数据最终以表格的形式保存在数据库中，数据格式统一，这种形式存储的结构化数据，呈现大众化、标准化的特点。而随着互联网网络及传感器的快速发展，非结构化数据呈现飞速增长的趋势，非结构化数据没有统一的数据结构属性，难以用表结构来表示及存储数据，在记录数据数值的同时还需要存储数据的结构，增加了数据存储、处理的难度，但目前，非结构化数据在很多领域所占比重是非常大的，人们在日常生活中上网不仅仅是看新闻，发送电子邮件等，还会上传或者下载音视频文件等，这些都是非结构化数据。整体而言，非结构化数据的增长速度比结构化数据的增长速度快 10 倍到 50 倍，但这并不意味着结构化数据或者半结构化数据将面临淘汰的局面，具体的使用情况以实际的应用场景为准。大数据是在数据呈现多元化（结构化数据、非结构化数据和半结构化数据）的背景下产生的。

传统的结构化数据通常按照特定的应用对事物进行相应的抽象，而大数据在获取信息时不会对事物进行抽象，归纳等处理，它会获取事物全部细节，在分析时直接采用原始数据，保留了数据的原始面貌，减少了采样和抽象等步骤，但在分析的过程中多少会引入大量没有意义的信息，或者是错误的信息。因此，相对于特定场景的应用，大数据关注非结构化数据的价值密度较低。以视频为例，一部数小时的视频，在连续的不间断监控中，大量的数据被存储起来，但很多数据是无用的，对于特定场景的数据，有用的数据仅仅只有一两秒。

随着各种传感器与互联网等信息的获取，数据的产生与发布越来越便捷，产生数据的途径也增多，数据量呈现爆炸式的快速增长，快速增长的数据量要求数据处理的速度也要紧跟其步伐，才能使得获取到大量的数据被有效利用，否则，快速增长的数据量会成为解决问题的负担。在获取数据的过程中，数据不是一成不变的，而是随着互联网在时时发生变化的，通常这样的数据价值会随着时间的推移而呈现降低的趋势，如果数据在获取时间内没有得到有效的处理，就会导致其失去价值。

数据在我们身边无处不在，不再局限于传统的企业数据，如信息管理系统、数据库等，还包括各种智能传感设备、智能仪表、监控探头和 GPS 定位等的数据，同时，各种社交媒体，如微博、微信和 Facebook 等社交媒体平台也是数据的主要来源。而当物联网发展到一定规模时，条形码、二维码、RFID 检测仪、可穿戴设备、智能感知、VR 等技术可实现实时的信息采集和分析。同时，个人用户在互联网、移动互联网应用的需求强烈，追求更好的用户体验，如微博、微信用户既接收数据，又是数据的发布者。此外，在政府机构和大型企业中，对信息化的需求越来越高，政府机构越来越强调行政措施的公开性、透明性和实时性，能让广大群众更好、更快地了解到政府的一些行政措施，包括平安城市、智慧城市和智能交通建设等。大型企业同样注重信息的实时更新，抓住热点信息往往会为企业带来巨大的经济效益，同时信息化有利于减少人与人之间的交互成本。数据每时每刻都在产生，它们是大数据的来源。未来大数据无处不在，然而大数据中的“大”不仅是数据量多，而是指数据的价值和质量，它要求数据种类多、实时性强、蕴藏价值大。

有了这些数据，必须想办法存储和分析，从中挖掘出有价值的信息，为社会提供更好的服务。如在解决城市交通拥堵问题时，应该通过道路视频监控，实时分析并采集交通数据流量，控制各个路口红绿灯状态，合理指导人们选择最佳的出行方案，改善城市的拥堵状况等。这些都离不开对大数据的存储，挖掘有价值的数据进行计算和分析，而传统 IT 架构显得力不从心，应用程序运行缓慢，页面无法显示。另外，企业业务量不断地增长，用户访问量、并发量随之成倍增加，在同一时刻访问量突然并发的情况下，由于 IT 设施资源有限，提供给客户的应用服务就会被中断，给企业和客户带来不必要的损失，这些问题都需要打破传统思维方式建立新的 IT 架构来解决。

1.2　云计算发展与历程

1.2.1　云计算的发展

在 IT 领域，任何新事物都需要业务和技术的推动。在业务需求方面，我们处在互联网大数据的时代，大数据促进了云计算的迅猛发展。大数据的信息丰富多彩，如没有强大的云计算处理能力，不能分析和挖掘出有价值的信息，就不能为企业或社会提供各种科学的决策，终究没有任何价值。在对大数据的存储和运算中，传统的 IT 架构（客户端/服务器模式）已经难以解决突发性的高流量、高密度的业务访问，以及处理业务高峰过后的资源闲置问题。另外，企业由于需要在经济效应中不断追求利益最大化，在业务量不断增加的背景下，需要降低各种生产、运维和人力等成本，并时常面临着 IT 平均资源利用率及能耗效率低下、业务维护成本居高不下等问题，这都需要新的技术和方案才能解决上述问题。

在技术方面，随着分布式存储、并行计算、虚拟化、互联网技术的不断发展与成熟，基于互联网提供包括弹性的 IT 基础设施、大数据挖掘、云安全服务成为可能。在这种力量的推动下，Google 在 2006 年的搜索引擎大会（SES San Jose 2006）上提出了“云计算”的概念及体系架构，并快速得到了业界的认可。

云计算已从新兴技术发展成为当今的热门技术。从 Google 公开发布的核心文件到 Amazon EC2（亚马逊弹性计算云）的商业化应用，再到美国电信巨头 AT&T（美国电话电报公司）推出的 Synaptic Hosting（动态托管）服务，云计算从节约成本的工具到盈利的推动器，从 ISP（互联网服务提供商）到电信企业，已然成功地从内置的 IT 系统演变成公共的服务。云时代的来临，已经势不可当。

大数据、云计算以互联网为基础的信息化应用，推动了信息化与工业化的融合，由此引发了整个 IT 的变革，对我们的生产和生活产生颠覆性的影响。云计算为这些海量、多样化的大数据提供了存储和运算平台，通过对不同来源数据的管理、处理、分析与优化，把结果应用到生产实践中，将创造出巨大的经济和社会价值。

1.2.2 云计算的历程

1984 年，SUN 公司提出“网络就是计算机”这一具有云计算特征的论点；2006 年，Google 公司 CEO Eric Schmidt 提出云计算概念；2008 年，云计算概念全面进入中国，2009 年，中国首届云计算大会召开，此后云计算技术和产品迅速发展起来。云计算的发展历程见表 1-1。

表 1-1　　云计算的发展

云计算的发展	
2006 年 3 月	亚马逊（Amazon）推出弹性计算云（Elastic Compute Cloud，EC2）服务
2006 年 8 月	谷歌（Google）第一次提出“云计算”（Cloud Computing）的概念
2008 年 7 月	Yahoo、HP 和 Intel 宣布推出云计算
2008 年 10 月	微软发布了自己的公共云计算平台——Windows Azure Platform，由此拉开了微软的云计算大幕
2010 年 7 月	2010 年 7 月，美国国家航空航天局和包括 RackSpace、AMD、Intel、戴尔等厂商共同宣布支持OpenStack开放源代码计划，微软在 2010 年 10 月表示支持
2009 年 9 月	阿里云计算有限公司成立
2013 年 3 月	Docker 推出
2015 年 5 月	Chris Richardson 开始发布有关微服务的系列文章
2016 年 4 月	华为分析师大会发布“全面云化”战略

1.3 云计算概念

由美国国家标准与技术研究院提出的云计算概念为：云计算是一种按使用量付费的

模式，这种模式提供可用的、便捷的、按需的网络访问，进入可配置的计算资源共享池（资源包括网络、服务器、存储、应用软件和服务），这些资源能够被快速提供，只需投入很少的管理工作，或与服务供应商进行很少的交互。

维基百科也对云计算的概念做出了定义：云计算是一种基于互联网的计算方式，通过这种方式，共享的软、硬件资源和信息可以按需求提供给计算机和其他设备。云计算依赖资源的共享以实现规模经济，类似基础设施（如电力网）。

简而言之，云计算是一种通过互联网以服务的方式提供动态可伸缩的虚拟化资源的计算模式。云计算是基于互联网的相关服务的使用和交付模式，通过互联网来提供动态伸缩的虚拟化资源共享。云是一种比喻，云计算分狭义云计算和广义云计算：狭义云计算指 IT 基础设施的交付和使用模式，指通过网络以按需、易扩展的方式获得所需资源；广义云计算指服务的交付和使用模式，指通过网络以按需、易扩展的方式获得所需服务，这种服务包括大数据服务、云计算安全服务、弹性计算服务、应用开发的接口服务、互联网应用服务、数据存储备份服务等。广义云计算意味着计算能力也可作为一种商品通过互联网进行流通。

云计算的硬件资源是以分布式系统为底层架构，上层通过虚拟化技术进行业务的弹性伸缩，以互联网的形式提供具有等级协议（Service-Level Agreement，SLA）的服务。该协议是云服务供应商和客户之间的一份商业保障合同，而非一般的服务承诺。终端用户不需要了解“云”中基础设施的细节，不必具有相应的专业知识，也无需直接进行控制，只关注自己真正需要的资源以及如何通过网络来得到相应的服务。

1.3.1　从技术角度认识云计算

从技术视角来看，云计算包含云设备和云服务两部分，如图 1-1 所示。

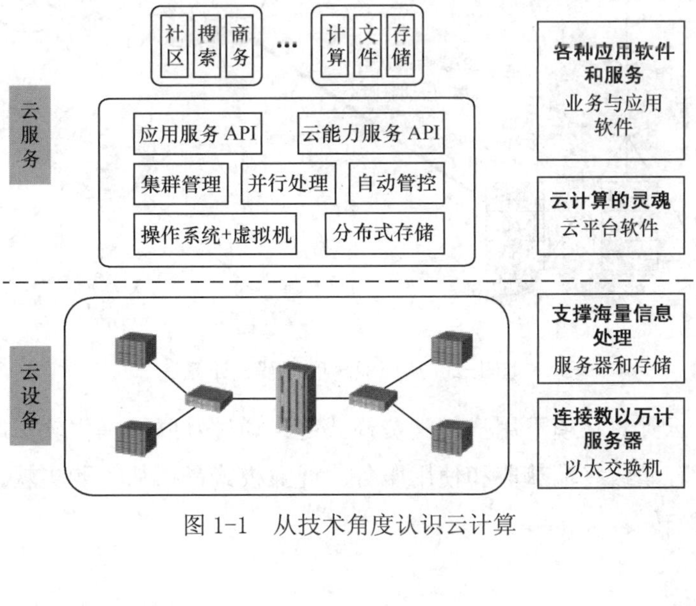

图 1-1　从技术角度认识云计算

云设备包含用于弹性计算的服务器设备、用于数据保存的存储设备、用于数据通信的网络设备和其他用于云安全、互联网应用、负载均衡等硬件设备。云设备建立在稳定、低廉的硬件基础之上，计算资源多采用分布式、海量低成本服务器代替专有大型机、小型机和高端服务器。

云服务包含用于物理资源虚拟化调度管理的弹性计算服务、大数据处理服务、网络应用服务、数据安全服务、应用程序接口服务、自动化运维和管理服务等，具备 SLA 等级的云服务。外部提供更高效、安全、简易的应用服务和更安全的数据保障，内部通过自动化的脚本、内外监控、报警机制替代人工的业务部署、系统升级、巡检、自测等重复工作。

1.3.2 从商业角度认识云计算

从商业角度认识云计算如图 1-2 所示。云计算如同 100 年前“电”的演变一样。在电力刚刚发明问世之际，各家各户的电力均采用自给自足的形式，随着发电技术的进步以及购置发电设备的增多，电力逐渐成为社会公共基础设施。于是农场、公司和家庭逐渐关闭了自己的发电机，从发电厂购买电力，实现了从购买发电设备到购买电力服务的转变。与之类似，云计算好比一座发电厂，只不过它向外提供的不是电而是计算能力、存储能力、网络能力等各种服务能力，用户不再需要安装软、硬件，而直接调用服务即可。和用电一样，付费即可使用。

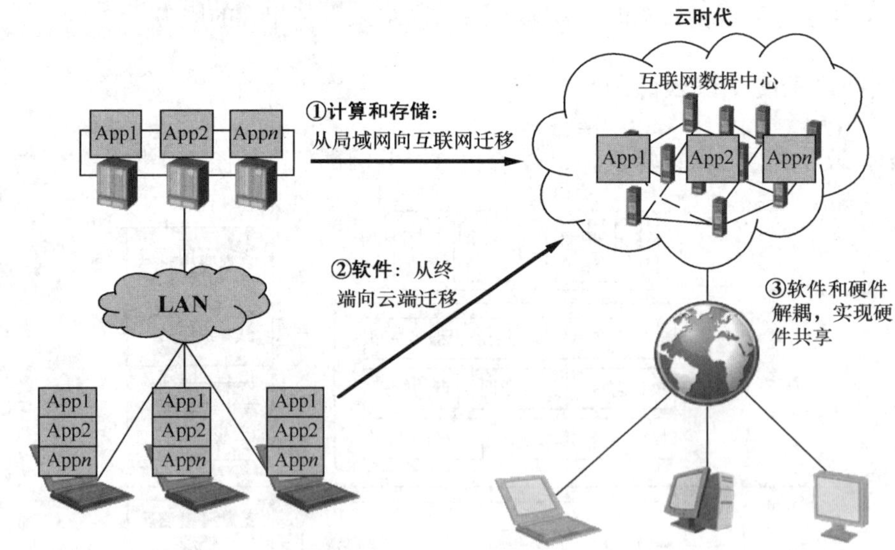

图 1-2　从商业角度理解云计算

综上所述，云计算环境下用户的消费模式是：通过互联网提供软、硬件与服务，用户通过浏览器或轻量级终端获取和使用服务。商业模式是：从“购买软、硬件产品”向“购买信息服务”转变。

1.3.3　云计算的表现形式

云计算有大分小模式和小聚大模式两个典型的表现形式，如图 1-3 所示。

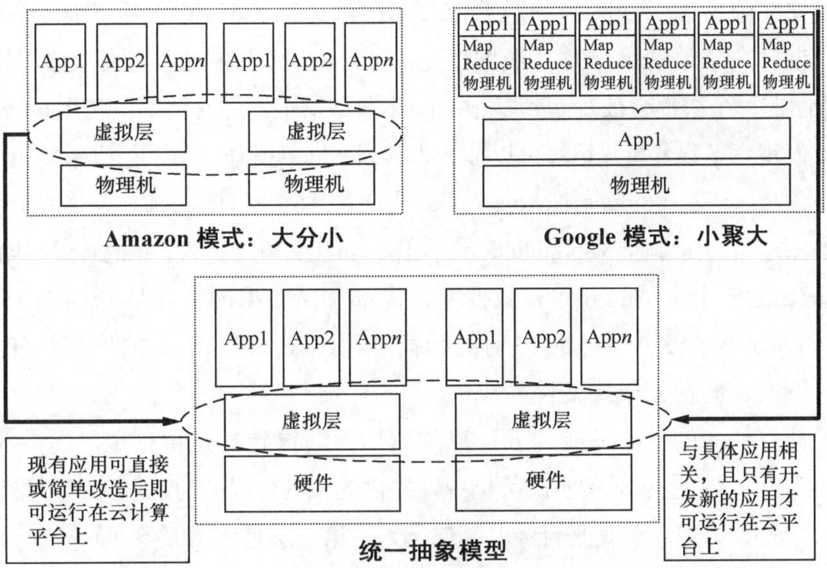

图 1-3　云计算的表现形式

（1）大分小模式

资源在应用之间实现时分复用。关键技术包括计算、存储、网络虚拟化、虚拟机监控、调度和迁移。典型代表是 Amazon EC2。

（2）小聚大模式

应用资源需求大，可以划分为子任务。关键技术包括任务分解、调度、分布式通信总线和全局一致性。典型代表是 Google。

1.4　云计算架构

1.4.1　云计算逻辑架构

云计算的逻辑架构是以 Google 提出的云计算逻辑架构而发展起来的，Google 的云计算基础设施包括 4 个相互独立又紧密结合在一起的系统：GFS（Google File System）分布式文件系统、分布式程序调度器 Chubby 锁服务、针对 Google 应用特点提出的 MapReduce 编程模式和大规模分布式数据库 BigTable，如图 1-4 所示。

图 1-4　Google 的云计算基础设施

GFS 分布式文件系统提供可伸缩、处理大数据访问的系统，并提供统一的访问文件系统的 API。Google 根据自己的需要，设计出一套全新的分布式文件系统。一个 GFS 集群包含一对主备的 Master 节点、多台 Chunk 服务器。GFS 把文件分成固定大小的块，每一块分布存储在廉价的 Chunk 服务器上。Master 给这个块分配一个唯一的标识，以 Linux 文件的形式保存在本地硬盘，并且根据指定的 Chunk 标识和字节范围来读写块数据。为了提高可靠性，每个块都会被复制到多个 Chunk 服务器上，通常情况下使用 3 个复制节点。

Google 发现大多数分布式运算可以抽象为 MapReduce 操作，Map 是把输入（Input）分解成中间的 Key-Value 对，Reduce 把 Key-Value 合成最终输出（Output）。这两个函数是由程序员提供给系统，下层设施把 Map 和 Reduce 操作分布在集群上运行，并把结果存储在 GFS 上。

BigTable 是一个大型的分布式数据库，内部存储数据的文件是 Google SSTable 格式的。SSTable 是一个 Key-Value 映射的数据结构，Key 和 Value 的值都是任意的字符，以键值对的形式存储在分布式文件系统中。

随着云计算技术的不断发展，云计算的架构逐渐得到补充和充实，提供的应用服务更加广泛和丰富。如图 1-5 所示的架构中，提供的服务可以分为三层，第一层是基础设施（Infrastructure），第二层是平台（Platform），第三层是应用服务（Application），各自对应的是 IaaS（Infrastructure as a Service）、PaaS（Platform as a Service）和 SaaS（Software as a Service）。基础设施即服务层包括虚拟或实体计算机、存储、网络、负载均衡等硬件设施；平台即服务层包括弹性计算服务、存储服务、认证服务和访问服务、各种程序的运行服务、队列服务、数据处理等服务；应用服务层则包括邮件服务、代码托管服务、ERP、CRM、电子商务网站等。用户可以通过多种方式、各种互联网终端设备访问和使用这些服务。

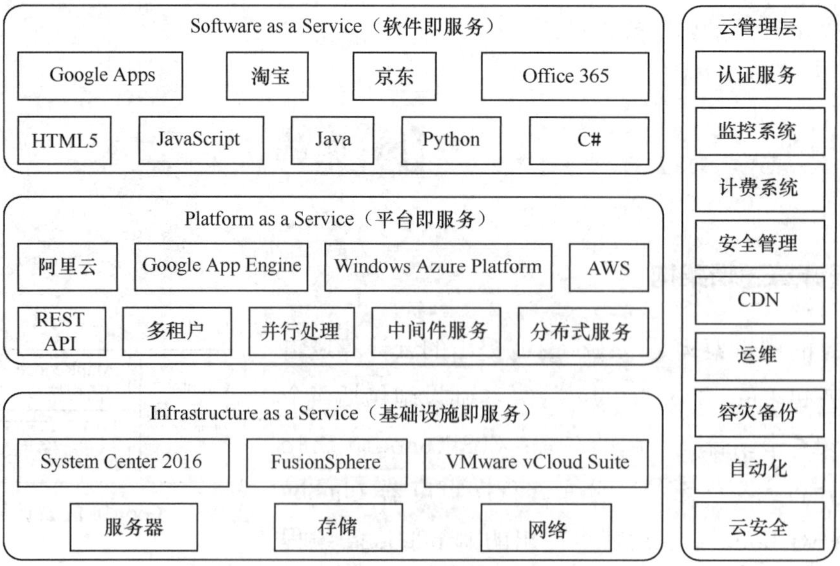

图 1-5　云计算逻辑架构示意

（1）基础设施：是指 IT 基础设施的资源包括服务器、存储、网络等硬件资源外，还包括简单基础应用。

（2）弹性计算：是指可根据业务需求动态伸缩获取云计算中的资源，如 CPU、内存、存储、网络等资源，以快速响应需求的变化。数据处理即依据云计算的分布式运算能力，提供大数据存储、分析、挖掘等应用。

（3）互联网应用：包括多个智能 DNS/CDN 系统，提供用户网络负载均衡、系统容灾、内容快速分发等互联网功能的应用。

（4）云安全：在云计算中安全包括各个层面，从服务器本身的防护，到网络层、数据层、运维，管理等一个整体的云安全架构体系，除了本身的软、硬件安全产品保驾护航外，安全制度和响应机制也是同样重要的。

（5）应用开发：客户以云计算提供的产品为中心，形成一套完整的应用生态。

（6）认证服务：通过多种机制保障用户登录的安全性，并可作为服务提供给用户使用。

1.4.2　云计算物理架构

1. 架构的演变

理解云计算的物理架构之前，先介绍传统的 Web 应用程序的架构。

在 Web 应用的初期，所有的应用程序都运行在一台服务器上，安装如 IIS、Tomcat 的信息服务平台，用 ASP/JSP 等语言编写代码并部署在该平台上，后台使用 JDBC/ADO/ADO.NET 进行数据库的连接和操作，数据库选用如 Access、MySQL、SQL Server、Oracle，此时系统的架构如图 1-6 所示。

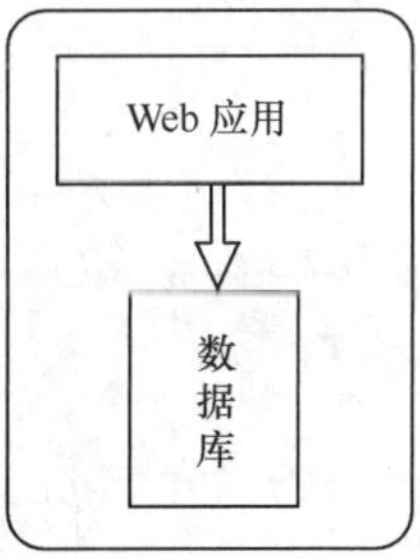

图 1-6　传统 Web 应用程序架构示意

随着 Web 应用的发布和访问量逐步上升，随后把数据库和前端 Web 服务器拆开，即应用服务器与数据库分离，有效地提高系统的访问能力。随着访问量的继续增加，一台服务器已经无法满足需求。服务器从一台变成了两台甚至多台，把用户的请求分散到不同的服务器中，从而提高负载能力，多台应用服务器之间没有直接的联系，各自对外提供 Web 服务。整体架构采用传统面向对象的经典三层（多层）架构或 MVC（Model View Controller）架构等。

但随着访问量的不断提高，数据库的负载慢慢变大，使用数据读写分离，搜索引擎倒排索引和缓存技术来完成大量的查询工作，但随着数据库的压力继续增加，数据库的瓶颈越来越突出，此时采用的是把数据垂直拆分和水平拆分的两种方法：数据垂直拆分是指把数据库中不同的业务数据拆分到不同的数据库中；水平拆分是指把大表中的数据拆分到不同的数据库中相同的表中，如图 1-7 所示。

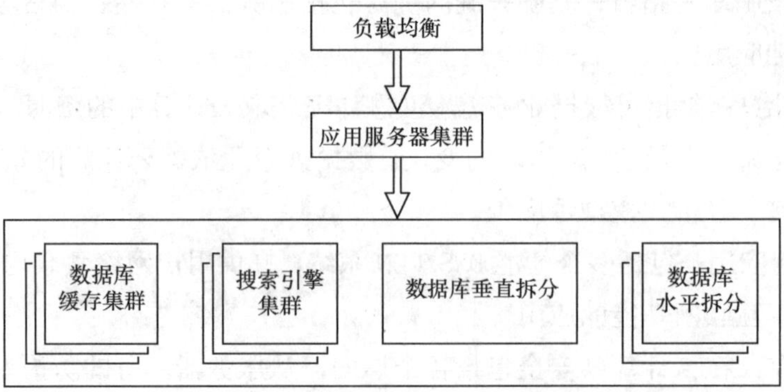

图 1-7　集群与数据拆分架构示意

随着业务的发展，应用程序需要根据业务的需求变得更加灵活，以适应不断变化的环境，传统面向对象的三层架构或 MVC 架构是紧耦合的，紧耦合意味着应用程序的不同组件之间的接口与其功能和结构是紧密相连的，因而当需要对部分或整个应用程序进行某种形式的更改时，它们就显得非常脆弱。SOA（Service-Oriented Architecture，面向服务的架构）架构是把一个紧耦合的应用分解到多个松散的模块中，每个模块有一个对外提供服务的接口，通过 Web Service 对接口的调用实现应用之间的解耦，松耦合系统有两个优点；一是便于异构系统的调用，使其变得更加灵活；另一个是业务的修改不依赖于其他模块。虽然基于 SOA 的系统不能排除使用面向对象的设计来构建单个服务，但是其整体设计却是面向服务的，用服务化的 SOA 系统架构如图 1-8 所示。

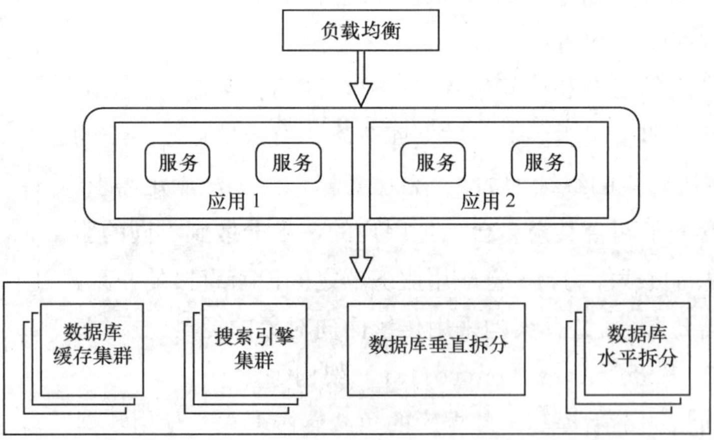

图 1-8　SOA 松耦合架构示意

随着业务的继续发展，整个架构中将包含不同平台的硬件系统和不同语言开发的模块，并且要部署在同一个平台上。此时需要一个平台来传递可靠的，与平台和语言无关的数据，把这些异构的平台或模块进行统一的整合，采用消息队列的模式解决各个模块间的通信问题。如 Microsoft Azure 服务总线支持一组基于云、面向消息的中间件技术，包括可靠的消息队列和持久的发布/订阅消息，服务总线类似于寄送信件的邮递服务，可在发送方与接收方之间灵活传送信息。即使双方永远不会同时联机，或双方无法在完全相同的时间接收消息，消息服务也可以确保能够传送信息。引入消息中间件后的系统架构如图 1-9 所示。

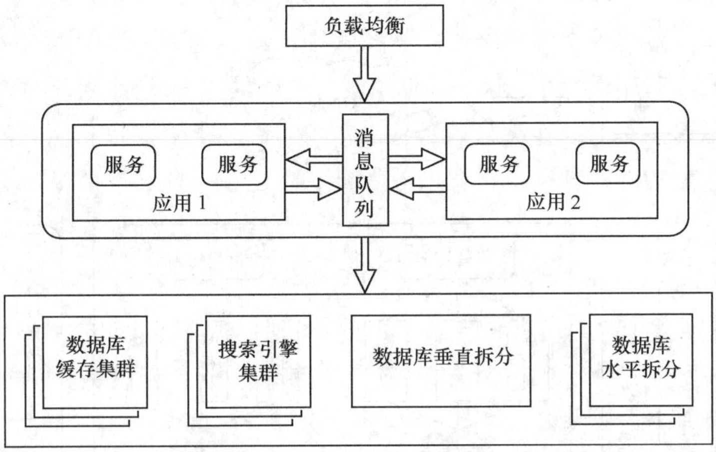

图 1-9　消息中间件架构示意

在以上架构的演变过程中，企业根据自身需求选择合适的架构，只要满足业务的要求，往往简单的架构其实是最好的。

云计算的架构中多采用以上架构的混合：最外层由智能 DNS（Domain Name System，域名系统）和 CDN（Content Delivery Network，内容分发网络）对访问内容进行加速；应用层采用以 SOA 松耦合架构，通过消息队列为各个模块进行通信；数据层以分库、分表、缓存、索引等技术提高增、删、改、查的响应速度，通过数据库的镜像和日志传送提供容灾备份功能；底层采用分布式架构，硬件资源进行统一的抽象和池化后提供给应用层使用。

以客户访问数据中心的云服务为例，简要介绍云计算中客户读取数据的过程，如图 1-10 所示。客户端通过浏览器访问云计算中的服务，DNS 解析 URL 中域名，在 DNS 解析的过程中有两种情况：一种是云计算提供商提供 DNS 解析系统，自动会在 DNS 系统中帮助客户添加 Cname 记录；另一种是不提供 DNS 解析，需要客户自己在 DNS 提供商的域名服务中添加 Cname 记录，通过 Cname 机制域名被指向 CDN 系统。CDN 根据客户地区 IP 地址，返回云服务最近的 CDN 节点地址，CDN 适用于静态页面的展示，但是如果客户第一次访问 CDN 节点地址，仍然要到源镜像地址或是上一级 CDN 节点获取。在静态页面展示完后，动态页面仍然通过 DNS 获取云服务的 VIP（Virtual IP Address，虚拟 IP 地址）公网地址，VIP 地址就是负载均衡暴露在公网的 IP 地址，这也是负载均衡起到网络安全的作用之一，用户 IP 受到保护，通过负载均衡策略，会挑选一台健康状态良好的前端服务器进行访问，它只响应用户的请求，不对数据做任何的处理，之后把请求发送给后端服务器，后端服务和数据库连接，后端服务器会根据管理控制台记录的配置信息（访问路径路由），动态地访问由控制管理系统指定数据库，返回动态页面，静态和动态在客户端加载显示完成。数据库以分布式的分库、分区存储数据，主实例只有一个。

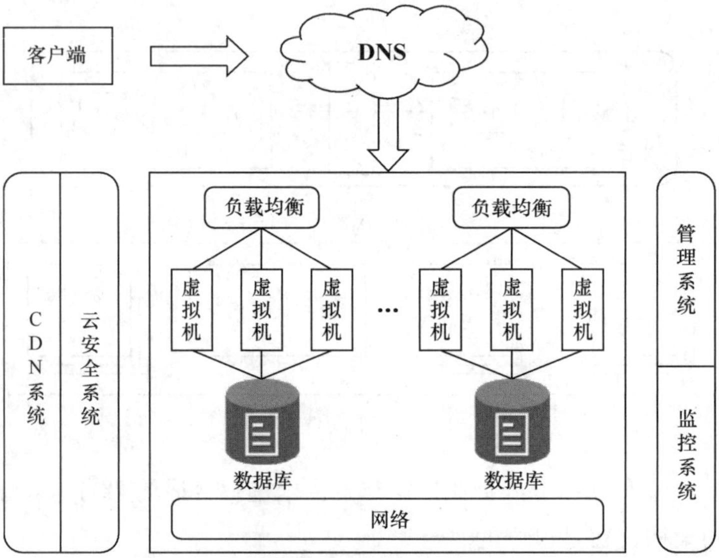

图 1-10　云计算物理架构示意

在整个系统中：底层硬件采用分布式架构，进行分布式计算和分布式存储；中间层采用面向服务 SOA 的松耦合服务架构，把任务分解成各个小的角色，把这些角色以 Web 服务的形式对外开放，每个小的角色对应一个服务，服务与服务之间是 SOA 的架构，底层通过分布式架构实现；上层通过 F5 的硬件负载均衡，把流量分解到不同的 Web 应用前端，通过用户的 URL 在前端服务器处理后，分发到不同的角色服务器中，角色服务器再和后台数据库进行增加、删除、修改和查询，这样前端根据角色分开访问，后端的分布式系统又把数据进行拆分存储和读取。

后端数据在分布式架构中采用镜像主备方式，保证数据的高可用性，数据至少被保留 3 份，数据通过镜像和日志传送进行容灾和备份，同时整个系统架构在多层 CDN 和 DNS 服务中，系统的静态数据和动态数据分离，从最近的镜像中获取数据，保证业务应对高吞吐量、高并发、低延时的突发访问量。

同时，云安全为整个云平台在网络层面、应用层面和主机层面提供全方位的信息安全保障。

在云平台中根据预先设定的阈值报警和邮件提示，监控系统在多个维度和层面对系统中每个服务的状态进行严格的跟踪和日志报告。自动化的脚本运维，提供更加快速、方便的系统部署和业务升级维护。

2. 消息队列

消息队列中间件是分布式系统中重要的组件，主要解决应用耦合、异步消息、流量分流等问题，实现高性能、高可用、可伸缩和最终一致性架构，是大型分布式系统不可缺少的中间件。目前在生产环境中，使用较多的消息队列有 ActiveMQ、RabbitMQ、ZeroMQ、Kafka、MetaMQ 和 RocketMQ 等。

以下介绍消息队列在实际应用中常用的应用解耦和异步处理两种方法。

（1）应用解耦

在传统架构中，用户采购商品提交订单后，订单系统需要通知后台的库存系统。通常的做法是订单系统调用库存系统的接口，如图 1-11 所示，该模式经常会出现库存系统因繁忙而无法访问，订单提交失败，导致采购商品失败。

如何解决以上问题呢？引入应用消息队列后的方案，把订单系统与库存系统进行解耦，如图 1-12 所示。

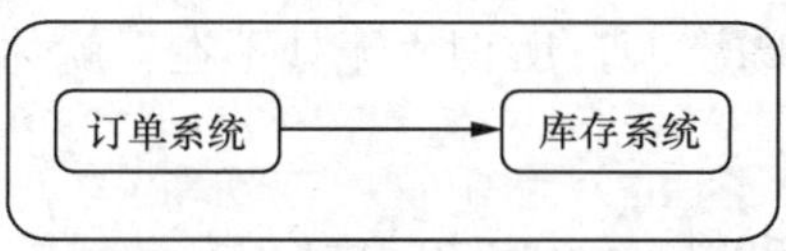

图 1-11　传统应用订单系统示意

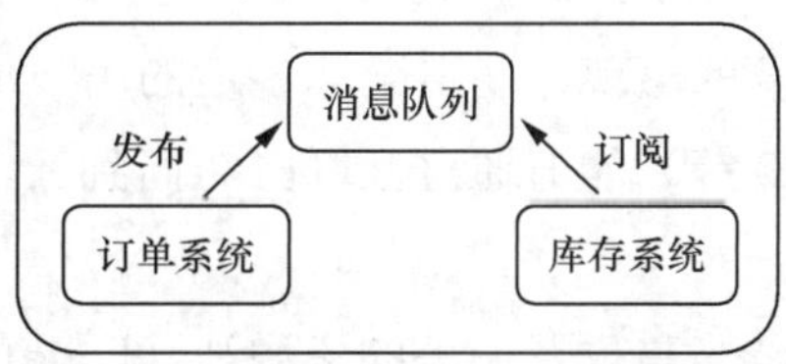

图 1-12　消息队列的订单系统示意

用户提交订单后，订单系统完成持久化处理，将消息写入消息队列，返回用户表示订单下单成功。库存系统订阅订单系统的消息，获取提交订单的信息，库存系统根据订单信息进行库存操作。如在此时，不能正常使用库存系统，也不影响正常的订单提交，因为订单提交后，订单系统写入消息队列和库存系统无关，这样实现了订单系统与库存系统的应用解耦。

（2）异步处理

如应用程序需要进行大量的运算，主界面程序通常采用异步的方法调用子程序。子程序以异步或线程的方式在后台进行运算，这样主界面程序同时还能处理其他用户的请求，同样在云计算的架构中，为了提高处理的时间，假设两个业务每个业务使用 50ms，总共要消耗 100ms 才能把结果返回给客户端，随着业务量的不断增加，系统的响应时间就会越来越慢，如何解决这个问题呢？引入消息队列进行异步处理，用户的响应时间相当于是调用任务写入消息队列的时间，因此返回给客户端的速度非常快，因此架构改变后，系统的并发数、响应时间和吞吐量都有大幅度的提高。

1.5 云计算特征及优势

1.5.1 云计算特征

云计算主要有按需自助服务、无处不在的网络接入、与位置无关的资源池、快速弹性和按使用付费 5 个特征。

（1）按需自助服务（On-demand self-service）

在自助餐厅中，消费者可以自主挑选各式各样的美食，自己控制食物的分量，省去了消费者点菜服务员下单制作的过程，能更快速地获得想要的美食。与之类似，在云计算中，客户可以根据业务的需求，自主向云端申请资源，如服务器和网络存储，省去了与服务供应商人工交互的过程，避免了人力、物力资源的浪费，提高工作效率，节约成本。

（2）无处不在的网络接入（Ubiquitous network access）

受益于高速发展的网络技术，21 世纪是信息全球化的时代，互联网普及到千家万户。云计算的出现，使得全球各地的用户借助一些客户端产品（如移动电话、笔记本计算机和 PAD 等）能够通过互联网访问到云，获取各种所需资源，所谓“无处不在”就体现在这里。

（3）与位置无关的资源池（Location independent resource pooling）

资源池中的这些资源包括存储、处理器、内存、网络带宽等。供应商的资源被集中，以便以多用户租用的模式提供服务，同时不同的物理机和虚拟机资源可根据客户的需求动态分配。

客户一般无法控制或知道资源的确切位置，只需要根据自身的需求申请相应的资源即可。而客户所获得的资源可能来自于北京云计算中心的资源，也可能来自于上海云计算中心的资源。

（4）快速弹性（Rapid elastic）

在传统 IT 环境中，如果客户需要部署完整的一套业务系统，需要一些什么工作呢？售前方案的制定、成本预算的评估、设备及场地的购置与协调、设备的安装与调试、业务的部署等。往往一个业务的部署需要花费几个星期、几个月甚至几年的时间，大大增加了人力成本和时间成本。在云计算环境中，部署业务时就省去很多传统 IT 环境部署业务的流程，如设备及场地的购置与协调以及设备的安装与调试等。部署服务所需要的能力均以资源服务的形式提供，而不是以真实物理设备的形式。这些资源来自于服务供应商的云计算中心，消费者只需要利用这些资源部署自己的业务即可，不再需要额外租用场地、购买相应设备等，同时硬件的运维成本也得到降低，有效地缩短了业务的部署周期。这就是云计算关键特征“快速”的具体表现。

对客户来说，可以租用的资源看起来似乎是无限的，并且可在任何时间购买任何数量的资源。这些资源可以根据客户自身的需要进行扩容或者减容，实现资源的有效利用和节约成本。如某公司的业务流量存在不确定性，该业务可能在未来的某段时间突发大规模并发访问，现有资源已经无法承载这种突发行为，在传统的 IT 环境中，可以直接增加 CPU、硬盘等硬件资源提高服务器性能，或是添加多台服务器资源来承载业务，而在云计算环境中，就不需要如此复杂。当现有资源已经无法承载现有业务时，只需要向服务提供商增加租赁资源扩容到业务系统中即可。如果当前业务减少了，现有资源承载业务会有大量资源的盈余，在传统的 IT 环境中，一般不会对服务器进行减容，在线减容工作量大、存在风险，盈余资源只能让它闲置。而在云计算环境中，消费者可以根据需求减少资源的租赁，释放多余的资源，从而节约租赁资源的成本，实现云计算的关键特征“弹性”。

（5）按使用付费（Pay per use）

在云计算环境中，为了促进资源的优化利用，将收费分为两种情况：一种是基于使用量的收费方式；另一种是基于时间的收费方式。

1.5.2　云计算优势

目前，大批企业已经将云计算技术运用到自己的业务中了，那么云计算给这些企业带来哪些好处呢？

（1）低廉的成本

现阶段，企业之间竞争激烈，降低自身运营成本是每个企业的核心竞争力之一。公司运营的主要成本是所需的 IT 硬件成本、软件成本、运维人员成本、机房租赁成本、网络成本等。针对这些成本来源，企业在构建私有云平台时，通过混合部署，利用公有云中的弹性计算服务可以很好地降低成本。据估计，使用公有云服务比传统企业使用的小型机、商业数据库、高端存储等方式，成本降低了80%以上。通过云平台的自动化运营技术，大幅降低了对运维人员的需求，一个运维人员可以管理数千台甚至上万台的 IT 设备，同时利用云平台中的虚拟化技术，对机房基础设施进行优化改造，降低机房的能耗，减少能源成本与场地成本。

（2）敏捷快速

为了快速推出业务，现代企业也是无所不用其极。相比传统企业，现代企业从人员组织结构、企业文化、经营模式、IT 基础设施等方面做出大幅改进。利用云计算平台，将 IT 基础设施直接由云服务供应商直接提供，节省了大量设备采购、场地选用等的时间和资金成本，加速了业务的上线速度，实现新业务从研发立项到上线周期不会超过 2 周，最短只需要不到 2 天。而传统企业，同样业务少则需要 3～6 个月，多则需要几年。敏捷度提升了至少6倍。

（3）扩展性好

由于业务突发而引起的大流量并发访问给应用服务器带来了巨大压力，传统 IT 架构一般会按访问量的上限进行系统扩容，然而大流量过后，这些资源大部分处于闲置状态，这样造成巨大的浪费。通过云计算的弹性计算服务，可以做到根据用户访问量自动申请资源，在突发访问量到来之前，弹性计算服务会自动添加业务系统所需的软、硬件资源，解决业务突发性的并发访问的问题，使企业的业务系统在大流量的并发访问中做到收放自如的状态。另外，系统在硬件升级维护的过程中，通过负载均衡机制，切换用户的访问流量，使系统访问平滑地切换到另外的应用服务器中，从而在不影响系统正常运行的情况下，平稳对系统软、硬件进行升级维护或扩容。

在以信息化为背景的社会环境中，企业面临着激烈的市场竞争，云计算技术对于企业节省成本、降低人员运维成本和业务的快速部署等有着巨大的优势。如何能在最低的成本下获得最大的利润是企业生存至关重要的法宝。

天下武功，唯快不破。企业如何快速响应业务的需要，快速提供优质的客户服务，快速面对新技术的挑战，使企业朝气蓬勃，需要决策者们改变传统思路，加快传统 IT 业务部门的现代化转型，拥抱未来，以应对未来智能时代的到来。

1.6　云计算的未来

1.6.1　技术发展趋势

云计算技术的发展经历了第一代虚拟化、第二代资源池化，正向第三代云计算技术前进，即基于微服务架构和Docker容器技术的PaaS/SaaS云平台，该平台主要是由微服务架构、Docker容器技术和DveOps三部分组成。DveOps是开发和IT运维之间的高度协同，从而在完成高频率部署的同时，提高生产环境的可靠性、稳定性、弹性和安全性。以容器驱动的新一代轻量级PaaS能够满足各种新型业务对快速部署、弹性扩展、自动化运维等核心需求。Docker的出现打破了传统运维模式从打包到部署的过程中环境、语言、平台不一致的乱象，将这一整套开发运维模式标准化，从而真正帮助企业实现了DevOps和微服务化。

微服务以镜像的形式，运行在Docker容器中。Docker容器技术让服务部署变得简单、高效。传统的部署方式需要在数量庞大的服务器上重复安装运行环境，而使用Docker容器技术，只需要将所需的基础镜像和微服务生成一个镜像，将这个镜像部署在Docker容器中运行，简单、高效、快速地部署服务。每个Docker容器中可以运行多个微服务，

Docker 容器以集群的方式部署，使用 Docker Swarm 对这些容器进行管理。创建一个镜像仓库用来存放所有的基础镜像以及生成的最终交付镜像，在镜像仓库中对所有镜像进行管理。业务人员只需要开发代码并提交到平台代码库，做一些必要的配置，系统就会自动构建、部署，实现应用的敏捷开发、快速迭代。

综上所述，PaaS/SaaS 将没有明显的界限，以容器为默认承载，微服务架构为支撑，打造企业级 DevOps 数字化平台，和以虚拟机为管理单元的 VMware 或 OpenStack 架构会长时间并存。

1.6.2　业务发展趋势

2006 年，亚马逊推出了 AWS 服务，正式拉开了全球云计算产业的大幕。2017 年，云计算走过 11 年光景，云计算产业已成为企业转型的核心驱动力。趋向成熟的云服务，正在改变固有的传统架构，带来业务革新的同时，也在实现自我进步。在未来这段时间，云计算有以下 5 点发展趋势。

1. 行业云将是未来的发展重点

国内云服务市场生态环境已经逐渐形成，随着“互联网+”的广泛应用，越来越多的用户开始使用云服务，中、小型企业与个人开发者往往会使用公有云，大、中型企业通过使用公有云巩固自己的私有云架构，大型政企往往会使用混合云来满足自己的需求。

2. 开源时代的到来

目前，云计算各个厂商没有形成统一的标准，虽然各个厂商的内部架构都是以面向服务的架构为基础，但是多个架构在混合的过程中，互不兼容，通过开源的云平台把各异的架构进行统一的整合，形成统一的云平台架构，满足企业各种云服务的需求。事实上，开源已经变成一种云计算的标准。

国内云计算企业在未来对开源的学习和引用将成为一种常态，在未来将会有越来越多的人参与到开源生态圈的建设与发展中。尤其是企业在做私有云和公有云的混合部署中，从硬件的配置，到操作系统的选择，到云端组件版本的匹配，都有严格的要求。未来的云计算应该统一标准，降低对硬件和各个云计算厂商的依赖，降低混合部署学习和部署成本。

3. 云将推动大数据的进步

当今社会，信息呈爆发式增长，大数据时代已经悄然来临，人们的任何行为都会以数据的形式表现出来。这些数据最终整合成为无法被轻易计算的大数据。其特点是数量庞大、单位价值低、数据类型多、数据的增长呈指数倍增长。面对数据的飞速增长，云计算技术显得尤为重要。由服务器、存储、软件为底层构建的混合云，计算机系统向着人工智能方向发展，解决方案更加成熟。通过云交付的认知解决方案将继续改变各个行业的体验，带动教育、金融、证券等行业实现创新。

4. 云安全变得更加复杂和重要

在大数据背景下，信息安全也面临着新的挑战。任何事物都有两面性，大数据给人们的生产、生活带来便利的同时也威胁着人们信息的安全。因为大数据的存在，云安全变得比以往更加复杂。利用大数据，可以分析用户的行为和发现计算机漏洞等，从而获取用户的敏感信息。

云安全需要一套完整的安全体系，包括技术和制度，完善的安全管理制度是云安全体系中重要的屏障。在技术和制度的双重保证下，通过防御来增加安全的保障级别，而不是在安全事故发生后再采取措施。重点是在防御，而不是事后的亡羊补牢。

在未来的云安全中，将信息安全、服务安全、运维安全形成包括云安全产品、云安全运维、云安全管理在内的一整套完整的云安全体系与架构。

云计算能够更快地识别和消除云端的安全漏洞。通过网状的大量客户端对网络中软件行为的异常状态进行监测，获取互联网中木马、恶意程序的最新信息，推送到云端进行分析和处理，从而将解决方案进行全网更新。

因此，认知安全将有助于弥补当前的技能差距，实现快速响应，极大地降低因安全事故带来的经济损失。

5. 传统 IT 架构向云端迁移的进程

随着云计算技术的发展，云计算强大的计算、存储、网络能力吸引着越来越多的企业从传统的 IT 架构向云端迁移。迁移过程并不是一帆风顺的，需要考虑应用和数据、评估成本、管理与安全，需要决策者做出正确的选择。云计算为“大众创业，万众创新”提供了基础，云计算已经融入我们的生产生活，是推进制造强国、网络强国战略的重要驱动力量。

1.6.3 展望未来

有数据显示，2015 年全球计算机、平板电脑、超便携设备和手机销量之和已达 25 亿台。随着硬件发展，手机、智能终端的性能将超越计算机，未来云计算的超级计算机将由全球几亿部的手机、平板电脑、智能电视、智能终端等组成的一个超大规模的分布式集群，未来的计算能力都来自智能手机或智能终端，把丢弃的或是经常处于闲置的设备组织在一起，高效地利用起来，提供对外的计算服务，只需手指控制，即可开始或停止计算。未来或许每个人都是云计算的一朵小云或者一个云角色，为服务他人开启自己的云计算模式。

未来的云计算将结合大数据，为人工智能时代的到来提供重要的技术支撑。其中人工智能中最重要的环节是机器将具有人类一样的自学习能力，这种自学习能力需要大量数据在后台提供服务，通过大量计算对数据进行处理和分析，最终做出合理的判断，模拟人类的思维，并为我们提供各种服务。只有云计算才能为大数据的应用提供技术上的支撑，同时为其他行业提供各种方便、快捷的云服务。

总之，随着云计算的不断发展，对大数据的分析和挖掘将带给人们更多、更好的智能体验，在工业制造、航天科技、基因工程、物联网等多个领域将开启新的智能时代，并带领我们进入全新的云计算时代。

1.6.4　物联网、大数据和云计算之间的关系

Google 董事长埃里克·施密特预言：互联网即将消失，一个高度个性化、互动化的有趣世界——物联网即将诞生。物联网是新一代信息技术的重要组成部分，也是信息化时代的重要发展阶段。其英文名称是："Internet of Things（IoT）"。顾名思义，物联网就是物物相连的互联网。其中物联网的基础是互联网，以互联网的形式把物与物联系在一起，进行信息交换和通信，是互联网对象的扩展和延伸，即万物互联。

2016 年 6 月，移动通信标准化团体 3GPP 宣布完成 NB-IoT 标准的制定工作，将其确定为物联网通信的全球统一标准；2016 年 11 月，3GPP 组织将华为的极化码 Polar Code 方案确定为 5G 短码的最终方案，这是中国在通信领域的标志性事件。5G 的速度比 4G 会更快（峰值速率可达几十 Gbit/s），并具备高性能、低延迟与高容量等特性，5G 作为物联网通信的标准，将为物联网的发展开启新的时代。外界普遍认为，到 2020 年，全球物联网设备将达 260 亿台，市场规模将达 1.9 万亿美元；到 2025 年，该市场规模将高达 11.1 万亿美元。

未来五大科技趋势是"物大云智移"（即物联网、大数据、云计算、人工智能、移动互联网）。未来物联网时代才是真正产生大数据的时代，依据物联网的行业大数据，依托云计算和开源的人工智能算法，对超海量数据进行分析和挖掘，提供更有价值的商业服务，开启真正的人工智能时代。通过云计算对物联网的数据进行分析和挖掘，提供人工智能的大数据平台，只有物联网的大数据平台才能促使人工智能形成质的飞跃。它们之间的关系是物联网产生大数据，云计算运用大数据分析和挖掘产生有价值的数据，智能设备的算法使用云计算处理后的数据变得具有人类的意识和思维。

未来的公路，建筑、路灯、护栏、道路标识线等都遍布信号探测器。智能汽车时刻与道路探测器和其他汽车进行高速信息交换，智能汽车的图像识别能力日益成熟，外加道路的全面物联网化，汽车将实现无人驾驶，而且比人类驾驶的汽车更安全、快捷。

物联网必将引发一场新的技术与商业革命，将把人类推向一个万物智能的世界，任何事物都有学习、发现、倾听、感知的能力。它将颠覆人与物之间的相处模式，借助科技的力量可以改变人们的生活。

习题

一、选择题

1．以下哪个不属于大数据的基本特征（　　）

A．种类繁多　　B．体量巨大　　C．价值密度高　　D．处理速度快

2．谷歌提出云计算概念的时间是（　　）

A．2006 年 8 月　　B．2006 年 9 月

C．2007 年 8 月　　D．2007 年 9 月

3．云计算能够给企业 IT 系统带来哪些价值（多选）（　　）

A．资源复用，提高资源利用率

B．统一维护，降低维护成本

C．快速弹性，灵活部署

D．数据集中，信息安全

4．把一个需要巨大的计算能力才能解决的问题分成多个小部分，把这些小部分分配给多个计算机进行处理，最后综合这些计算结果得到最终结果。这种计算模式被称作（　　）

A．并行计算　　B．分布式计算　　C．网格计算　　D．云计算

5．分布式存储的好处是（多选）（　　）

A．分布式全局共享　　B．多备份安全保障

C．低成本存储介质　　D．高速网络带宽

二、判断题（T or F）

1．云计算是一种基于互联网的计算方式，通过这种方式，共享的软硬件资源和信息可以按需求提供给计算机和其他设备。（　　）

2．云计算是网格计算、分布式计算、并行计算、网络存储、虚拟化、负载均衡等传统计算机和网络技术发展融合的产物。（　　）

3．云计算数据中心相比较于传统的紧耦合型数据中心会增大南北向流量。（　　）

4．小聚大模式：应用资源需求大，可以划分为子任务；关键技术点包括任务分解、调度、分布式通信总线和全局一致性。典型代表：Amazon。（　　）

5．IT 即服务，云计算就是建设信息电厂提供 IT 服务。云计算是通过互联网提供软件、硬件与服务，并由网络浏览器或轻量级终端软件来获取和使用服务；即服务从局域网向 Internet 迁移，终端计算和存储向云端迁移。（　　）

6．并行计算是把一个计算任务分配给网络内的多个运算单元。（　　）

三、简答题

1. 简述云计算的概念。
2. 简述什么推动了云计算的发展。
3. 简述云计算的关键特征。
4. 简单谈谈你生活中的云计算。

第2章 云计算的分类及产品应用

随着“十三五”国家信息化规划的出台和“互联网+”战略的逐渐落地，云计算等新一代信息技术促进了我国经济社会的转型发展，云计算产业也迎来了空前的发展和机遇。

目前的云计算市场，国外的产品有亚马逊 AWS、微软 Azure 和 Google 的云平台等，其中亚马逊 AWS 是最大、最成熟的公有云提供商，它是市场的领导者和创新者。微软 Azure 紧跟其后，借助 Azure 和 Office 365 提供可信赖的基础云服务。Google 一直致力于互联网的新科技、新技术的创新，尤其在搜索、大数据的处理、互联网的应用等方面处于领导地位。

国内随着阿里云、腾讯云、百度云、Ucloud、青云、网易云、京东云、华为云等的加入，云计算逐渐走向多元化的发展趋势。

本章主要介绍云计算的分类和现在流行的云产品及其功能。

学习目标

- 理解云计算的分类；
- 了解云计算产品的主要服务功能。

2.1　云计算按技术分类

目前已出现的云计算技术种类非常多，对于云计算的分类可以有多种角度。从技术路线角度可以分为资源整合型云计算和资源切分型云计算。

（1）资源整合型云计算：这种类型的云计算系统在技术实现方面大多体现为集群架构，通过将大量节点的计算资源和存储资源整合后输出。这类系统通常能实现跨节点、弹性化的资源池构建，核心技术为分布式计算和存储技术。Hadoop、Spark、Storm 等是资源整合型云计算。

（2）资源切分型云计算：这种类型的云计算系统最为典型的就是虚拟化系统，这类云计算系统通过系统虚拟化实现对单个服务器资源的弹性化切分，从而有效地利用服务器资源，其核心技术为虚拟化技术，这种技术的优点是整个计算平台以文件的形式在整个网络中进行迁移、备份等操作。为软件定义硬件提供必要条件，是目前应用较为广泛的技术，特别是在桌面云计算上应用得较为成功，缺点是跨节点的资源整合代价较大。KVM、Xen、VMware 是这类技术的代表。

2.2　云计算按部署模式分类

云计算按部署模式可分为：私有云计算、公有云计算和混合云计算，如图 2-1 所示。

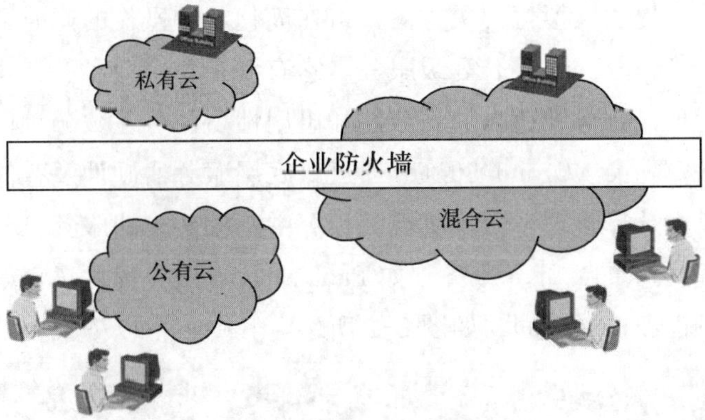

图 2-1　云计算按部署模式分类

2.2.1　公有云

公有云用户以付费的方式，根据业务需要弹性使用 IT 分配的资源，用户不需要自己构建硬件、软件等基础设施和后期维护，在任何地方、任何时间、多种方式、以互联网的形式访问获取资源。公有云如同日常生活中按需购买使用的水、电一样，方便、快捷地享受服务。当今有很多公有云提供商，如亚马逊云 Amazon Web Services、微软云 Azure、阿里云等。

亚马逊的 AWS 提供了大量基于云的全球性产品，包括计算、存储、数据库、分析、联网、移动产品、开发人员工具、管理工具、物联网、安全性和企业级应用程序。亚马逊 AWS 提供了安全、可靠且可扩展的云服务平台，这些服务可帮助企业或组织快速发展自己的业务、降低 IT 成本，使来自中国乃至全球的众多客户从中获益。

2.2.2 私有云

私有云一般由一个组织来使用，同时由这个组织来运营。自己组建数据中心为组织内部使用，自己是运营者，同时也是使用者，也就是说使用者和运营者是一体的。下面以 VMware vCloud Suite 和微软的 System Center 2016 两款私有云产品为例，简要介绍它们的功能。

1. VMware vCloud Suite 私有云

VMware 是全球领先的虚拟化解决方案提供商，作为 IT 领域和虚拟化技术的全球领导者，VMware 虚拟化解决方案可对用户的硬件资源进行有效地整合，简化管理，提升硬件资源的利用率。

VMware vCloud Suite 是构建企业云平台的解决方案，可构建和管理基于软件定义数据中心的 VMware vSphere 企业私有云，VMware vSphere 是业界领先的虚拟化平台，实现高可用的、可扩展的并按需分配的企业硬件 IT 基础架构，是云计算理想的基础平台。它能够跨数据中心，提供虚拟化解决方案，可在简化 IT 操作的同时，为所有应用提供 SLA（Service-Level Agreement）等级服务。它有助于对企业私有云实现敏捷、高效以及智能化的运营管理，在保证适当的安全性和可用性下，可在数分钟内提供数据中心的虚拟化应用服务。VMware vCloud Suite 通过对底层服务器硬件及存储资源实现虚拟化聚合部署，配合以云计算管理平台，实现云计算中基础架构即服务 IaaS 部分，同时该 IaaS 平台也为更高层次的云计算服务，如 PaaS、SaaS 服务提供了良好的基础平台，且具有很高的自适应性和扩展空间，如图 2-2 所示，其中包括以下主要功能模块。

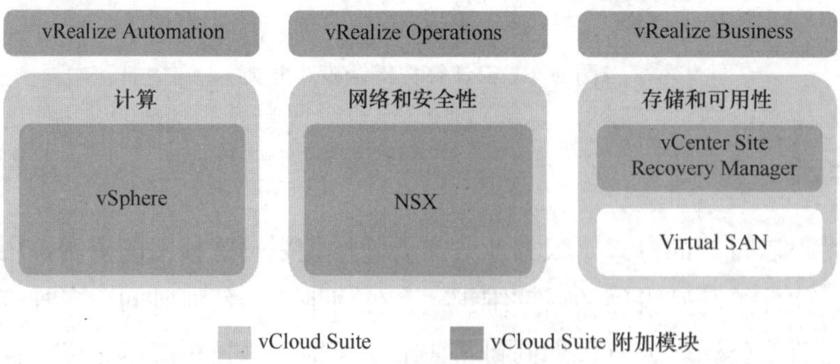

图 2-2 VMware vCloud Suite 私有云

（1）云计算基础架构：基于 vSphere 构建起来的虚拟化基础架构，提供了一个功能完整的、标准开放的、方便集成的 IaaS 服务层，提供的动态基础架构是整个云计算服务的核心支撑层。

（2）云计算服务门户：云计算平台的所有基础架构服务提供统一的自助服务，主要通过 VMware vCloud Director 产品来完成。根据整个系统的设计，包括服务请求和自动部署等自助服务。

（3）VMware NSX：是专为软件定义数据中心构建的网络虚拟化平台，将硬件处理的网络连接和安全功能嵌入到 Hypervisor 中，根本上转变了数据中心的网络运维模式。它提供一套完整的虚拟网络架构，其中包括逻辑交换、路由、防火墙、负载均衡、VPN 等，对于虚拟网络，VMware NSX 可以独立于底层硬件以编程的方式对其进行调配和管理。

（4）云计算安全防护：通过部署 VMware vCNS 安全解决方案，帮助用户建立一个既能充分利用云计算的各种优势，又能保障数据安全性的环境，为其虚拟数据中心和云计算环境提供安全保护，包括虚拟防火墙、VPN、负载均衡和 VXLAN 扩展网络。VMware vCNS 使用户可以对应用程序和数据安全加以防护。

（5）VMware vSAN：是利用 X86 架构的服务器实现软件定义存储和分布式存储的软件。它可为虚拟化的应用（包括关键业务应用）提供企业级高性能存储，大幅降低总体存储成本，它与 VMware vSphere 和整个 VMware 体系无缝集成，因而成为适合虚拟机的最简单的存储平台。

（6）云计算灾难恢复：能够自动测试和执行灾难恢复。它能确保为各种虚拟化应用提供最简单、最实惠和最可靠的灾难保护。

近几年来，随着软件定义网络、软件定义存储、软件定义数据中心等概念的兴起，超融合基础架构市场持续升温，并深入走向应用和落地，它将成为主导未来数据中心及企业私有云的中坚力量。

2. Microsoft System Center 2016 私有云

System Center 2016 提供了本地企业环境与 Windows Azure 集成的各种服务，可以让企业轻松地从本地环境迁移到微软 Azure 公有云。它包括基础设施管理和 DevOps 的资源配置、监控、自动化、端点保护和备份与恢复。System Center 2016 有助于数据中心现代化的转型。System Center 2016 其中的操作管理套件（OMS），提供与任何数据中心或云平台混合部署的功能，管理几乎所有的基础设施平台，包括本地资源、Azure 和 AmazonWeb 服务云和支持运行 Windows Server、Linux、VMware 或 OpenStack。System Center 2016 架构如图 2-3 所示。

System Center 2016 提供的监控包括 Windows Server、UNIX、RedHat/SUSE Linux、Oracle Solaris、HP-UX 和 IBM AIX 等系统的各种健康状态，如各种硬件资源和系统主要性能指标监控等。System Center 2016 使用 PowerShell 脚本语言对基础设施的安装、部署、配置实现脚本自动化，无论是在企业内部还是在云端都可以定义自动化进程进行操作，从而减少重复性的手工操作和其他管理任务。System Center 2016 数据防护管理模块（DPM）为数据提供统一的备份和恢复，包括传统的磁带存储、物理或虚拟磁盘或云中数据。System Center 2016 新的自服务 Web 管理平台，提供页面缓存减少数据访问量，支持 Lync 2013 和 Skype for Business 与联系人发送即时消息，管理平台基于事件请求，用户可自定义标准的模板，方便用户提交数据。

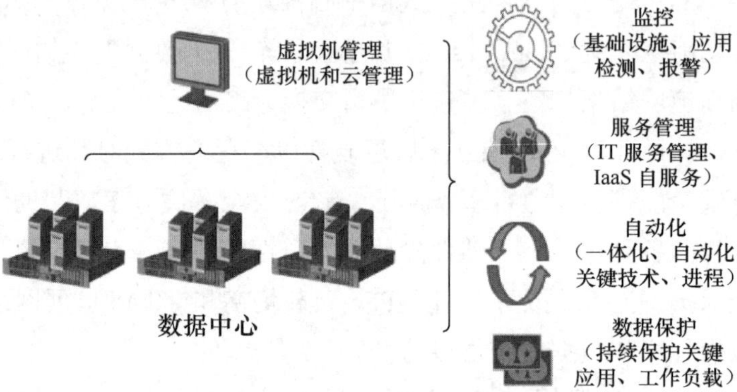

图 2-3　System Center 2016 架构

System Center 2016 是微软提供的私有云操作平台，实现企业的数据中心向私有云转型，使企业数据中心更可靠、可扩展、弹性地满足企业不断增长的业务需求。

2.2.3　混合云

混合云是把公有云和私有云进行整合，吸纳二者的优点，给企业带来真正意义上的云服务。混合云是未来云发展的方向，未来将是混合云的世界。混合云既能利用企业在 IT 基础设施的巨大投入，又能解决公有云带来的数据安全等问题，是避免企业变成信息孤岛的最佳解决方案。混合云强调基础设施是由两种或多种云组成的，但对外呈现的是一个完整的整体。企业正常运营时，把重要数据保存在自己的私有云里面（如财务数据），把不重要的信息或需要对公众开放的信息放到公有云里，两种云组合形成一个整体，这就是混合云。

混合云的利器是 OpenStack，它把各种云平台资源进行异构整合，推出企业级混合云，使企业可以根据自己需求灵活自定义各种云服务。在搭建企业云平台时，使用 OpenStack 架构是最理想的解决方案，虽然入门门槛较高，但是随着项目规模的扩大，企业将从中受益，因为不必支付云平台中软件的购买费用。

混合云计算的典型案例是 12306 火车票购票网站。12306 购票网站最初是私有云计算，消费者平时用 12306 购票没有问题，但是一到节假日（如春节），有大量购票需求的时候，消费者在购票的时候就会出现页面响应慢或者页面报错的情况，甚至还会出现无法付款的情况，用户体验特别差。为了解决上述问题，12306 火车票购票网站与阿里云签订战略合作，由阿里云提供计算能力以满足业务高峰期查票检索服务，而支付业务等关键业务在 12306 自己的私有云环境之中运行。两者组合成一个新的混合云，对外呈现还是一个完整的系统——12306 火车购票网站。

2.3　云计算按用户角色分类

从用户体验的角度可将云计算分为基础设施即服务（Infrastructure as a Service，IaaS）、平台即服务（Platform as a Service，PaaS）和软件即服务（Software as a Service，SaaS），如图 2-4 所示。

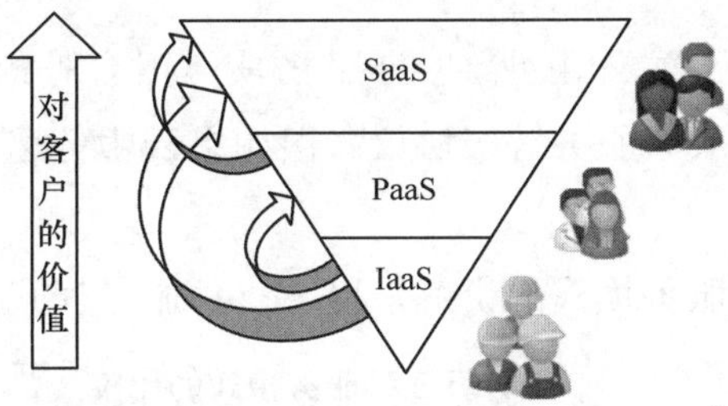

图 2-4　云计算按用户角色分类

2.3.1　基础设施即服务（IaaS）

基础设施即服务（IaaS）主要用户是系统管理员，他们具有专业知识能力，直接利用云提供的资源进行业务的部署或简单的开发。服务提供商提供给用户的服务是计算和存储基础设施，包括 CPU、内存、存储、网络和其他基本的资源，用户能够部署和运行任意软件，包括操作系统和应用程序。用户不管理或控制任何云计算基础设施，但能控制操作系统的选择，存储空间、部署的应用，也可获得有限的网络组件（如路由器、防火墙、负载均衡器等）的控制。IaaS 的典型案例有 Amazon Web Services 提供的两个平台：弹性计算云 EC2（Elastic Compute Cloud）和简单存储服务 S3（Simple Storage Service），EC2 完成计算功能，S3 完成存储功能。

2.3.2　平台即服务（PaaS）

平台即服务（PaaS）主要用户是开发人员。PaaS 是把二次开发的平台以服务形式提供给开发软件的用户使用，开发人员不需要管理或控制底层的云计算基础设施，但可以方便地使用很多在构建应用时的必要服务，能控制部署的应用程序开发平台。PaaS 的典型案例有微软的 Visual Studio 开发平台和 Google App Engine（应用引擎）平台。

2.3.3 软件即服务（SaaS）

软件即服务（SaaS）的客户群体是普通用户。服务提供商提供给用户的服务是运行在云计算基础设施上的应用程序，用户只需要通过终端设备接入使用即可，简单方便，不需要用户进行软件开发，也无需管理底层资源。如 Office 365、嘀嘀打车、共享单车等应用软件都属于 SaaS。在云平台上，Office 365 把 Word、Excel、PowerPoint、Project、Power BI、OneNote、One Drive、Exchange、Skype、SharePoint 集成为企业所需的办公云平台，它不仅可以在线使用，还可以下载到本地以客户端形式使用，是一套完整、容易入门、性价比高、支持混合部署、支持自定义的办公解决方案，与传统意义的 Office 有天壤之别。

所以云服务和传统意义上所述的服务是有区别的，云服务要符合 SLA（Service-Level Agreement）服务等级协议。但如果云服务达不到等级要求，云服务供应商要赔偿用户的损失。

通过以上对云计算的服务模式的讲解，以上三种服务模式总结，见表 2-1。

表 2-1　　云计算三种服务模式的比较

服务类别	服务内容	盈利模式	实例
SaaS	互联网 Web 2.0 应用；企业应用；电信业务、网页寄存	提供满足最终用户需求的业务，按使用用收费	Salesforce，CRM，Office 365
PaaS	提供应用运行和开发环境；提供应用开发的组件（如数据库）	将 IT 资源、Web 通用能力、通信能力打包出租给应用开发和运营者，按使用收费	Microsoft Azure 的 Visual Studio 工具
IaaS	出租计算、存储、网络等 IT 资源	按使用收费；通过规模获取利润	Amazon EC2 云主机

2.4 云计算的产品应用

现在市面上见到的云计算产品，并没有形成统一的技术标准，各种云服务的产品种类很多，服务类型也很多，如基础设施服务、弹性计算服务、大数据处理服务、应用中间件服务、互联网应用服务、认证服务、移动互联网和物联网服务、安全云服务、数据的备份和容灾服务、监控和任务管理服务等。

在云计算的产品中，有国内市场占有率位居前列的阿里云、华为云等，有国外技术领先的 Google 云计算、亚马逊的 Amazon Web Services 和微软的 Azure 等公有云产品。

2.4.1 Google 云计算

互联网中的很多核心技术都和 Google 有渊源，Google 是互联网技术的领导者，发明了很多新技术，推动互联技术向前发展。Google 云计算架构中没有用到现有的计算虚拟化技术，在 2007 年 Google 就在研究容器技术，它的很多应用都运行在容器中，Google 开辟了一条新的创新之路。在 Internet 世界，Google 无处不在。

因为 Google 的产品本身是以互联网的形式展现的，所以几乎 Google 的所有产品都可以认为是典型的云计算产品。它拥有 Gmail、Chrome、Google Docs、Picasa、Google Earth 以及 YouTube 等一系列极具人气的云应用服务。

在 SaaS 层面，包括其核心的网页搜索、图片搜索、视频搜索和学术搜索等搜索服务，Google Map、Google Earth 和 Google Sky 等地理信息服务，视频服务 YouTube，云存储服务 Google Drive，图片管理工具 Picasa、办公协作工具 Gmail、Google 日历和 Google Docs 等。

在 PaaS 层面，Google App Engine 提供一整套开发组件让用户轻松地在本地构建和调试网络应用，之后能让用户在 Google 强大的基础设施上部署和运行网络应用程序，并自动根据应用承受的负载对应用进行扩展，免去用户对应用和服务器等的维护工作。同时提供大量的免费额度和灵活的资费标准。此外在 IaaS 层面，Google 也推出类似 Amazon S3 的名为 Google Storage 的云存储服务。

Google 的云计算架构中，核心组件有三个：GFS、MapReduce、BigTable。

现在 Google 的 GFS 集群，服务多个 Google 应用，包括 Google 搜索和 GoogleEarth 等。同时，在最近几年，由于上面提到的高延迟问题，GFS 并不是很适合一些新的 Google 产品，如 YouTube、Gmail 和非常强调实时性的 Caffeine 搜索引擎等。因此，Google 已经在开发下一代 GFS，代号为 Colossus。Colossus 在设计方面有许多不同，如支持分布式 Master 节点来提升高可用性，支撑更多文件，Chunk 节点支持 1MB 大小的块以支撑低延迟应用的需要等。

2.4.2 Amazon 云计算

2006 年，Amazon Web Services（AWS）以 Web Service 的形式向企业提供 IT 基础设施服务，即按需分配资源的弹性计算能力的云服务。企业可以根据业务需求申请相应的基础设施，而无需购买软硬件设备，在几分钟内创建成百上千台服务器来解决业务需求，尤其是突发访问造成业务中断等问题。

Amazon Web Services 提供高度可靠、可扩展、低成本的基础设施云平台，为全球 190 个国家/区域内成百上千家的企业提供支持。亚马逊提供了大量基于云的全球性产品，包括：亚马逊弹性计算云（Elastic Compute Cloud，EC2）、亚马逊简单储存服务(Amazon Simple Storage Service，Amazon S3)、亚马逊简单数据库（Amazon Simple DB）、亚马逊简单队列服务（Amazon Simple Queue Service）以及内容分发网络（Amazon Cloud Front）等。涵盖了 IaaS、PaaS 和 SaaS，主要服务简要说明如下。

1. AWS 的主要服务

（1）云计算基础设施

AWS 云基础设施包括区域和可用区构建。区域是指全球范围内的某个物理节点，每个区域由多个可用区组成。可用区由一个或多个分散的数据中心组成，每个数据中心都有独立的配套设施，其中包括冗余电源、网络连接等。可用区能够提高云服务的运行效率，使其具备比单个数据中心更强的可用性、容错能力以及可扩展性。

（2）弹性计算

Amazon 弹性计算云（Amazon Elastic Compute Cloud，Amazon EC2）是一种 Web 服务，在云环境中提供动态可伸缩的计算资源，支持 Windows 和 Linux 的多个版本，支持 API 创建和销毁。弹性计算是亚马逊的计算核心，包括众多的服务，如图 2-5 所示。Amazon EC2 允许在短暂时间内完成扩容和减容，可以自动根据应用程序状况自动进行大规模的伸缩，并以 ROOT 的方式访问各个实例，实现整体控制，提供停止、重启实例等操作。用户可以根据需求从多种实例类型、操作系统以及安装软件中选择和配置内存、CPU、存储等，协同其他 AWS 的服务，对接整合后向外提供包括计算、存储、队列处理等解决方案，帮助各个服务完成任务需求，提供一套高可靠性环境。服务运行在稳定的网络基础设施与数据中心内，Amazon EC2 服务等级协议 SLA 承诺提供不低于 99.95%的可用性保障。

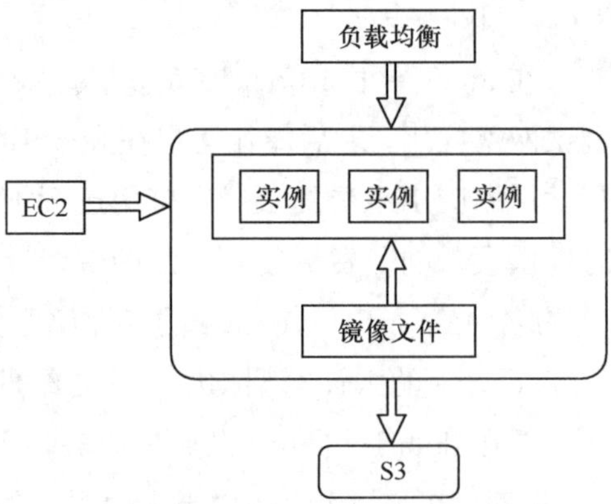

图 2-5　弹性计算简要架构

亚马逊提供的负载均衡器（Elastic Load Balancing）可以和 EC2 配合使用，横跨多个可用区。业务由多个实例共同运行，根据服务状态切换数据的流量，当实例故障时，流量将自动切换到正常的实例上。

（3）网络和网络分发服务

Amazon CloudFront 是一个全球性内容分发网络（CDN）服务。使访问网站的内容传输得更快、更稳定，解决 Internet 网络拥挤的状况，提高用户访问网站的响应速度。

Virtual Private Cloud 是从 AWS 公有云平台上申请资源模拟企业的私有云。在虚拟私有云中，企业可以划分不同的子网和设置独立的 IP 地址空间，实现 VPC 内不同子网、子网和外部网络之间的完全隔离。

Amazon Route 53 是亚马逊提供的高可用的可伸缩的云域名解析服务。它与 IPv6 完全兼容。

（4）存储引擎

Dynamo 是 Amazon 的一个分布式存储引擎。Dynamo 使用数据分区，并用改进的一致性哈希算法进行数据复制，利用数据对象的版本化实现一致性，引入虚拟节点，使系统具有更加均衡地存储定位能力。一致性哈希算法及其改进算法已成为分布式存储领域的一个标准技术。使用一致性哈希算法的系统无需中心节点来维护元数据，解决了元数据服务器的单点失效和性能瓶颈问题，但对系统的负载均衡和调度节点的有效性提出了更高的要求。

分布式系统的一致性、可靠性、原子性、隔离性的问题（ACID）是无法同时达到的，只能在其中做出取舍。为解决数据的同步和异步问题，Dynamo 的处理方式是把这个选择权交给用户，这就是它的 NWR 模型。N 表示系统中每条记录的副本数，W 表示每次记录成功写操作需要写入的副本数，R 表示每次记录读请求最少需要读取的副本数。配置的时候要求 W+R>N，实现一致性与可靠性之间的平衡。

（5）存储服务

Amazon 简单存储服务（Simple Storage Service，S3）是亚马逊对外提供的一种对象存储。它具有简单的 Web 服务接口，可用于在 Web 上的任何位置存储和检索任意数量的数据。

Amazon Elastic Block Store（Amazon EBS）用于Amazon EC2实例的持久性块存储卷。每个 Amazon EBS 卷在其可用区内自动复制，以保护用户免受组件故障的威胁，同时提供高可用性和持久性。

Amazon Elastic File System（Amazon EFS）可与 AWS 云中的 Amazon EC2 实例配合使用。Amazon EFS 易于使用且界面简单，可以让用户轻松快捷地创建和配置文件系统。借助 Amazon EFS 存储容量具有弹性，可以根据用户增减文件的操作而自动增加或减小容量，从而让应用程序在适当的时间获得所需的存储。

（6）数据处理

Amazon Aurora 是与 MySQL 兼容的关系型数据库引擎，既具备高端商用数据库的速度和可用性，又有开源数据库的简单性和成本效益。Amazon Aurora 数据引擎具有很高的数据吞吐量，并且能以较低的成本提供商业数据库的安全性、可用性和可靠性。

Amazon Relational Database Service（Amazon RDS）能够在云中设置、操作和扩展关系数据库。它在管理耗时的数据库任务的同时，可提供经济实用的可调容量，使用户能够专注于应用程序和业务。

（7）应用程序服务

Amazon API Gateway 是一种完全托管的服务，可以帮助二次开发者轻松通过 API 的接口，调用 AWS 内部服务功能。包括管理、授权、访问控制、监控以及 API 版本管理。

（8）人工智能

Amazon Lex 是一种在任何应用程序中使用语音和文本构建对话界面的服务。Amazon

Lex 提供高级的自动语音识别（Automatic Speech Recognition，ASR）深度学习功能，可以将语音转换为文本。它还提供自然语言理解（Natural Language Understanding，NLU）功能，可以识别文本的意图，能够构建用户体验，是一种极具吸引力且会话交互的应用程序。

（9）认证和访问管理服务

安全控制用户对 Amazon AWS 服务和资源的访问权限。可以使用身份识别与访问管理（Identity and Access Management，IAM）创建和管理 AWS 用户和群组，并使用各种权限来允许或拒绝用户对 AWS 资源的访问，实现安全地控制用户对 Amazon AWS 服务和资源的访问权限。通过 IAM 提供了立体化的安全策略，保证用户在云上的资源绝对的安全。

在 AWS 中，对实例服务的控制分为管理控制台与命令行界面。AWS 管理控制台是 AWS 向用户提供的一套简单且直观的用户界面，用户通过该用户界面对 Amazon Web Service 进行访问和管理，同时也可以使用 AWS 控制台移动应用以快速查看正在使用的各项资源。AWS 命令行界面（Command-Line Interface，CLI）是用于管理各项服务的工具。使用该工具通过命令行控制多项 AWS 服务，并通过脚本实现自动化操作。

（10）简单队列服务 SQS

简单队列服务的目标是解决低耦合系统间的通信问题，支持分布式计算机系统之间的工作流。它的特点是简单、无处不在。互联网的所有计算机不用安装任何软件或特殊防火墙配置就可以通过消息进行通信，如图 2-6 所示。

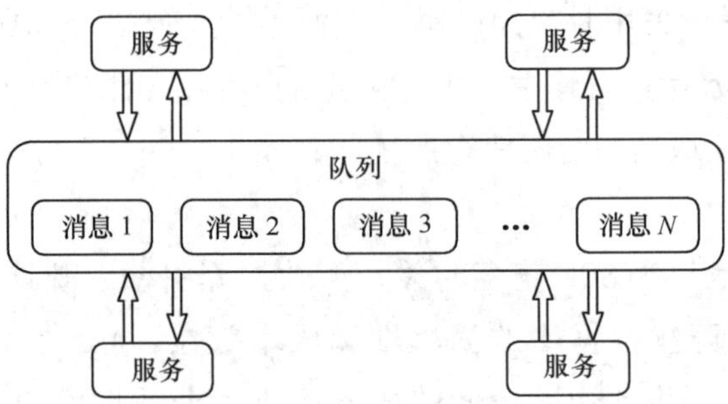

图 2-6　消息队列

2. Amazon Glacier 云存储经典案例

Amazon Glacier 是 AWS 提供的低成本云存储服务，为数据存档和备份提供安全而持久的存储。它专为访问频率不高但仍具有保存价值的数据，如数字媒体、财务和医疗记录、原始的基因序列数据等提供储存服务。

（1）业务背景

很多业务数据（如音、视频数据等）必须稳定、可靠地保存起来，有的可能需要保存几年、几十年，甚至上百年。传统 IT 架构多用互备方式进行数据存储，很难用同一个存储系统同时满足热备和冷备数据存储的业务需求。存储这些业务数据和日志文件不仅占用了大量的存储资源，而且再次访问时，读写效率很低。其次是成本和灵活性问题，自建存储系统的投资很大，灵活性也不足，当急需存储资源时，如果原有设备不足，就必须重新购买、安装和部署新设备；如果购买的设备过多，在数据少的时候又闲置浪费。

（2）解决方案

解决上述问题的最佳方案是利用云存储，把不经常访问的数据和日志文件单独存放到安全、可靠、成本低廉的云存储系统中。采用 Amazon Glacier 为数据归档备份提供了安全耐用、按实际用量付费以及方便、快捷的数据存储和检索服务，能很好地满足用户对云存储系统的需求，较低的成本、极高的耐用性以及使用的方便性是企业选择 Amazon Glacier 的主要原因。

（3）客户效益

Amazon Glacier 提供多种归档工具和接口访问，可以方便地将需要归档的数据及时上传至云端，在需要时通过发送调用请求，就能调用所需的数据，无需考虑系统的维护。当数据量增加时，Amazon Glacier 按需直接扩展容量。归档数据的安全可靠是 Amazon Glacier 带来的最大好处，由于采用了多种安全措施，Amazon Glacier 实现了 99.999999999%的年平均耐用性,这使得企业可以放心地把关键的数据和日志文件存放在云端。

此外，AWS 分布在世界各地的数据中心为业务的全球化服务提供了强有力的支持。使用 AWS 能帮助企业解决全球化业务的需求。

2.4.3　微软云计算

2014 年 3 月 26 日，Microsoft Azure 正式在华商用，由独立第三方企业世纪互联运营，中国数据中心分布在北京和上海。Microsoft Azure 是微软提供的全面支持 IaaS、Paas、SaaS 完整的云架构平台，提供公有云、私有云及混合云解决方案，为企业快速构建、部署并管理企业的各种应用提供解决方案，提供安全、稳定、便捷的公有云平台，并且能够将本地环境和公有云平台进行集成提供混合部署的功能。

在网络接入方面，世纪互联运营的 Microsoft Azure 的数据中心通过边界网关协议（Border Gateway Protocol，BGP）方式直接连接多家主流运营商（中国电信、中国联通和中国移动）的省级核心网络节点，可为用户提供高速稳定的网络访问体验，达到最佳网络性能体验。

所有数据中心选取的是国内电信运营商的顶级数据中心，在绿色节能的基础上，采用 N+1 或者 2N 路不间断电源保护，此外还有大功率柴油发电机为数据中心提供后备电力。数据中心机房内均设有架空地板，冷通道封闭，与后端制冷系统，冷机，冷却塔和冰池形成高效冷却循环，为机房内运行的服务器提供稳定适合的环境。

Azure 为企业提供了一个开放的平台，具备客户开发创新的解决方案所需的灵活性和安全性特点，实现实时数据洞察力、增强工作生产力和移动性，并交付个性化的客户体验。Azure 重视客户的信任，客户的数据隐私和安全是最关心的问题之一。Azure 努力在安全性、隐私保护、合规性和透明度方面保持业界领先地位。

Azure 平台提供包含开源软件和各种服务器操作系统、各类编程语言、框架、软件包、开发工具、数据库以及客户端等各种设备，使用 JavaScript、Python、.NET、PHP、Java 和 Node.js 开发应用，生成适用于 iOS、Android 和 Windows 设备的各种应用程序。Azure 提供最高 99.99%的服务级别协议，快速部署各种应用服务，满足所有业务需求，节省运营成本，让企业专注核心业务。

1. Azure 云服务架构

Microsoft Azure 主要包含计算服务、数据存储服务、网络服务、大数据、移动、消息队列、身份认证等服务，如图 2-7 所示。

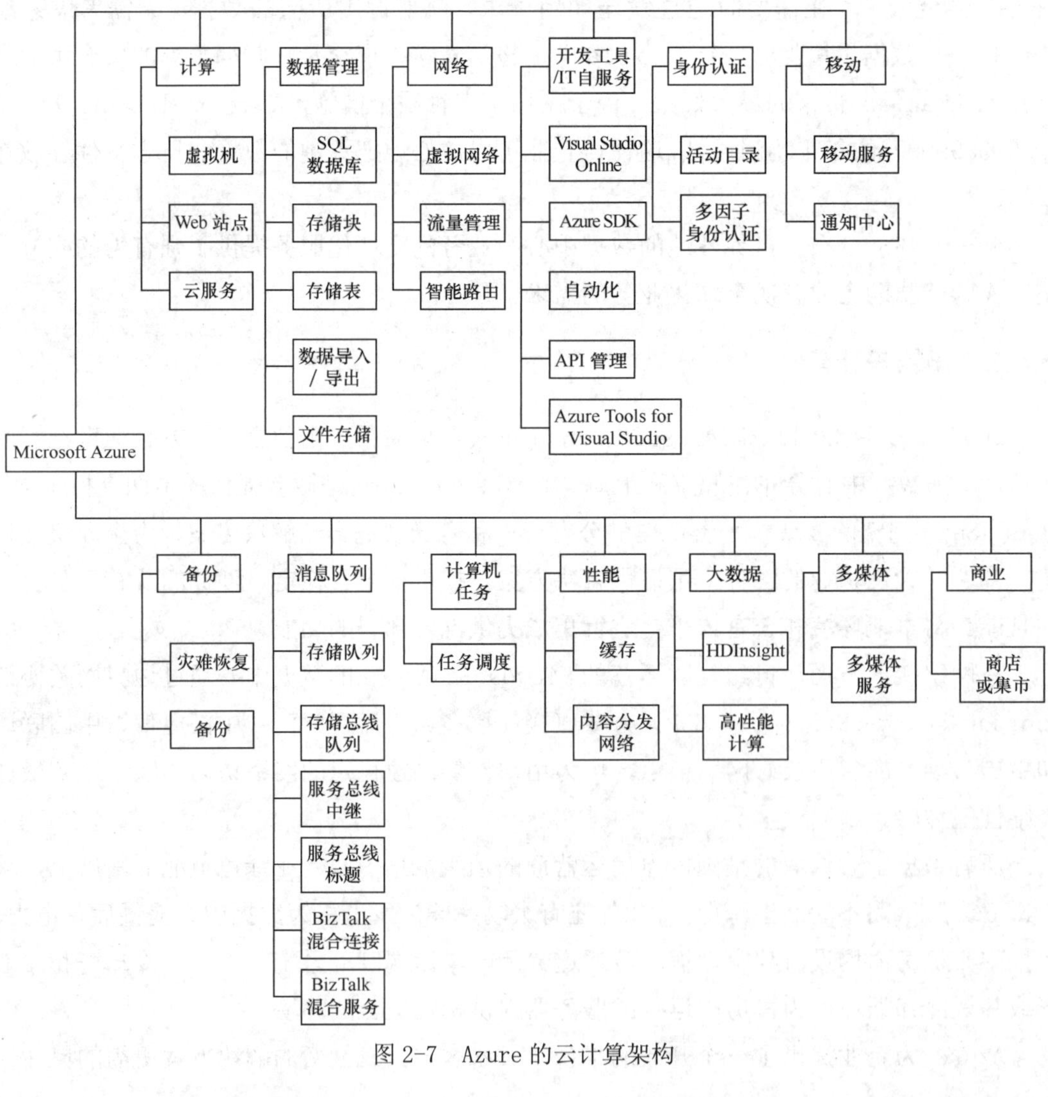

图 2-7 Azure 的云计算架构

（1）计算服务是Microsoft Azure云平台中最基本的运行应用程序的服务。

① 虚拟机：创建、部署和管理运行在 Microsoft Azure 上的虚拟机。创建虚拟机使用的VHD（Virtual Hard Disk format，虚拟磁盘格式）文件，可以自定义或从Azure提供的操作系统映像库中选择，VHD文件包括的操作系统有Windows Server和Linux，应用服务有SQL Server和Oracle等。

② Web应用：托管企业的网站并发布到Microsoft Azure上。可以直接在云端创建新的企业Web应用程序，依靠Azure的负载均衡实现业务访问的流量平衡，减轻业务服务器的访问量。一旦业务正常运转，可以根据业务的需求动态增加或删减实例。Web应用支持.NET、PHP、Java和Python以及用于关系型数据库SQL和MySQL。它还为几个流行的应用程序提供内置支持，包括WordPress、Joomla和Drupal。它的目的是提供一个低成本，可扩展和广泛应用的平台，用于在公共云中创建网站和Web应用程序。

③ 云服务：如果企业需要搭建一个SaaS云平台，实现软件的在线服务，或者需要一个PaaS平台，能够有更多的自主权，安装、管理操作系统组件等功能，Azure云服务是最好的选择。Azure可以使用C#、Java、PHP、Python、Node.js在Azure虚拟机上部署具有高可靠性、可扩展性的应用程序。Azure提供SaaS平台的在线服务，还可以创建虚拟机安装操作系统提供PaaS平台服务。传统架构创建的虚拟机与使用Azure创建的虚拟机不同。Azure要对这些虚拟机进行管理，如安装操作系统补丁等操作，需要维护服务中的角色实例的状态。Azure还监视这些虚拟机的状态，自动启动任何失败的虚拟机。

（2）储存服务：不同类型的应用需要不同种类的数据。Azure 提供了多种不同的方式来存储和管理数据。Azure 提供 REST API 和托管 API 来访问存储服务，Microsoft Azure 存储服务提供云端存储持久化数据的功能。主要包括以下几种基础的管理数据的服务。

① Blob（Binary Large Object）服务：用来存储非结构化的二进制大对象数据。像表一样，Blob提供了便宜的存储空间，单个Blob可以高达1TB。适合存储音视频、大文件或其他二进制的大数据。

② Azure SQL：Azure提供了SQL数据库的功能，但是与Windows Server上运行的SQL Server提供的数据库不同。Azure SQL数据库提供了关系数据库管理系统的关键功能，包括原子事务、具有数据完整性的多个用户的并发数据访问、ANSI SQL查询和编程模型等功能。Azure SQL与SQL Server一样，可以使用Entity Framework、ADO.NET、JDBC和其他数据访问技术访问Azure SQL数据库。Azure SQL还支持大多数T-SQL语言以及SQL Server工具（如SQL Server Management Studio）。对于任何熟悉SQL Server的人员，都可直接使用Azure SQL数据库。但Azure SQL数据库不仅是云平台的数据库管理系统，而且也是PaaS服务。Azure SQL对数据库及硬件基础具有严格的权限管理，

并自动保持数据库和操作系统软件的最新状态。Azure SQL 数据库还提供高可用性，自动备份，时间点恢复，可跨地理区域复制副本等功能。

③ 表（Table）服务：当数据规模越来越大，并发量越来越高，部分数据不适合存储在传统的关系型数据库，对数据的一致性要求不高并且字段之间的依赖关系不强时，非关系型数据库（NoSQL）通常有良好的表现。其中 Azure 表服务就是非关系型数据库（NoSQL）的一种，它提供非关系型数据的存储，以 Key-Value 键值对形式进行数据的存储。Azure 表支持各种类型的数据，如字符串、整数和日期，它可以通过唯一的 Key 值来检索所需要的属性值。Azure 表虽然不支持 SQL 的联接等复杂操作，但可以快速访问并获取数据，并且单个表的容纳多达数 TB 的数据，它通常比使用 SQL 关系型数据库存储成本更低。

（3）大数据和大计算服务

① HDInsight：这是微软基于 Hadoop 处理海量数据的服务，如图 2-8 所示。多年来，大量的数据分析已经在使用关系型数据库所构建的数据仓库中完成，并且在将来很长的一段时间内这种架构的数据分析仍然存在，但是，如果要分析的数据是海量的大数据，如服务器产生的日志，传感器或其他历史事件信息，由于这些数据不是关系型的数据，因此传统的关系数据库就无法处理这些数据，在这种情况下，对非关系型数据和海量的数据处理需要另一种方法。

目前用于分析大数据的主流技术是 Hadoop。Hadoop 是 Apache 的开源项目，该技术使用 Hadoop 分布式文件系统 HDFS 作为数据的存储，然后让开发人员创建 MapReduce 作业来分析数据。Hadoop 把数据分成块分布存储在 HDFS 的多个服务器上，然后在每个服务器上运行 MapReduce 作业，从而并行处理大数据。

HDInsight 是 Azure 基于 Apache Hadoop 的服务名称。HDInsight 允许将数据存放在 HDFS 集群上，并将其分布在多个虚拟机上。它还将 MapReduce 作业的任务扩展到这些虚拟机上。与本地 Hadoop 一样，数据在本地进行处理，逻辑任务和数据在同一个虚拟机中并行，从而获得更好地性能。HDInsight 还支持 Hadoop 生态系统的其他组件，包括 Hive 和 Pig。用户使用 Power BI 可视化工具，可以更轻松地处理 HDInsight 生成的数据，并图文并茂的形式展现出来。

② 高性能计算：使用云平台最有吸引力之一的就是进行高性能计算 HPC，解决用户需要大量硬件资源进行计算的问题。高性能计算的本质是在许多机器上同时执行应用程序代码，在 Azure 上，这意味着同时运行许多虚拟机，并行解决一些问题，这需要大量硬件资源和应用程序之间的协调和管理。利用 Azure 计算和基础架构服务，Azure 提供一系列的虚拟机，具有不同配置的 CPU、内存、磁盘容量和其他特性，根据需要将容量添加到本地计算机集群，或在云中运行大计算应用程序，以满足不同应用的需求。Azure 支持自定义高性能计算工作流程，涉及专门的数据工作流程以及可扩展到数千计算核心的作业和任务调度模式。

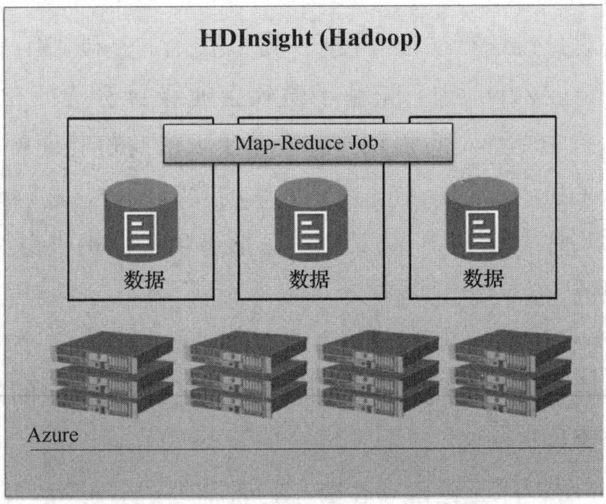

图 2-8　Azure 的 Hadoop 示意

（4）网络服务

① 虚拟网络：将企业本地数据中心的网络环境迁移或扩展到 Microsoft Azure 中的公有云中，把企业内部 IT 环境作为公有云的一部分提供给外部用户。使用 VPN 网关设备，管理员可以在本地网络和 Azure 中的虚拟机之间建立虚拟专用网络（VPN）。可以把企业内部 IP 地址分配给 Azure 中的虚拟机，企业中的用户可以访问那些虚拟机所包含的应用程序，就像在本地运行一样。

② 智能路由：以最佳的方式将访问应用程序的流量路由到 Microsoft Azure 数据中心。Azure 的应用程序分散在多个数据中心运行，如何智能地将用户引导到另一个数据中心的应用程序实例呢？大多数情况下，可能希望每个用户访问距离最近的数据中心，从而带来最佳的响应时间。但是如果在应用程序的实例超载或不可用的情况下，需要将访问请求自动引导到另一个数据中心，这就是 Azure Traffic Manager 需要完成的工作。应用程序的所有者需要定义规则，指定用户的请求如何被引导到另一个数据中心，然后依靠流量管理器来执行这些规则。如用户通常可能被定向到最近的 Azure 数据中心，但是当默认数据中心的响应时间超过其他数据中心的响应时间时，用户可能会被发送到另一个数据中心的应用服务中。

③ 内容交付网络：CDN 内容分发网络是云平台中重要的互联网访问服务，使用 Azure CDN 可以提高 Web 应用的响应时间和更好的用户体验。Azure CDN 在全球拥有数十个站点，每个站点都可以存储数据的副本。其他地区的用户首次访问数据时，将包含的数据从源 Azure 数据中心复制到该地区的本地 CDN 节点中。之后，用户的访问将使用 CDN 中缓存的数据副本，用户不需要到源 Azure 数据中心获取数据。因此，用户可以更快地访问频繁使用的数据。如 CDN 经典案例是利用其提供多媒体视频服务。

（5）身份认证服务

身份认证服务是对身份进行认证并授权，是云安全的基础。Microsoft Azure Active Directory（Microsoft Azure AD）是基于微软企业级身份认证和访问控制的 Active Directory（AD）的公有云版本，它提供一整套基于云的身份验证解决方案，并且可以和企业内部的 AD 集成。Windows Azure AD 也是微软的联机服务，为 Windows Azure、Office 365 等提供身份认证解决方案，也可为第三方云服务供应商提供身份认证服务。

（6）消息队列服务

① 队列服务：为实例与实例之间的协调提供通信服务。一个应用程序将消息放在队列中，该消息最终被另一个应用程序读取。解决服务与服务之间的松耦合和异步处理通信的问题，使服务更易扩展。

② 服务总线：应用程序无论部署在哪里，都需要进行交互，除了队列提供的交换数据方式之外，服务总线还提供其他交互方式，如服务总线中继、服务总线主题和订阅。其中服务总线中继允许不同的云服务通过总线的方式在云端直接通信，而不需要在本地进行数据的交互。服务总线主题和订阅服务提供了一种称为发布和订阅的机制，通过发布订阅，应用程序可以向主题发送消息，而其他应用程序可以创建对此主题的订阅，这允许一组应用程序之间可以一对多通信，让多个接收者读取相同的消息。

2. Microsoft Azure 的云服务模式

Microsoft Azure 云服务能够快速在云中创建、部署和管理企业的应用程序。

在 Microsoft Azure 中云服务（Cloud Service）是由多个 Role 角色组成的。Role 角色包括三种类型：Web Role、Worker Role 和 VM Role。一个 Role 角色由多个隔离的实例组成，一个实例对应一个用户的应用程序，在虚拟机中可以安装多个实例，建议一个实例对应一个虚拟机。如图 2-9 所示，每个 Role 都运行同样的实例，这些实例是可以互相替换的，这样可以自动的处理负载均衡和解决高可靠性等问题。

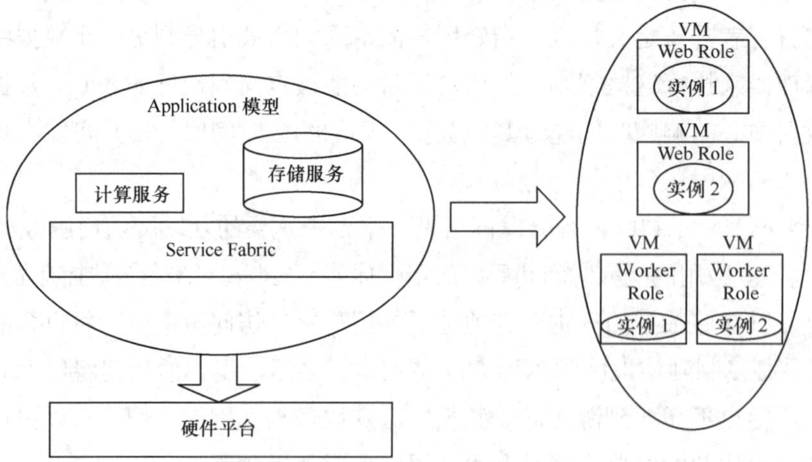

图 2-9　Azure 云计算 Application 模型

用户通过修改配置文件的方式来管理每个 Role 需要运行几个实例。系统运行多个实例使程序更快地处理请求和执行任务，当任何一个 Role 的实例中断之后，系统还能保证正常工作。用户不知道实例运行在哪个 VM 中，在 Azure 中通过 Service Fabric 的分布式管理应用把用户的实例自动分配到虚拟机中，并使用 Fabric Control 来监控各个实例的状态，一旦实例中断，系统会重启实例或实例所在的虚拟机。同样的，存储也必须冗余，Service Fabric 把实例的数据持久化分布存储到不同的 Blob 或 Table 中。

与传统的 Windows Server 的应用模式相比，通过 Windows Azure 云平台提供的 Service Fabric 分布式很好地解决应用程序在云中的高可用性、伸缩性等要求，并提升了对系统版本升级、更新、打补丁或其他原因引起的服务下线等问题的管理能力，保证服务可持续运行。

3. Azure 典型案例

（1）将现有业务应用迁移至公有云以获得弹性

技术团队将原部署在本地数据中心的基于.NET 架构的应用迁移至 Azure 公有云上运行，从而获得弹性支持。通过 Azure 对混合部署方式的支持这一特性，技术团队利用 VPN 将本地数据中心与 Azure 互通，实现本地资源与公有云资源的统一管理，既能获得公有云带来的成本效益，又可以充分保护已有的 IT 基础设施。利用 Azure 的快速扩展特性，业务在高峰来临之前即可在数分钟内利用 Azure 上快速扩展的虚拟机实例应对突然增长的用户访问量与订单。

（2）引入物联网，创造便捷、安全、绿色的新体验

通过利用 Azure IoT 中心服务，能够连接、监视并控制数百万计的智能物联网终端，建立可靠加密的双向通信。智能门锁便是其中的核心应用，以动态密码取代传统的钥匙，让房客可以自助办理入住、退房。此外，还通过 Azure IoT 中心服务管理智能 Wi-Fi 网关、消防设备与智能电表，为房客提供入住即可自动连接 Wi-Fi 的便利上网服务，创造安全、舒适、绿色的智能入住体验。

2.4.4　阿里云计算

阿里云成立于 2009 年 9 月 10 日，在中国公有云市场份额排名前列，处于国内公有云服务商领先的位置。阿里云依托强大的基础设施，遍布全国 500 多个 CDN 节点，提供优质的网络安全服务，提供运营商多个 BGP 接入，使用户访问网络均有同样优质的用户体验。阿里云在国内有规模最大的数据中心集群，提供高可用的弹性云计算能力，大数据计算服务 MaxComputer 提供分布式 TP 或 PB 级的海量数据处理，在云安全领域有全球首张云安全认证，产品云盾为淘宝、支付宝等提供安全服务，为云安全保驾护航。

1. 弹性计算

弹性计算服务（Elastic Compute Service，ECS）是基于阿里云平台提供的大规模

分布式计算系统，通过 KVM 或 Xen 虚拟化技术共享 IT 资源，可弹性伸缩、简单高效地为客户提供互联网基础设施服务。云服务器分布在不同的地域和可用区，由多个产品组成包括实例、磁盘、快照、镜像，网络安全组合虚拟专用网络等，并提供 ECS 的 API 接口为客户提供二次开发。常用的配置包括 1 核 CPU、40GB 硬盘、1G 内存等。它有两种计费模式：一是按时付费（包年或包月），二是按量付费。

弹性计算是阿里云中的主要服务模式，弹性计算的应用框架如图 2-10 所示。

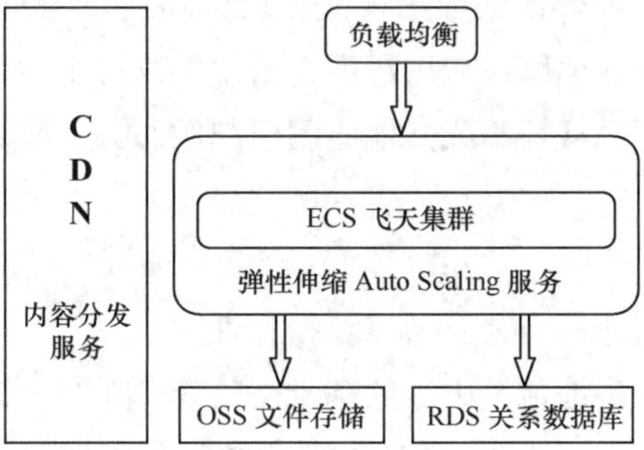

图 2-10　弹性计算应用框架

2. 大数据

关系型的云数据库服务（Relational Database Service，RDS）基于飞天分布式系统和 SSD 盘的高性能存储，支持四种传统的 SQL Server、MySQL、PostgreSQL（开源数据库）、PPAS（兼容 Oracle 的开源数据库）数据库引擎，具有主备架构、异地容灾、自动备份、在线迁移、实时监控及报警，并提供 API 进行二次开发等功能。云数据适用于结构化数据较强、数据量较轻和传统数据库兼容性较好的场景，可以结合 DRDS 中间件基于飞天系统解决分布式大数据存储问题。

对象存储（Object Storage Service，OSS）是一种海量的非结构化分布式存储服务，特别适合存储非结构化的音视频文件、图像、日志等，单个文件的存储能力可达到 48.8TB。对象中的数据以键值对的形式存储在文件中，逻辑结构类似于目录中的树形结构，可以直接用 URL 访问。

大数据计算服务（MaxComputer）是阿里云提供分布式 TP 或 PB 级别的海量数据处理服务。类似于 Hadoop 架构，它提供 Graph MapReduce 分布式编程模型、自定义函数、类 SQL 的开发语言和数据的导入、导出等功能。为数据分析、数据挖掘、商业智能等领域提供服务。

3. 云安全

阿里云安全提供信息安全、服务安全、运维安全等保障，云盾产品获得云安全国际认证、信息安全管理体系国际认证 ISO27001、可信云服务认证等多个国际级别的安全认证。在保障自身产品（如淘宝、支付宝等金融产品）的云安全同时积累大量的云安全方面的经验。云盾比任何云计算厂商提供的云安全都更具有说服力。它包括 DDoS 防护、网络流量监控、主机入侵防护、多组合隔离、VPC 隔离、操作系统加固、内核防止入侵、漏洞修复、堡垒机、双因素认证、应用防火墙、数据加密、数据库审计等功能。

2.4.5　华为云计算

华为是全球领先的信息与通信解决方案供应商，是世界 500 强、中国民营企业 500 强之一。华为云以全球领先的研发创新能力为您打造专业、安全、可信的云计算产品，云产品主要包括以下几点。

（1）以公有云为平台的云服务产品，主要包括计算服务、存储服务、网络服务、云安全、软件开发服务等云服务产品。

（2）针对企业 IT 的不同场景，华为云计算为企业提供完整高效、易于构建、开放的云计算解决方案，为用户提供了弹性、自动化的基础设施，按需的服务模式和更加敏捷的 IT 服务，它包含数据中心虚拟化解决方案、桌面云解决方案和四个主要产品：①基于 OpenStack 架构，以 FusionSphere OpenStack 为基础的面向行业客户推出的云操作系统，提供强大的虚拟化功能和资源池管理，帮助客户水平整合数据中心物理和虚拟资源，垂直优化业务平台，让企业的云计算建设和使用更加简捷；② FusionInsight 是企业级大数据存储、查询和分析的统一平台。它以海量数据处理引擎和实时数据处理引擎为核心，让企业从各类繁杂无序的海量数据中发现全新价值点和企业商机；③ FusionStorage 分布式存储系统是为了满足云计算数据中心存储基础设施需求而设计的一种分布式块存储软件，可以将通用 X86 架构的服务器的本地 HDD、SSD 等存储介质通过分布式技术组织成一个大规模存储资源池，对上层的应用和虚拟机提供工业界标准的 SCSI 和 iSCSI 接口，类似一个虚拟的分布式 SAN 存储；④ FusionCube 超融合一体机融合计算、存储、网络、虚拟化、管理于一体，具有高性能、低时延和快速部署等特点，并内置华为自研分布式存储引擎，深度融合计算和存储，消除性能瓶颈，灵活扩容。支持业界主流数据库和业界主流虚拟化软件。

以公有云为平台的云服务包括以下主要内容。

1. 计算服务

（1）弹性云服务器 ECS

弹性云服务器（Elastic Cloud Server）是一种可随时自助获取、可弹性伸缩的云服务器，帮助用户打造可靠、安全、灵活、高效的应用环境，确保服务持久稳定运行，提升运维效率。

（2）云容器引擎（Cloud Container Engine）是一种高性能可扩展的容器服务，基于 Docker 容器技术开发，秒级扩容，为企业应用提供快速打包/部署、自动化运维等基于容器的全生命周期管理能力。

（3）裸金属服务器（Bare Metal Server）为用户提供专属的物理服务器，提供卓越的计算性能，满足核心应用对高性能及稳定性的需求，结合了传统托管服务器的稳定性与云中资源高度弹性的优势。

2. 存储服务

（1）云硬盘（Elastic Volume Service）是一种基于分布式架构，可弹性扩展的虚拟块存储服务。像使用传统服务器硬盘一样，用户可以对挂载到云服务器上的云硬盘做格式化、创建文件系统等操作，并对数据做持久化存储。

（2）弹性文件服务（Scalable File Service）为用户的弹性云服务器（ECS）提供一个完全托管的共享文件存储，符合标准文件协议（NFS），能够弹性伸缩至PB规模，具备可扩展的性能，为海量数据、高带宽型应用提供有力支持。

（3）对象存储服务提供稳定、安全、高效、易用、低成本的云存储服务，具备标准REST API接口，可存储任意数量和形式的非结构化数据，提供99.999999999%的数据可靠性。

3. 网络服务

（1）内容分发网络（CDN）将源站内容分发至靠近用户的加速节点，使用户可以就近获得所需的内容，解决Internet网络拥挤的状况，提高用户访问的响应速度和成功率，从而提升用户的体验。

（2）虚拟私有云（Virtual Private Cloud）为用户在华为云上轻松构建隔离的虚拟网络环境。用户可以完全控制自己的虚拟网络，包括申请弹性带宽、弹性IP、创建子网、配置DHCP、设置安全组等。

（3）弹性负载均衡（Elastic Load Balance）将访问流量自动分发到多台云服务器，扩展应用系统对外的服务能力，实现更高水平的应用程序容错性能。

（4）云解析服务（Domain Name Service）提供高可用，高扩展的权威DNS服务和DNS管理服务，把人们常用的域名或应用资源转换成用于计算机连接的IP地址，从而将最终用户路由到相应的应用资源上。

4. 云安全

（1）流量清洗Anti-DDoS是通过专业的防DDoS设备来为用户互联网应用提供精细化的抵御DDoS攻击能力（包括CC、SYN Flood、UDP Flood等所有DDoS攻击方式）。用户根据租用带宽及业务模型自助配置防护阈值参数，系统检测到攻击后实时通知用户进行网站防御。

（2）Web应用防火墙（Web Application Firewall，WAF），针对HTTP请求进行异常检测，对攻击者的恶意攻击进行防护，如SQL注入、XSS跨站、网站挂马、漏洞入侵等，保护云服务器的Web应用安全。

（3）高防IP Cloud AntiDDoS基于Anti-DDoS清洗设备和大数据运营平台构建的

DDoS 高防服务，通过流量转发方式对用户源站进行隐藏保护。

5. 数据分析服务

（1）数据库安全服务（Database Security Service）是一个智能的数据库安全防护服务，基于反向代理及机器学习机制，提供敏感数据发现、数据脱敏、数据库审计和防注入攻击等功能，保障云上数据库的安全。

（2）数据接入服务（Data Ingestion Service）为处理或分析流数据的自定义应用程序构建数据流管道。数据接入服务每小时可从数十万种数据源（如网站点击流、财务交易、社交媒体源、IT 日志和定位追踪事件等）中连续捕获、传送和存储数 TB 数据。

（3）人工智能服务（Artificial Intelligence Service）致力于为企业提供 X+AI 服务，提供图片标签、模糊图像高清重建、易报关—OCR、智能物流装箱、智能审核；支持定制化的 OCR 单据识别服务。开放式接口，可与业务应用系统无缝对接，打造智能化业务系统，提升业务效率。

（4）数据仓库服务（Data Warehouse Service，DWS）是一种基于公有云基础架构和平台的在线分析型数据库，为用户的海量数据提供挖掘和分析服务。

（5）MapReduce 服务（MapReduce Service）提供租户完全可控的企业级大数据集群云服务，轻松运行 Hadoop、Spark、HBase、Kafka、Storm 等大数据组件。

6. 软件开发服务

（1）项目管理（ProjectMan）为敏捷开发团队提供简单高效的开发协作服务，包含多项目管理、敏捷迭代、需求管理、缺陷跟踪、文档管理、看板、报表统计分析等功能。

（2）代码检查（Code Check）是面向软件开发者提供代码质量管理云服务，可在线进行多种语言的代码静态检查、代码安全检查、质量评分、代码缺陷改进趋势分析，辅助您管控代码质量。

7. 容器架构的 Web 应用案例

搭建以容器为架构的 Web 应用，简要说明如下。

（1）搭建基于容器的 Web 应用架构，创建集群。在创建集群之前，需要创建 VPC。VPC 服务提供一个安全、隔离的网络环境。创建 VPC 之后，添加集群节点，节点为多台弹性云服务器，操作系统为 Ubuntu 14.04 64bit，最后添加负载均衡和监听器，把节点加入负载均衡的服务器中。

（2）安装 Docker。以 root 用户登录弹性云服务器，执行命令 curl-ssl https://get.docker.com/ | sh，安装 Docker。

（3）再安装有 Docker 的虚拟机或物理机中制作 Dock 镜像，以 root 用户登录弹性云服务器，创建 Dockerfile 文件，输入如下内容到 Dockerfile 文件中。

```
FROM nginx
RUN echo '<h1>Hello, Docker!</h1>' > /usr/share/nginx/html/index.html
```

这里的 Dockerfile 的内容表示以 Nginx 镜像为基础镜像，在启动时将“Hello, Docker!”写入“/usr/share/nginx/html/index.html”文件。

（4）从 Dockerhub 下载基础镜像 nginx，执行命令“docker build -t mynginx:v1”制作 mynginx 镜像。连接私有镜像仓库，上传镜像。

（5）创建应用，配置弹性伸缩及策略，配置当 CPU 使用高于某个阈值时，自动增加多个实例，以保障业务的持续运行。

习题

一、选择题

云计算的商业模式有（多选）（　　）

A. SaaS　　B. DaaS　　C. IaaS　　D. PaaS

二. 填空题

云计算的部署模式有________、________、________。

三、简答题

1. 云计算有哪些分类？
2. AWS 主要提供哪些云服务？
3. 私有云和公有云的主要区别在哪里？
4. VMware vSAN 的主要功能是什么？

第3章 云计算安全

云安全是云计算中重要的组成部分，同样也是云计算发展的最大障碍。信息安全要以人为本，强化管理，培养良好的管理思想、构建和完善信息安全管理体系、结合有效的技术措施，认真落实各项规章制度，为云计算构建起一道信息安全的屏障。

学习目标

- 理解 DDoS 攻击原理；
- 理解 Web 应用防火墙；
- 理解证书原理；
- 理解 CDN 原理；
- 掌握云安全架构体系。

3.1 云计算安全问题事件

早期的互联网主要以木马、蠕虫或其他病毒获取操作系统权限，以体现个人能力为目的，威胁网络安全。随着云计算的发展，在利益的驱使下，黑客形成一套完整的产业链，以大流量的 DDoS 攻击、篡改网站、暴力破解、窃取数据、贩卖数据为目标，变得更隐蔽，分工明确的黑色产业，典型事件如下。

事件一，2014 年 4 月爆发了震惊互联网的 Heartbleed 漏洞，OpenSSL 不断被爆出大范围漏洞，该漏洞是近年来影响最广泛的高危漏洞，涉及到各个门户网站，该漏洞可用于窃取服务器敏感信息，获取互联网交易中的用户名和密码，从而对电商、网银、金融等互联网企业和个人造成经济损失。

事件二，2016年5月，俄罗斯黑客策划并实现了一场大规模的数据泄露事故。在此次网络攻击中，黑客盗取了2.723亿个账号，以俄罗斯最受欢迎的电子邮件服务Mail.ru用户为主，此外还有Gmail地址、雅虎以及微软电邮Hotmail用户。据路透社称，数以亿计的数据在非法渠道出售。

事件三，2016年的DDoS攻击，其中最典型的是Dyn事件。2016年10月21日，提供动态DNS服务的Dyn DNS遭到了大规模DDoS攻击，攻击主要影响其位于美国东区的服务。此次攻击导致许多使用Dyn DNS服务的网站遭遇访问问题，其中包括GitHub、Twitter、Airbnb、Reddit、Freshbooks、Heroku、SoundCloud、Spotify和Shopify。攻击导致这些网站一度瘫痪，Twitter甚至出现了近24小时0访问的局面。

事件四，国家网络与信息安全信息通报中心此前紧急通报称，2017年5月12日20时左右，新型"蠕虫"式勒索病毒爆发，不法分子利用NSA泄露的危险漏洞"EternalBlue（永恒之蓝）"进行传播。全球至少150个国家、30万用户中毒，被感染后，受害者电脑会被黑客锁定，大量重要文件被加密，提示需要支付价值相当于300美元的比特币才可解锁。而如果在72小时之内不支付，这一数额将会翻倍，一周之内不支付将会无法解锁。

在传统的信息安全时代主要采用隔离作为安全的手段，具体分为物理隔离、内外网隔离、加密隔离，实践证明这种隔离手段针对传统IT架构能起到有效的防护。同时这种隔离为主的安全体系催生了一批以硬件销售为主的安全公司，例如各种FireWall（防火墙）、IDS/IPS（入侵检测系统/入侵防御系统）、WAF（Web应用防火墙）、UTM（统一威胁管理）、SSL网关、加密机等。在这种隔离思想下，导致了长久以来信息安全和应用相对独立的发展，结果，传统信息安全表现出分散、对应用的封闭和硬件厂商强耦合的特点。

但随着云计算的兴起，这种隔离为主体思想的传统信息安全在新的IT架构中已经日益难以应对了。公有云的典型场景是多租户共享，但和传统IT架构相比，原来的可信边界彻底被打破了，威胁可能直接来自于相邻租户。攻击者一旦通过某0day漏洞实现虚拟逃逸到宿主机，从而可以控制这台宿主机上的所有虚拟机。同时更致命的是，整个集群节点间通讯的API默认都是可信的，因此可以从这台宿主机与集群消息队列交互，进而集群消息队列会被攻击者控制，导致整个系统受到威胁。

而从用户的角度来看，未来安全设备的开放化、可编程化很可能是个趋势，软件定义信息安全（Software Defined Infomation Security，SDIS）这个概念正是为用户的这种诉求而生。它的精髓在于打破了安全设备的生态封闭性，在尽量实现最小开放原则的同时，使得安全设备之间或安全设备与应用软件有效地互动以提升整体安全性，而非简单理解为增加了安全设备的风险敞口。SDIS 是一种应用信息安全的设计理念，是一种架构思想，这种思想可以落地为具体的架构设计。因此从信息安全自身发展来看，要建立从硬件层、网络层、应用层和主机层的多个层面的安全防御体系，才能面对未来的威胁。

云计算在各方面与传统 IT 相比发生了变化，势必带来新的问题。由于大数据的存在，云安全变得比以往更加复杂。利用大数据的分析，对用户的密码、IP、邮件等重要敏感信息进行恶意攻击、分析用户的行为等，产生恶意的行为数据库、样本库、漏洞库等，给犯罪分子提供可乘之机。

3.2 云计算带来新的安全威胁

云计算面临的主要安全威胁包括：

（1）数据泄露、数据丢失、流量劫持；

（2）大流量 DDoS 攻击，SQL 注入攻击，暴力破解攻击，木马，XSS 攻击，网络钓鱼攻击等；

（3）审计不到位、内部员工越权、滥用权利、操作失误等；

（4）云服务中断、滥用云服务、多租户隔离失败；

（5）安全责任界定不清；

（6）不安全的接口。

除了应对以上的安全威胁，云计算按照不同的层面，还面临新的安全威胁与挑战。

3.2.1 网络层次

（1）更容易遭受网络攻击

云计算必须基于随时可以接入的网络，便于用户通过网络接入，方便的使用云计算资源。云计算资源的分布式部署使路由、域名配置更加复杂，更容易遭受网络攻击，如 DNS 攻击和 DDoS 攻击。而对于 IaaS，DDoS 攻击不仅来自外部网络，也容易来自内部网络。

（2）隔离模型变化形成安全漏洞

企业网络通常采用物理隔离等高安全手段，保证不同安全级别的组织或部门的信息安全，但云计算采用逻辑隔离的手段隔离不同企业，以及企业内部不同的组织与部门。用逻辑隔离代替物理隔离，使企业网络原有的隔离产生安全漏洞。

（3）资源共享风险

多租户共享计算资源带来了更大的风险，包括隔离措施不当造成的用户数据泄露、用户遭受相同物理环境下的其他恶意用户攻击；网络防火墙/IPS（Intrusion Prevention System，入侵防御系统）虚拟化能力不足，导致已建立的静态网络分区与隔离模型不能满足动态资源共享需求。

3.2.2 主机层次

（1）Hypervisor 的安全威胁

Hypervisor 是虚拟化的核心，可以捕获 CPU 指令，为指令访问硬件控制器和外设充当中介，协调所有的资源分配，运行在比操作系统特权还高的最高优先级上。一旦 Hypervisor 被攻击破解，在 Hypervisor 上的所有虚拟机将无任何安全保障，直接处于攻击之下。

（2）虚拟机的安全威胁

虚拟机动态地被创建、被迁移，虚拟机的安全措施必须相应地自动创建、自动迁移。在虚拟机没有安全措施的保护下或安全措施没有自动创建时，容易导致接入和管理虚拟机的密钥被盗，未及时打补丁的服务（FTP、SSH 等）遭受攻击，弱密码或者无密码的账号被盗用，没有主机防火墙保护的系统遭受攻击。

3.2.3 应用层次

基于云计算接口的开放性，基础设施提供商与应用提供商很可能是不同的组织，应用软件也被云调度到不同的虚拟机上分布式运行，所以应用安全必须考虑基础设施与应用软件配合后的安全能力，如果配合不好，会产生很多安全漏洞。

（1）静态数据的安全威胁

静态数据可以加密保存，如简单对象存储业务，用户通过客户端加密数据，然后将数据存储到公有云中，用户的数据加密密钥保存在客户端，云端无法获取密钥并对数据进行解密。这种加密方式提高了密钥的私密性、安全性，但限制了云对数据的处理，在某些场景下，如计算业务，云端没有数据解密密钥则无法对数据进行处理。

（2）数据处理过程的安全威胁

数据在云中处理，数据是不加密的，可能被其他用户、管理员或者操作员获取到。数据在用户自己的设备上处理这种威胁将不存在。

（3）数据线索的挑战

虚拟化、热迁移、分布式处理等技术的应用，导致在不同的时间里，数据在云中的处理位置并不相同。在某一时刻，数据可能在虚拟机 A 上处理，但在另一时刻，数据可能被安排到虚拟机 B 上处理。这增加了跟踪数据线索的难度，对数据的真实性、完整性的证明都提出了更大的挑战。

（4）剩余数据保护

用户退租虚拟机后，该用户的数据就变成剩余数据，存放剩余数据的空间可以被释放给其他用户使用，如果数据没有经过处理，其他用户可能获取到原来用户的私密信息。

（5）接入安全管理

用户失去对资源的完全控制，对系统接入认证有了更高的要求和挑战。

3.3 产生云安全的主要原因

近些年来，互联网发展迅猛，有一部分人利用网络攻击牟取利益，这种攻击已经演变成完整的黑色产业链。攻击者在大流量网站的网页里注入木马，木马利用 Windows 平台的漏洞感染浏览网站的用户，用户的计算机一旦中了木马，就会被他人操作成为所谓的被控制对象，称为傀儡机，然后将傀儡机出售给需要攻击的买家，买家利用一批受控制的机器（傀儡机）向目标机器发起攻击，来势迅猛的攻击令人难以防备。

由于云计算分布式架构的特点，数据可能存储在不同的地方，在数据安全方面风险最高的是数据泄露。用户虽然能够看到自己的数据，但是用户并不知道数据具体保存在什么位置，并且所有的数据都是由第三方来负责运营和维护，甚至有的数据是以明文的形式保存在数据库中，数据被用于广告宣传或者其它商业目的。因此数据泄露和用户对第三方维护的信任问题是云计算安全中考虑最多的问题。虽然数据中心的内外硬件设备能够对外来攻击提供一定程度的保护，而且这种防护的级别比用户自己要高很多，但是和数据相关的安全事件在各大云计算厂商中还是尴尬地出现在公众面前。

从技术层面看，云安全体系建立不完善、产品技术实力薄弱、平台易用性较差，造成用户使用困难。从运维层面看，运维人员部署不规范，没有按照流程操作，缺乏经验，操作失误或违规滥用权利，致使敏感信息外泄。从用户层面看，用户安全意识差，没有养成良好的安全习惯，缺乏专业的安全管理。或有严格的规章制度，但不执行，造成信息外泄等。三分技术，七分管理，严格的管理制度是整个系统安全的重要保障。

3.4 在云安全技术层面关注的内容

3.4.1 分布式拒绝服务

分布式拒绝服务（Distributed Denial of Service，DDoS）最初由简单的 Dos 利

用单台计算机攻击方式发展到现在的DDoS分布式拒绝服务攻击。单一的DoS攻击一般采用一对一的模式，在计算机性能不高，网络处理能力有限的年代，攻击效果明显，但是随着计算机技术的不断发展，计算机硬件及网络处理能力大大增强，目标机器有很强的处理能力，单一的DoS攻击很难实现。因此用一台计算机攻击不行，那么就用10台、100台计算机同时发起攻击，这就是DDoS。

简单地说，分布式拒绝服务DDoS是通过大量的合法访问请求导致目标计算机来不及响应后面的请求，造成后续访问请求不能被服务器及时回应，导致目标计算机CPU、内存满负荷运转，应用繁忙和网络拥堵，结果在客户端造成不能访问服务器的现象。海量的DDoS危害是很大的，它可以直接阻塞互联网，因此具有较大的危害性。以前网络管理员对抗DDoS采取过滤IP地址的方式，但是由于DDoS利用受控制的傀儡机的IP地址作为源IP地址，所以很难采用以前过滤的方式处理和追查源IP地址。

DDoS攻击类型包括SYN Flood占用连接数类型，UDP Flood、ICMP Flood占用带宽类型和HTTP Get Flood、HTTP Post Flood、DNS Flood对应用层攻击等类型。SYN攻击的主要过程如下。

在TCP协议中，为保证通信双方所传输数据的完整性和有效性。采用三次握手的机制来互相确认信息，从而建立一个可靠的连接。其中，SYN是TCP连接建立过程中的握手信息。SYN攻击是指利用TCP协议中握手机制的缺陷来对目标主机发起攻击。

SYN Flood攻击利用TCP协议三次握手的原理，发送大量伪造源IP的SYN包。服务器每接收到一个SYN包，都会为此开辟核心内存用于存放连接信息，这些连接信息存放在连接队列中，这时服务器如果接收到的SYN太多，队列受限于连接数的最大值，便产生溢出，操作系统会把正常的连接信息丢弃，造成正常用户不能连接。操作系统的核心内存是非常有限的，所以SYN攻击很容易让80端口的Web服务瘫痪。

在云平台中一次DDoS攻击包括多种类型，如SYN、DNS、HTTP Flood等混合攻击，它是威胁网络安全最大的一种入侵攻击方式。阻止用户正常的访问网络资源，加剧网络延迟，由此引起两方面的问题：一方面会降低用户的上网体验，另一方面也给付费的用户造成一定的损失。一旦受到DDoS攻击，在云计算架构中多采取如下措施。

（1）当流量进入，使用DDoS硬件设备进行流量清洗。

（2）当流量过大，请运营商在入口进行流量清洗，使流量不能到达数据中心。

（3）如果上游运营商也无法承受时，协调资源，在各自的范围内控制攻击流量。

还有一种攻击却反其道而行之，它以慢著称，即慢速连接攻击，这种攻击很难防范。

其基本原理是先建立 HTTP 连接，设置一个较大的 Content-length，每次只发送很少的字节，让服务器一直以为 HTTP 头部没有传输完成，服务器就保持连接等待状态，这样的连接一多很快就会出现连接耗尽，从而导致拒绝服务。HTTP 慢速的 Post 请求和慢速的 Read 请求都是基于相同的原理。慢速攻击也多种多样，其中包括 Slow headers、Slow read。

3.4.2 下一代防火墙

企业网络正向以移动宽带、大数据、社交化和云服务为核心的下一代网络演进。移动 APP、Web2.0、社交网络让企业处于开放的网络环境，攻击者通过身份仿冒、网站挂马、恶意软件和僵尸网络等多种方式进行网络渗透，企业面临前所未有的安全风险，传统防火墙面对变革却无能为力。在这种情况下，下一代防火墙应需而生，面向下一代网络环境，基于“感知”实现安全管理自我优化，通过云技术识别未知威胁，高性能地为大型企业、数据中心提供以应用层威胁防护为核心的下一代网络安全。它和传统防火墙的主要区别如图 3-1 所示。

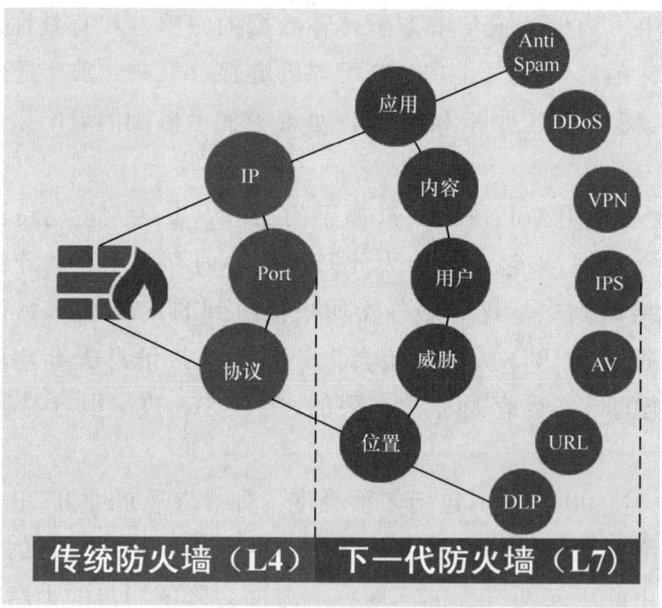

图 3-1　下一代防火墙主要功能对比

下一代防火墙（Next Generation Firewall，NGFW）有以下主要特点。

（1）精准的应用访问控制

1）全面创新的下一代环境感知和访问控制。通过应用、内容、时间、用户、威胁和位置六个维度的组合，全局感知日益增多的应用层威胁，实现应用层安全防护。

2）丰富的报表将业务状态、网络环境、安全态势、用户行为等可视化展现，让用户全方位感知，安全运营。

3）深度融合的下一代内容安全。通过解析引擎合并，将安全能力与应用识别深度融合，防范借助应用进行的恶意代码植入、网络入侵、数据窃取等破坏行为。

（2）高的性能体验

1）专用软硬件平台架构，下一代防火墙采用全新架构的智能感知引擎（Intelligence Aware Engine，IAE），传统威胁检测引擎根据逐个报文进行威胁特征匹配，这种方式容易造成攻击者逃避检测。IAE 摒弃了此种方式，将报文根据会话进行重组，并进行协议解码和特征匹配，更加精准的检测各层协议中的威胁。

2）内容检测硬件加速，提升应用层防护效率，保障全安全特性开启下的万兆最佳性能。

（3）简单的安全管理

1）根据网络中的实际流量和应用的风险，遵循最小权限控制原则，自动生成策略优化建议。

2）分析策略命中率，发现冗余、失效的策略，有效控制策略规模，简化管理。

（4）全面的未知威胁防护

1）在云端采用沙箱技术，在模拟环境中监控可疑样本的运行行为，高效发现未知威胁。

2）发现未知威胁后自动提取威胁特征，并迅速将特征同步到设备侧，有效防范零日攻击。

3）准确、完善的信誉体系，防范 APT（Advanced Persistent Threat）攻击。

3.4.3 Web 应用防火墙

Web 应用防火墙是云平台中必备的安全产品，主要防御利用 SQL 脚本注入，在数据库中执行 SQL 命令，导致数据库中的数据泄露或数据不一致性。Web 程序中最常见的漏洞是跨站脚本攻击 XSS（Cross Site Scripting），为了区别网页中 CSS 样式表，而取名为 XSS。攻击者在网页中嵌入客户端脚本（如 JavaScript），当用户浏览此网页时，脚本会在用户的浏览器上执行，从而达到攻击的目的，如获取用户的 Cookie 中的用户名和密码，直接登录到用户的网站。恶意 CC（Challenge Collapsar）攻击是 DDoS 的一种，也是一种常见的网站攻击方法，是攻击者控制某些主机不停地发大量数据包给对方服务器造成服务器资源耗尽，一直到宕机崩溃。

开放式 Web 应用程序安全项目（Open Web Application Security Project，OWASP）是一个非营利性、开放的组织，其主要目标是致力于改善 Web 应用与服务的安全性。OWASP 常见的攻击包括：失效的身份认证和会话管理、使用已知易受攻击的组件、安全配置错误、未验证的重定向和转发、不安全对象的引用。

Web 应用防火墙的主要工作原理是，当用户访问网站时，DNS 服务器返回应用防火墙集群地址，网络的访问流量被应用防火墙接管，进行安全防护和清洗，之后由应用防火墙把用户访问的流量导向真实网站地址，并通过应用防火墙把返回的结果进行防护和清洗后，最后把内容返回给用户，实现访问请求和相应双向防护和清洗。

运用 Web 应用防火墙中设定的规则，针对有攻击性的行为阻拦，降低误报几率，面对大量系统的补丁升级，及时更新，避免零日漏洞，有效避免业务系统面临的用户数据泄露，网站数据被抓取，登录页面被暴力破解等常见威胁，保证业务系统的安全和可用性。

3.4.4 DNS、CDN 服务

通过 DNS 的域名解析获取 URL 对应的 IP 地址，是互联网最核心的功能。URL 是人们熟悉记录互联网地址的方式，而计算机只能识别二进制的机器语言，所以需要 DNS 把 URL 解析到具体的 IP 地址，才能获取互联网中的各种资源。

DNS 有多种方式进行域名解析。客户端与本地 DNS 服务器之间的查询称为递归查询，最后由本地 DNS 服务器返回 IP 地址给客户端；另外，本地 DNS 服务器与其他 DNS 服务器之间的查询称为迭代查询，DNS 查询的过程如下。

（1）客户端在浏览器中输入 www.huawei.com 域名，系统会先检查本地 Hosts 文件中是否有该 IP 地址和域名的映射关系，如果有，则直接返回 IP 地址，完成域名的解析。

（2）如果 Hosts 里没有这个域名映射的 IP 地址，则查找本地 DNS 缓存，如果缓存中保留有历史记录则直接返回，完成域名解析。

（3）如果 Hosts 与本地 DNS 缓存都没有相应的域名 IP 地址，则查找网卡参数中设置的首选 DNS 服务器，即本地 DNS 服务器，此服务器收到查询时，如果要查询的域名，包含在本地域的 DNS 服务器记录中，如在 A 记录，Cname 记录中等，则返回解析结果给客户端，完成域名解析，此解析具有权威性。如果本地的 DNS 服务器不能解析该域名，但该服务器中缓存了此域名的 IP 地址，则返回域名解析的结果给客户端，完成解析，此解析不具有权威性。

（4）如果本地 DNS 服务器与缓存都没有相应的记录，则检查是否设置 DNS 转发器，如果没有设置 DNS 转发，则把请求发至全球 13 台根 DNS，由根 DNS 服务器处理请求，并返回一个负责.com 顶级域名服务器的 IP 地址，本地 DNS 服务器会查询.com 域的这台服务器，如果无法解析，将返回顶级.com 域名的下一级（huawei.com）DNS 服务器 IP 地址，本地 DNS 服务器根据返回的 IP 地址再去查询 huawei.com 域服务器，重复上述动作，直至找到 www.huawei.com 域名所对的 IP 地址，最后由本地 DNS 服务器把域名解析的 IP

地址返回给客户端，完成解析。

（5）如果本地 DNS 服务器设置转发，此 DNS 服务器就会把请求转发到指定的 DNS 服务器进行解析，如果该服务器不能解析，由该服务器查找根 DNS 服务器进行解析。不管是本地 DNS 服务器通过转发的方式获取域名的 IP 地址，还是通过根 DNS 获取到的 IP 地址，都要通过本地 DNS 服务器返回给客户端。客户端到本地 DNS 服务器是属于递归查询，DNS 服务器之间的查询属于迭代查询。

通过 DNS 对 URL 地址进行 DNS 解析后，返回机器所识别的目的地址，再根据目标地址获取该地址的网页信息。随着互联网不断的发展，访问网站的用户数量激增，访问路径过长，从而使用户的访问质量受到严重影响。特别是当用户与网站之间的链路被突发的大流量数据拥塞时，保证用户都能够进行高质量的访问，提高网站的响应速度、并发访问和网络负载能力，并尽量减少由此而产生的费用和网站管理压力。内容分发网络（Content Delivery Network，CDN）能帮助用户解决上述问题，提出智能 DNS 概念，把网站的内容分发到用户最近地域的镜像站点，把这些 IP 地址记录在智能 DNS 中，通过 Cname 机制去找到用户 IP 最近的镜像站点访问。如在北京架设网站，西安的用户在访问该网站时，智能 DNS 发现这个请求的 IP 地址来自西安，就把该网站西安镜像的地址返回给客户，客户得到西安镜像 IP 地址后，直接访问该站点即可，没有必要让网络流量到达北京，再从北京的站点返回内容到西安，使客户访问网站的内容传输的更快、更稳定，从而解决 Internet 网络拥挤的状况，提高用户访问网站的响应速度。

所以在互联网中，DNS 和 CDN 是通往资源访问的桥梁，扮演着非常重要的角色，当云计算人面积不能正常提供服务时，有可能是这两个角色出现了问题所导致的，所以在云计算的架构中多采用多种形式的 DNS 和 CDN 服务，一旦发生故障，可迅速切换至另一个 DNS 和 CDN 服务提供商。

3.4.5 数字证书与加密

在云计算中，所有的通信都需要认证和加密，认证核心是要确认对方的真实身份，当确认对方的身份后，再以加密的形式，进行交互。数字证书就是确认真实身份的技术实现方式。数字证书是云计算中仅次于 DNS 的重要概念，DNS 是找到对方的地址，找到对方后，要通过数字证书进行真实身份的验证，验证之后，通过对称加密算法，加密交互的信息。在客户端访问云服务的过程中，所有的交互都需要认证和加密，包括客户端以 Web 形式访问服务器、服务器与服务器之间和客户端调用云平台中的 WebSevice 接口等，都必须要求数字证书进行验证身份的过程。这也是为什么 OpenSSL 出现漏洞会造成全世界恐慌的原因，因为我们的通信基石遭到了破坏。

数字证书分为服务器证书、电子邮件证书、个人证书、自签名证书、代码签名这五种类型。数字证书具有机密性、完整性、真实性和不可否认性等特点，在 Windows 中查看到的证书如图 3-2 所示，该证书包含以下几个重要的组成部分。

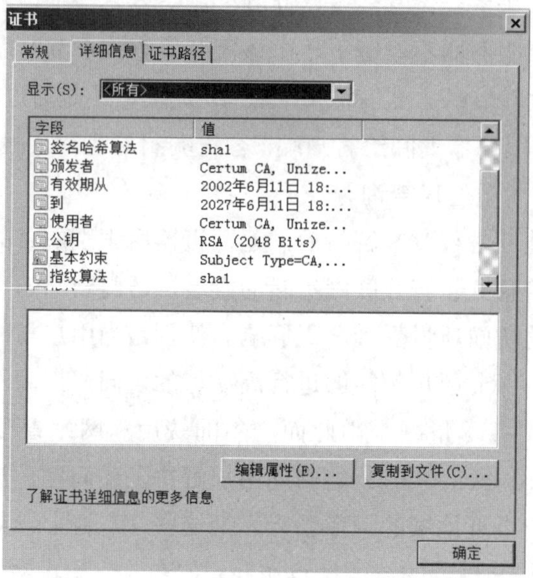

图 3-2　证书

（1）颁发者（Issuer），是指该证书是什么机构发布的，由哪个机构创建的。对于本证书中颁发者是“Certum CA”这个机构。

（2）有效期（Valid from），是指证书的有效时间，或者说证书的使用期限。过了有效期限，证书不能使用。

（3）公钥（Public key），RSA 公钥加密体制包含 3 个算法：KeyGen（密钥生成算法）、Encrypt（加密算法）以及 Decrypt（解密算法），公钥用于对数据进行加密，私钥用于对数据进行解密。

（4）使用者（Subject），是指证书的使用者，证书是发布给谁使用的。

（5）指纹以及指纹算法（Thumbprint，Thumbprint algorithm）是为保证证书的完整性。在发布证书时，发布者根据指纹算法计算整个证书的 Hash 值，使用者在打开证书时，根据指纹算法再计算一下当前证书的 Hash 值，两个 Hash 值进行比对确认证书的内容是否被修改。Hash 值实际是证书的指纹，该指纹是证书颁发机构的私钥用签名算法（Signature algorithm）加密后保存在证书中。

（6）签名所使用的算法（Signature algorithm）是数字证书的数字签名所使用的加密算法，签名是在证书的里面再加上一段内容，可以证明证书没有被修改过，对证书的信息进行 Hash 计算，把该 Hash 值使用签名算法加密后存放到数字证书中称为数字签名。

数字证书的基本原理是通过加密算法和公钥对内容进行加密，然后通过解密算法和私钥对密文进行解密，得到明文，由公钥加密的内容，只能由私钥的持有者才能解密，其中私钥是保密的，使用公钥进行加密，只有私钥的持有者才能解密。

以客户端通过 Web 方式访问服务器，在服务器端使用服务器证书进行身份识别和加密为例，简要介绍数字证书的使用过程。

（1）客户端向服务端发送 Web 页面的浏览请求。

（2）服务器向客户发送自己的数字证书，客户端读取该证书中的发布者也就是证书的颁发机构，从安装操作系统时预留在本地的信任证书列表里找这个发布机构的根证书是否在本地证书信任列表里，如果服务器证书中颁发机构的根证书在本地信任的证书列表里面，说明证书是被信任的。然后取出根证书的公钥，利用服务器证书的指纹和指纹算法用公钥进行解密，再用指纹算法对服务器证书再计算一下当前证书的 Hash 值，该 Hash 值就证书的当前指纹和服务器证书里保存的指纹进行对比，正确说明服务器证书是合法的。

（3）客户端验证服务器的数字证书后，客户端会随机发送一个字符串给服务器，服务器用私钥去加密这个字符串的 Hash 值，服务器把加密的结果返回给客户端，客户端用公钥解密这个字符串的 Hash 值，客户端再次生成该字符串的 Hash 值，和服务器返回的 Hash 值进行对比，如果与之前生成的随机字符串的 Hash 一致，说明对方确实是服务器证书的持有者。

（4）客户端验证服务器的真实身份后，客户端生成 个对称加密算法和密钥，并用公钥加密发送给服务器，服务器用私钥解密后，客户端和服务器之后的通信就使用该对称加密算法和密钥进行加密和解密。

数字证书是保证通信安全最重要的基础屏障，是云平台中安全应用最广泛的技术之一，和业务服务密切相关，在云平台的服务可靠性中，很多服务中断都和数字证书有关系。

3.5　云安全基本架构

在云计算中，主要面临如下安全威胁：数据泄露、数据丢失、流量劫持、大流量 DDoS 攻击、SQL 注入攻击、暴力破解攻击、木马、XSS 攻击、网络钓鱼攻击、云服务中断、滥用云服务、多租户隔离失败、安全责任界定不清、不安全的接口、审计不到位、内部员工越权、滥用权利和操作失误等。为应对上述安全风险，需要在数据层、应用层、主机层、网络层等各个层面进行安全的防护，建立起一整套的云安全体系架构为云计算保驾护航。基本架构如图 3-3 所示。

在数据层方面，需要对数据库实时备份、多个副本、异地容灾、主备镜像，数据在持久化保存时需要对敏感信息进行加密保存。

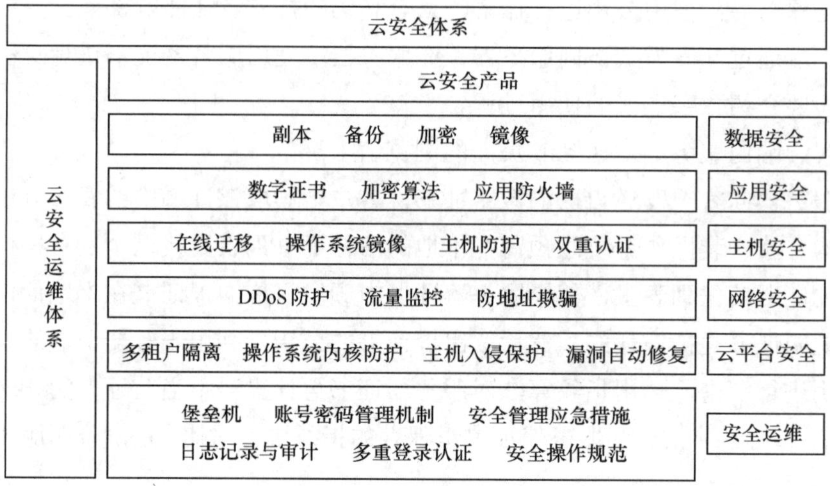

图 3-3 云安全架构

在应用层方面，需要通过数字证书识别对方的真实身份，验证通过后需要对传输的数据进行对称加密。通过应用防火墙防御 SQL 注入、木马上传、服务器插件漏洞、过滤恶意消耗网站资源的 CC 攻击，并对 IP 进行屏蔽、非授权核心资源的访问、零日漏洞防护，以防护黑客的定向攻击。Web 应用防护 OWASP 常见威胁和避免注入类的攻击导致数据泄露、防止用户注册及登录页面的多次刷新，防止访问网站的手机用户数据泄露，短信流量被恶意消耗、避免恶意网站爬虫软件获取网站的数据、延缓对登录页面的暴力破解，获取用户名和密码进入业务系统内部。对敏感信息的识别如文字、声音、视频、图片、过滤垃圾广告和数据合规性进行监控，以净化网络，支持传媒等业务的需求。

在服务器层面，需要对登录进行双重认证、对所有服务器补丁需要统一管理，及时更新补丁，对单台服务器的补丁状态进行监控，对没有及时打上补丁的服务器及时报警，及时通知用户等；通过智能引擎对木马实时、精准查杀，包括文本、二进制文件、脚本等，并对高危文件进行主动隔离，实时通知用户。防止密码暴力破解，支持 SSH、RDP、FTP、MySQL 和 SQL Server 等应用暴力破解、异常登录报警，识别异地、异常登录行为，对该行为实时通知用户；对端口、账号、进程、日志文件异常的监控和报警；对服务器中的操作系统备份、在线迁移等。

在网络层面，通过对 DDoS 的攻击，让目标地址无法提供正常的服务，是最强大、最难防御的攻击之一，近些年来 DDoS 的攻击水平迅速上升，直接威胁着整个互联网的安全。采用 DDoS 防御功能，有效抵御各种类型和不同层面的 DDoS 攻击，包括 DNS Query Flood、NTP Reply Flood 等攻击，依据大数据实现自动检测和自动匹配技术，清洗 DDoS 攻击。保护业务服务不受影响。

在云平台层面，多租户的隔离是实现用户数据安全隔离的重要方式之一，在设计云计算的架构中，租户的隔离是必须考虑的技术问题，它从基础架构层、网络层、应用层等各个层面对租户数据提供隔离机制。确保不同用户之间数据的私密性。

在运维层面，运维人员使用多重认证通过堡垒机登录云平台，堡垒机的作用是和云平台中的业务系统隔离，避免运维人员直接登录云平台系统，而且所有指令操作在堡垒机中均有日志并可追溯查询，从而更好地规划和设计安全策略起到安全隔离的作用。在云计算中各个层面都需要安全的防护，它扮演着非常重要的角色，是维系整个信息安全的基石。

习题

简答题

1. 云计算中面临哪些安全问题？
2. 简述 DDoS 的攻击原理。
3. 简述 CDN 的工作原理。
4. 简述在 Windows 系统中 Web 服务器证书的验证过程。

第一部分小结

云计算的实质是服务，是一种新兴的商业计算模式。云概念的提出是因为它的规模很大，可以根据业务动态伸缩。云计算是提供给这种商业模式的具体实现，是互联网产业发展到一定阶段的必然产物。在 IT 领域，任何新事物都需要业务和技术的推动，业务需求来自时代的背景，这个背景就是我们正处在一个大数据时代，对于应用的可靠性、并发性的需求不断增加，面对新的变化，传统 IT 企业很难实现，为满足业务发展的需求，Google 提出新的概念，将数据分布存储在不同的机器上，再把计算、网络、存储等硬件资源组成资源池，通过互联网访问，按照用户的需求，以付费的方式像使用电和水一样，方便、快捷地分配给用户使用。在技术领域，随着分布式计算，虚拟化等技术的发展，解决了企业资源利用率低，能耗高等问题。在业务和技术不断推动下，云计算孕育而生。

在企业中，私有云能更好地调度和使用自动化管理物理资源，使企业基础设施更高效地运行，结合公有云，使企业在相互协同、合作、创新等方面更加高效。未来企业中的云将是私有云和公有云二者的结合，混合云是未来发展的趋势。

当下，云计算已经发展成为一个云服务平台，它包括基础设施、弹性计算、大数据、云安全等与 IT 相关的完整的生态服务系统，能够帮助用户快捷、方便、安全地在任何地方、任何时间、以多种方式地访问互联网中的各种资源。它如同爱迪生发明了电灯，照亮了整个世界。

以云计算为核心的下一代互联网技术，正在改变着人们的未来，将物联网、人工智能等新科技应用到生产实践中，必将创造出巨大的经济和社会价值。

第二部分　云计算技术

第4章
分布式系统

4.1 分布式系统概述

4.2 分布式计算

4.3 分布式存储

4.4 分布式一致性算法

4.5 分布式消息队列

4.6 分布式系统应用

习题

分布式系统是云计算中最基础的架构，其中包括分布式应用和服务。分布式系统把应用和服务进行分层和分割，然后将应用和服务模块进行分布式部署，这样做不仅可以提高并发访问能力、减少数据库连接和资源消耗，还能使用不同应用复用共同的服务，使业务易于扩展。分布式静态资源，对于网站的静态资源，如 JS、CSS、图片等资源进行分布式部署可以减轻应用服务器的负载压力，提高访问速度。分布式数据和存储，大型网站常常需要处理海量的数据，单台计算机往往无法提供足够的存储空间，可以对这些数据进行分布式存储。分布式计算是随着计算的发展，有些应用需要非常巨大的计算能力才能完成，如果采用集中式计算，需要耗费相当长的时间来完成，分布式计算将应用分解成许多小的部分，分配给多台计算机处理。这样可以节约整体计算时间，大大提高计算效率。

学习目标

- 理解分布式系统概念；
- 理解分布式计算、分布式文件系统、分布式数据库、分布式块存储、分布式对象存储；
- 了解分布式一致性算法；
- 了解分布式消息队列；
- 了解分布式系统在云计算中的应用。

4.1　分布式系统概述

分布式，从字面理解是指物理地址的分开，如连锁店，总部在北京，分店在上海、南京等各地。分布式是在不同的物理位置空间中实现数据资源的共享与处理。如金融行业的银行联网、交通行业的售票系统、公安系统的全国户籍管理等，这些企业或行业单位之间具有地理分布性或业务分布性。

分布式系统（Distributed System）是指分布式软件系统，即支持分布式处理的软件系统。分布式系统由多个节点组成，每个节点由廉价的终端组成一个独立的运算单元，把它们分散在不同的地理位置，基于通信网络互联来执行任务。分布式系统包括分布式操作系统、分布式程序设计语言及其编译（解释）系统、分布式文件系统和分布式数据库系统等。

分布式系统对用户来说，就像一台计算机一样，作为整体对外向用户提供资源，但对用户而言整个系统是透明的。分布式系统根据网络的体系结构分为总线型和网络型；根据系统架构分为分布式存储和分布式计算。分布式存储主要有分布式文件系统、分布式块存储、分布式对象储存和分布式数据库系统。互联网上的所有资源，最终都会以文件的形式存放在具体的物理机器的存储设备上。

分布式系统具有如下三个特点，并且系统需要三者之间进行权衡。

（1）一致性，即数据的一致性，关联数据之间的逻辑关系是否正确和完整，无论对数据怎样操作，都要保持数据的完整性和可用性，没有脏数据产生。

（2）可用性，用户发出的各种请求，在服务器端能及时作出正确的响应，而不是错误的或是没有响应。

（3）容错性，当一个节点出现故障时，系统中其他节点能够提供正常的服务，并对该节点进行删除和增加操作。

4.2　分布式计算

随着互联网的飞速发展，文档的抓取、索引的建立、页面的查询统计等应用相继实现，同时产生的数据量相当巨大，只能将这些应用进行分布式计算。分布式计算是一门计算机科学，它研究如何把一个需要巨大的计算能力才能解决的问题分成许多小的部分，然后把这些小部分分配给许多计算机同时进行处理。专业定义分布式计算在近几年才提出来，即分布式计算就是让两个或多个软件互相共享信息，这些软件既可以在同一台计算机上运行，也可以通过网络连接起来的多台计算机同时运行，然后共同完成一个或若干个任务，得到结果。但对于用户而言，不用关心分布式计算内部的运作机制，他们只需要输入条件，得到运算结果即可。不用关心数据是如何计算的，数据是如何被分发的等复杂的细节，而是把这些问题封装在一个类库中，提供接口，让用户调用即可。

其中分布式计算与并行计算、网格计算的定义及特点见表 4-1。

表 4-1　并行、分布式、网格计算的定义和特点

计算模式	定义	特点
并行计算	同时使用多种计算资源解决计算问题的过程，主要目的是快速解决大型且复杂的计算问题	把计算任务分派给系统内的多个运算单元
分布式计算	把一个需要巨大的计算能力才能解决的问题分成多个小部分，把这些小部分分配给多个计算进行处理，最后综合这些计算结果得到最终结果	把计算任务分派给网络中多台独立的机器
网格计算	利用互联网把地理上广泛分布的各种资源连成一个逻辑的整体，就像一台超级计算机一样	分布式计算的一种分类。为用户提供一体化的信息和应用服务

分布式计算比其他计算具有以下三个优点：①稀有资源可以共享；②通过分布式计算可以在多台计算机上平衡计算负载；③可以把程序放在最适合运行它的计算机上。

Google 的 MapReduce 技术提供了一个非常好的分布式大规模数据处理的解决方案，而 Sawzall 技术则进一步提升了 MapReduce 的易用性，下面分别介绍它们的设计思想及实现。

4.2.1 MapReduce

MapReduce 是 1956 年由图灵奖获得者著名的人工智能专家 McCarthy 首次提出的。MapReduce 是 LISP 语言定义的函数。LISP 语言是一种人工智能领域的语言，在人工智能领域有很多的应用，其逻辑简单但结构不同于其他的高级语言。1960 年，McCarthy 更是极有预见性地提出：“今后计算机将会作为公共设施提供给公众”，这一观点已与现在人们对云计算的定义极为相近了，所以把 McCarthy 称为“云计算之父”。MapReduce 在 McCarthy 提出时并没有考虑到其在分布式系统和大数据上会有如此大的应用前景，只是把它作为一种函数操作来定义。

2004 年 Google 公司的 Dean 发表文章将 MapReduce 这一编程模型在分布式系统中的应用进行了介绍，从此 MapReduce 分布式编程模型进入了人们的视野。

Google 在云计算的应用中需要大规模数据处理，这些数据很多都是 PB 级别的，需要 MapReduce 编程模型提供分布式计算。MapReduce 主要通过“Map（映射）”和“Reduce（合并）”这两个函数分别完成任务的分解与结果的汇总。首先，数据自动分割为 M 个数据块的集合，Map被分发到多个节点上执行。数据块在不同的节点上并行处理生成带有键/值对（Key-Value）的集合。并且此集合中的数据是经过分区和排序的，分区数量 R

和分区函数由用户指定。Reduce 调用也被分发到多个节点上执行，首先获取 Map 阶段产生的中间结果，一边获取一边做 Shuffle 操作(获取 Map 数据、合并数据、生成 Reduce 的输入文件)，当 Shuffle 操作完成之后进行 Reduce 合并操作，完成任务后，MapReduce 的输出存放在 R 个输出结果文件中，如图 4-1 所示。

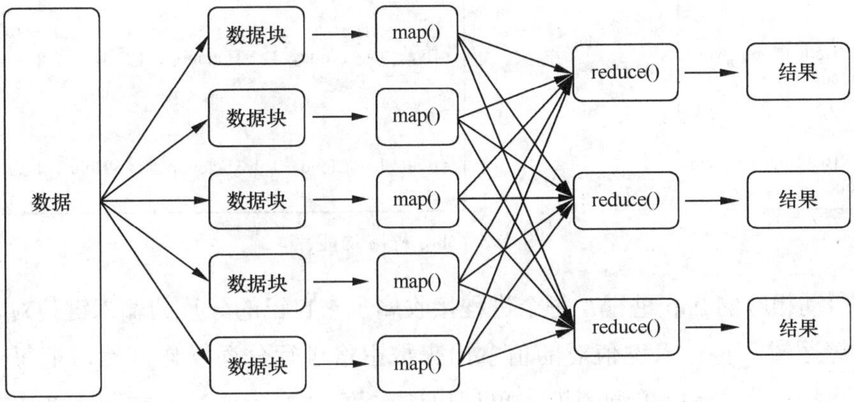

图 4-1　MapReduce 工作原理

以统计互联网中的 Web 页面中每个 URL 出现的频率为例，简要介绍 MapReduce 的处理过程。通常 Web 页面的抓取是通过搜索引擎的爬虫工具将海量的 Web 页面从互联网中抓取到本地的分布式文件系统中，然后系统会对存储在这个分布式文件系统中的海量 Web 页面进行并行 Map 处理，提取 URL，生成多个键为 URL、值为 Html 页面的键/值对(Key-Value)的数据集。然后由 Reudce 拉取 Map 计算后的中间结果，并做 Shuffle 操作，在 Shuffle 过程中，根据 URL 来合并这些键/值对。Shuffle 完成之后，通过用户自定义 Reduce 方法统计出每个 Web 页面 URL 出现的频率。

具体用一些数据来分析这个过程。如图 4-2 所示，给定一个文本集，使用 MapReduce 对此文本集进行处理，最终输出原文本集中每个单词出现的次数。

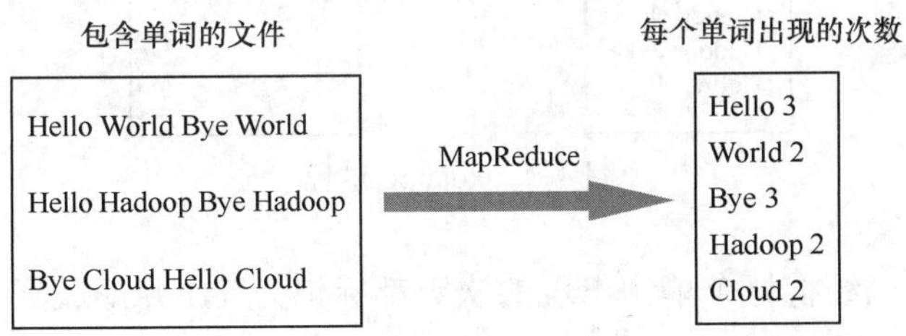

图 4-2　WordCount 程序功能

图 4-3 表示的是 WordCount 程序的 Map 处理过程。可分为如下几步。

(1) 将待处理的文本集进行分片，默认按照 HDFS 的 Block 大小（128MB）来拆分，如待处理的文本集为 384MB，那么此文本集最终会被分成 3 个分片，然后给每个分片分配一个 Map 进程来处理它。

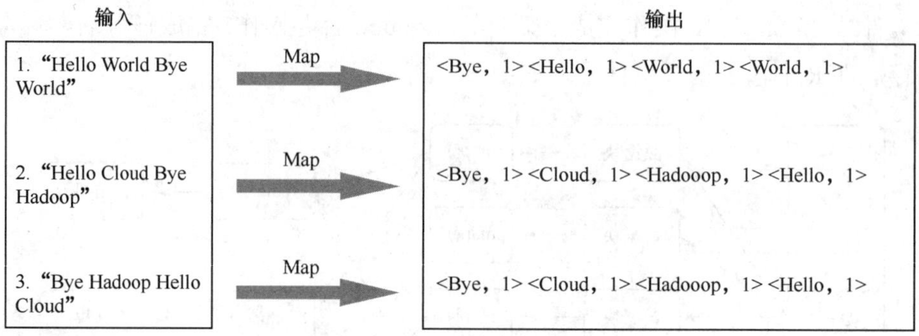

图 4-3　Map 程序功能

（2）启动相应的 Map 进程，每个进程接收属于它自己的分片的输入键值对，并通过自己的计算逻辑，将输入键值对的值拿出来按空格进行分词操作，然后把每个单词出现的次数都标记为 1（以单词为键，单词出现次数（1）为值），如图 4-3 中的 Map 输出所示。

（3）将新生成的键值对经过分区、排序等操作后产生一个新的文件，并输出到本地磁盘。

图 4-4 表示的是 WordCount 程序的 Reduce 过程，可分为如下几步。

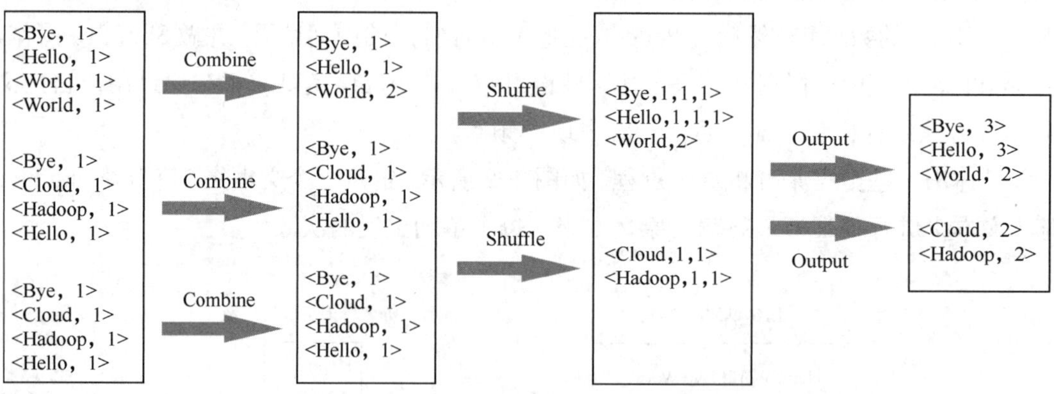

图 4-4　Reduce 过程

在 Map 阶段，已经将每个单词出现的次数都标记为 1，并形成了一个经过分区排序的新文件，等待 Reduce 处理。但如果用户在程序中设置了 Combine，那么在形成新文件之前，Map 端还会对键值对进行 Combine，将键相同的记录的值进行累加。如第一个 Map 产生的新键值对为<Bye, 1><Hello, 1><World, 1><World, 1>，那么经过 Combine 之后，就会形成<Bye, 1><Hello, 1><World, 2>这样的键值对。

Reduce 处理所有属于它自己（根据分区来确定）的 Map 阶段产生的中间结果（默认

情况下，相同键的所有记录都会被同一个 Reduce 进程获取到），并在拉取过程中进行 Shuffle 操作（将所有键相同记录的值放到一个集合里面，如：<Bye, 1><Bye, 1><Bye, 1>三个键值对经过 Shuffle 操作之后，就会形成<Byte, 1, 1, 1>这样的键值对）。

Shuffle 完成之后，Reduce 循环将每一条记录交给自己的 Reduce 方法处理，Reduce 方法的主要逻辑是：接收每一个输入键值对，取出此键值对的值，并把每个值进行累计（如输入键值对为<Bye, 1, 1, 1>，经过 Reduce 处理之后，就会形成<Bye, 3>这样的键值对），累加的和就是此单词在文本集中出现的次数。最后将输入键值对的键作为新键值对的键，将累加和作为新键值对的值，并输出。

MapReduce 的主要吸引力在于：它支持使用廉价的计算机集群对规模达到 PB 级的数据集进行分布式并行计算。MapReduce 的用途是进行批量处理，而不是进行实时查询，即特别不适用于交互式应用。通过对 MapReduce 的封装并以编程的模式提供给用户使用，不仅能处理如日志分析、建立搜索的索引、基于统计的机器翻译、排序等大规模数据，而且能让开发人员不必关注 MapReduce 内部的细节，如负载均衡、并行处理、清洗、合并等过程，这将极大地简化开发人员的工作量。

现实中的很多处理任务都可以利用这一模型进行描述。通过 MapReduce 框架能实现基于数据切分的自动并行计算，大大简化了分布式编程的难度，并为在相对廉价的商品化服务器集群系统上实现大规模的数据处理提供了可能。

4.2.2 Sawzall

Sawzall 是基于 MapReduce 架构的采用类似 Java 和 C 语言的脚本语言。它主要用于对大规模分布式数据进行筛选和聚合等高级数据处理的操作。除 Google 的 Sawzall 之外，Yahoo 也推出了相似的 Pig 语言，其语法类似 SQL。

4.3 分布式存储

从数据结构特征来分类，数据主要可以分为：结构化数据、非结构化数据和半结构化数据。

结构化数据是指用二维表来逻辑表达实现的数据，简单来说就是关系型数据库。如 ERP 系统、财务系统、客户关系管理数据库等存储的都是结构化数据。

非结构化数据是指字段长度不等，每个字段的记录可以由可重复或不可重复的子字段构成的数据。非结构化数据是相对结构化数据而言的，非结构化数据不方便用二维表来逻辑表达数据。非结构化数据包括办公文档、全文文本、图片、XML、HTML、各类报表、图像、音频和视频等信息。如医疗影像系统、教育视频点播、视频监控、国土 GIS、设计院、文件服务器（PDM/FTP）和媒体资源管理等都属于非结构化数据。

半结构化数据是介于结构化数据和非结构化数据之间的数据结构，它具有一定的结构，但没有形成二维表结构（关系型数据模型）。包括如邮件系统、Web 集群、教学资源库、数据挖掘系统、档案系统等。

不同的分布式存储系统适合处理不同类型的数据，将分布式存储系统分为四类：分布式文件系统、分布式对象存储、分布式块存储和分布式数据库。

4.3.1 分布式文件系统

分布式文件系统（Distributed File System）就是分布式+文件系统。从文件系统的客户使用者来看，它就是一个标准的文件系统，提供了一系列 API，实现文件或目录的创建、移动、删除和对文件的读写等操作。从内部组织结构来看，分布式的文件系统不再和普通文件系统一样负责管理本地磁盘，它的文件内容和目录结构都不存储在本地磁盘上，而是通过网络传输到远端系统上。也就是说，分布式文件系统是指文件系统管理的物理存储资源不一定直接连接在本地节点上，而是通过计算机网络与节点相连。

为了满足目前文件存储的新要求，即大容量、高可靠性、高可用性、高性能、动态可扩展性、易维护性，越发突显出设计一种好的分布式文件系统的必要性。分布式文件系统使得分布在多个节点上的文件如同位于同一个位置，而且便于动态扩展和维护。由于分布式文件系统中的数据可能来自很多不同的节点，它所管理的数据也可能存储在不同的节点上，这使得分布式文件系统中有很多设计和实现与本地文件系统存在巨大的差别，常见的分布式应用级的文件系统有 GFS、HDFS、Lustre、Ceph、TFS、FastDFS 等，如图 4-5 所示是分布式文件系统结构。

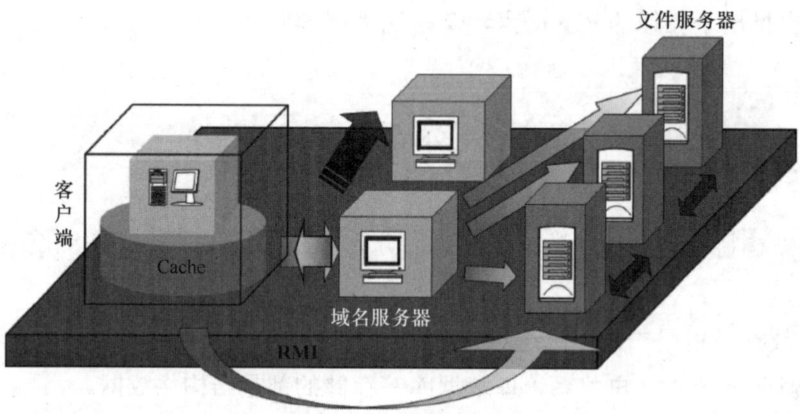

图 4-5　分布式文件系统结构

4.3.2 分布式文件系统应用

典型的分布式文件系统包括：分布式文件系统、分布式锁机制和分布式通信机制。

如 Google 的分布式文件系统中 GFS、Chubby 和 Protocol Buffer 对应着分布式文件系统、分布式锁机制和分布式通信机制。

1. GFS

GFS 在性能、可伸缩性以及可用性方面和传统的分布式文件系统在设计目标上是一致的，但是为了存储海量数据，Google 对传统的分布式文件系统进行了技术上地改进，衍生出一套新的分布式文件系统。

（1）GFS 是由普通的廉价设备组装的文件系统，硬件在任何时间都有可能失效而无法正常工作，包括硬件故障、软件 Bug、人为失误等，通常被认为是常态事件，而不是意外事件。所以 GFS 的监控、检测、容灾和自动恢复至关重要。

（2）保存在 GFS 系统中的文件，数据量是巨大的。GB 级别的文件非常普遍，通常在信息采集的过程中，数据量是 TB 级别的。

（3）为保证高并发读取数据和数据一致性，大部分文件的修改是采用在文件尾部追加数据，而不是覆盖原有数据的方式。对文件是按照顺序读取的，这样既保证了对数据进行同时并发处理，提高效率，又能确保数据的一致性。

（4）提供统一的对外 API 开发接口，提高了整个系统的灵活性，提供如创建新文件、删除文件、打开文件、关闭文件、读写文件等接口操作。

由于 GFS 提供快照和记录追加功能，保证每个客户端的追加操作都是原子性的，多个客户端可以在不需要额外的同步锁的情况下，同时对一个文件追加数据，多个客户端实现多路合并，可快速完成对文件的处理。

GFS 是一个高度容错的分布式结构的文件系统，一个 GFS 集群包含一对主备的 Master 节点、多台 Chunk 服务器。Master 是 GFS 的控制和神经系统，副本为 Master 的备份，Chunk 主要用来和用户交换与存储数据。网络中的主机瘫痪，不会对整个系统造成大的影响，替换的主机会自动重建数据。即使 Master 瘫痪，也会有 Shadow 作为替补，并且 Shadow 在一定时候也会充当 Master 来提供控制和数据交换。Google 每天有大量的硬盘损坏，但是由于有 GFS，这些硬盘的损坏是允许的。GFS 把文件分成固定大小的块，每一块分布存储在廉价的 Chunk 服务器上。Master 给这个块分配一个唯一的标识，以 Linux 文件的形式保存在本地硬盘，并且根据指定的 Chunk 标识和字节范围来读写块数据。每个块都会复制到多个服务器上，以提高可靠性，通常情况下使用 3 个复制节点。体系结构如图 4-6 所示。

下文简单描述一下 GFS 的工作过程。

（1）客户端使用固定的块将应用程序指定的文件名和字节偏移转换成文件的一个块索引，向 Master 发送包含文件名和块索引的请求。

（2）Master 收到客户端发来的请求，Master 向块服务器发出指示，同时时刻监控所有 Chunk 服务器的状态。Chunk 服务器缓存 Master 从客户端收到的文件名和块索引等信息。

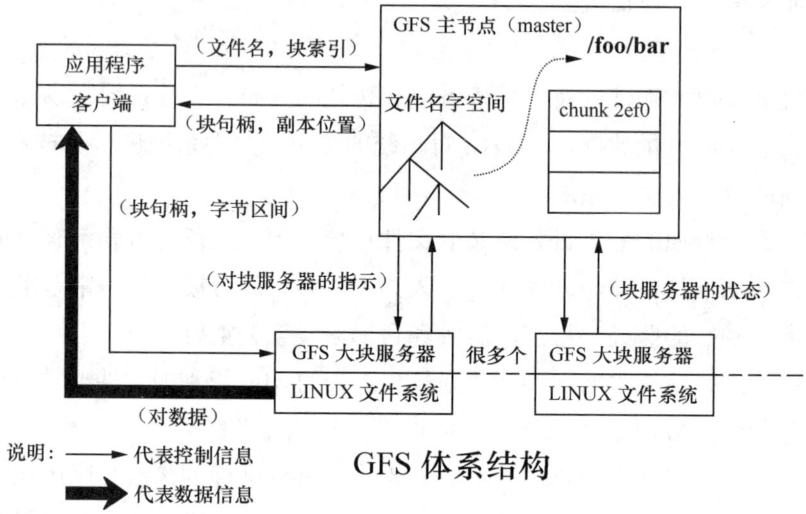

图 4-6　GFS 的体系结构

（3）Master 通过和 Chunk 服务器的交互，向客户端发送 Chunk 标识和副本位置。其中文件被分成若干块，而每块都是由一个不变的、全局唯一的 64 位的 Chunk 标识来标记。标识是由 Master 在块创建时分配的。出于安全考虑，每一个文件块都要被复制到多个 Chunk 服务器上，一般默认 3 个副本。

（4）客户端向其中的一个副本发出请求，请求指定了 Chunk 标识和块内的一个字节区间。

（5）客户端从 Chunk 服务器获得块数据，任务完成。

通常 Client 可以在一个请求中询问多个 Chunk 地址，而 Master 也可以很快回应这些请求。

GFS 可以被多个用户同时访问，一般情况下，应用程序和 Chunk 服务器可以放在同一台机子上，主要的数据流量是通过应用程序和 Chunk 服务器进行交互的。数据访问的本地性特点极大地减少了应用程序与 Master 之间的交互访问，减少了 Master 的负荷量，提高了文件系统的性能。客户端不再从 Master 读和写文件。客户端只是询问 Master 它应该和哪个 Chunk 服务器联系。客户端在一段限定的时间内将这些信息缓存，在后续的操作中客户端直接和 Chunk 服务器交互。由于 Master 对于读和写的操作极少，所以极大地减小了 Master 的工作负荷，真正提高了 Master 的利用率。

Master 保存着三类元数据（Metadata）：文件名和块的名字空间、从文件到块的映射、副本位置。所有的 Metadata 都放在内存中。操作日志的引入可以更简单、更可靠地更新 Master 的信息。

GFS 中采用大量、分散的普通廉价服务器作为存储介质，极大降低了成本，并且具有对大文件数据读取速度快、节点容易扩展、容错性强等特点。

2. Chubby

Chubby 属于分布式锁服务。通过 Chubby，一个分布式系统中的上千个客户端都能够对某项资源进行“加锁”或者“解锁”。它常用于 BigTable 和 MapReduce 等系统内部的协作工作。在实现方面，它是通过文件的创建操作来实现“加锁”。

在实现机制方面，Chubby 本身是一个分布式文件系统。Chubby 集群一般由五台机器组成，每台机器都有一个副本，其中一个副本会被选为 Master 节点。副本在结构和能力上相互对等，并在其内部采用了著名的 Paxos 算法来保持日志的一致性，它们有可能离线，然后重新上线。重新上线后，需要保持与其他节点数据的一致性。

Chubby 提供了一套机制实现客户端在 Chubby 服务上创建文件并执行一些文件的基本操作。那么，Chubby 是怎样实现这样的“锁”功能的呢？创建文件其实就是进行“加锁”操作，成功创建文件的服务器其实就是抢占到了“锁”。用户通过打开、关闭和读取文件，获取共享锁或者独占锁，并且通过通信机制，向用户发送更新信息。

3. Protocol Buffer

Protocol Buffer 是 Google 内部使用类似 XML 和 JSON 的一种数据交换格式，并提供基于 Java、C#和 Python 等多种语言的接口调用。它是一种二进制的格式，所以速度比使用 XML 进行数据交换要快很多。它主要用于两方面，一是用于分布式应用之间或者异构环境下的通信；二是用于数据存储方面，因为它是自描述的，而且压缩很方便，所以可用于对数据进行持久化（如存储日志信息等）操作，并可被 MapReduce 程序处理。

4.3.3 分布式数据库 BigTable

BigTable 是一个分布式的半结构化数据存储系统，被设计用来处理海量数据，通常是分布在多台普通服务器的 PB 级的数据。Google 已经超过 60 个产品和项目使用 BigTable，如 Web 索引、Google Earth 和 Google Analytics 等。尽管应用需求差异很大，有的需要高吞吐量，有的需要及时响应，但在数据模型上则比较简单，和数据库类似。

BigTable 体系架构主要包括三部分：Master 服务器节点，用来处理元数据相关的操作并支持负载均衡；Tablet 服务器节点，根据业务需求可动态增减，主要用于存储数据库的 Tablet，客户端可以对 Tablet 服务器节点数据进行读写访问，默认情况下，一个表只包含一个 Tablet，随着数据的增长，会被自动分割成多个 Tablet；提供客户端访问 Tablet 服务器节点的数据读写接口，如图 4-7 所示。

BigTable 是建立在 GFS、SSTable、Chubby 等基础构件之上的，它是一个稀疏的、分布式的、持久化的、多维排序的，并以键/值（Key-Value）对形式存储的数据模型。多维指以行关键字、列关键字、时间戳三个维度组成的键（Key），通过键的唯一性获取值（Value）。其中行关键字、列关键字和值都是字符串，时间戳是 64 位整型。数据的表现形式可以用(row:string, column:string, time:int64)>string 来表示一条键/值对（Key-Value）记录。

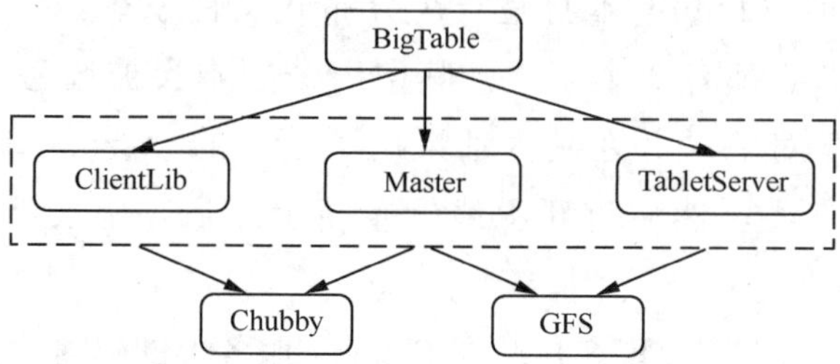

图 4-7 BigTable 的体系结构

BigTable 中的行关键字可以是任意字符串，行是第一级索引，通常有 10～100 字节。对同一个行关键字的读写都是原子性的。BigTable 按照行关键字的字典序组织数据，每行都可以动态分区，每个分区叫 Tablet，它是数据分布和负载均衡调整的最小单元。

BigTable 中的列是第二级索引，列关键字组成的集合叫做“列簇”，一个列簇里的列存储相同类型的数据。列簇在使用之前必须先创建，然后才能在相应列关键字下存放数据，列簇在设计之初不能太多，并且在运行期间尽量不要改变。

BigTable 中的时间戳是第三级索引，BigTable 中存储的数据可以包含多个版本，根据时间戳区分同一份数据，时间戳的类型是 64 位整型，可以由 BigTable 赋值，也可以由客户端赋值。不同版本的数据按时间戳降序存储，所以先读到的数据是最新版本的数据。

BigTable 还依赖一个分布式锁服务组件 Chubby，一个 Chubby 服务包括五个活动副本，其中只有一个是活动的，其他都是备用，其他副本通过 Paxos 算法和活动的副本保持数据的一致性。另外 Chubby 提供一个名字空间，提供对 Chubby 文件的一致性缓存。BigTable 使用 Chubby 的主要目的是保证在任何时间内只有一个副本是活动的、存储数据的自引导指令位置、存储访问控制列表、存储 Table 的列簇信息、查找 Table 所在的服务器信息等。

4.3.4 分布式块存储服务

块存储指在一个 RAID 集中，提供固定大小的 RAID 块作为 LUN（逻辑单元号）的卷。块存储通常是指磁盘阵列、硬盘、虚拟硬盘，它的使用方式与普通硬盘的使用方式完全一样，DAS 和 SAN 是两种块存储的典型存储方式。

传统 SAN 存储面临如下问题。

（1）传统 SAN 存储设备和资源往往由不同厂家提供，之间无法进行资源共享，数据中心看到的是一个个孤立的存储资源。传统 SAN 无法做到性能和容量的线性扩展，使用传统 SAN 建设存储资源池，将出现单数据中心多厂家 SAN、多型号 SAN 共存的场景。多套 SAN 之间的资源利用率不均衡、无法做到资源的统一管理和弹性调度、应用在多套之间的数据迁移带来的频繁变更增加了运维管理成本。

（2）传统 SAN 存储一般采用集中式元数据管理方式，元数据中会记录所有 LUN 中不同偏移量的数据在硬盘中的分布，例如 LUN1+LBA1 地址起始的 4KB 长度的数据分布在第 32 块硬盘的 LBA2 上。每次 I/O 操作都需要去查询元数据服务，随着系统规模逐渐变大，元数据的容量也会越来越大，系统所能提供的并发操作能力将受限于元数据服务所在服务器的能力，元数据服务将会成为系统的性能瓶颈。

FusionStorage 是为了满足云计算数据中心存储基础设施需求而设计的一种分布式块存储软件，可以将通用 X86 架构服务器的本地 HDD、SSD 等介质通过分布式技术组织成一个大规模存储资源池，对上层的应用和虚拟机提供工业界标准的 SCSI 和 iSCSI 接口，类似一个虚拟的分布式 SAN 存储（Server SAN）。FusionStorage 的主要应用场景分为两类：一类是在大规模云计算数据中心中，将通用 X86 架构的服务器的存储资源池化，建立大规模块存储资源池，提供标准的块存储数据访问接口（SCSI 和 iSCSI 等）。支持各种虚拟化 Hypervisor 平台和各种业务应用（如 SQL、Web 行业应用等）。FusionStorage 可以和各种云平台集成，如华为 FusionSphere、VMware、KVM 等，按需分配存储资源。另一类是在企业关键 IT 基础设施中，通过 Infiniband（是一种支持多并发链接的“转换线缆”技术，它是新一代服务器硬件平台的 I/O 标准）进行服务器互联以及 SSD 做 Cache 或主存等关键技术，将存储系统的性能和可靠性得到极大的提高。又保留了分布式存储的高扩展性基因，从而支持企业关键数据库、关键 ERP/CRM 等应用的使用，解决这些关键应用的大数据量需求。

分布式存储软件系统具有以下特点。

（1）高性能：分布式哈希数据路由，数据分散存放，实现全局负载均衡，不存在集中的数据热点，大容量分布式缓存；

（2）高可靠：采用集群管理方式，不存在单点故障，灵活配置多数据副本，不同数据副本存放在不同的机架、服务器和硬盘上，单个物理设备故障不影响业务的使用，系统检测到设备故障后可以自动重建数据副本；

（3）高扩展：没有集中式机头，支持平滑扩容，容量几乎不受限制；

（4）易管理：存储软件直接部署在服务器上，没有单独的存储专用硬件设备，通过 Web UI 的方式进行软件管理，配置简单。

FusionStorage 融合了分布式哈希数据路由、分布式缓存、全局负载均衡、及多重数据保护等诸多存储技术，能够满足金融、电信、证券、电力、石油等行业关键业务的需求，保证客户业务高效稳定运行的同时，提升业务的敏捷性与竞争力。

1. FusionStorage 逻辑架构

（1）FusionStorage Manager：FusionStorage 管理模块，提供告警、监控、日志、配置等操作维护功能，主备节点部署。

（2）FusionStorage Agent：代理进程，部署在各节点上，实现各节点与 FusionStorage Manager 通信。

（3）MDC（MetaData Controller）：元数据控制，实现对分布式集群的状态控制，以及控制数据分布式规则、数据重建规则等。MDC 默认部署在 3 个节点的 ZK（ZooKeeper）盘上，形成 MDC 集群。

（4）VBS（Virtual Block System）：虚拟块存储管理组件，负责卷元数据的管理，提供分布式集群接入点服务，使计算资源能够通过 VBS 访问分布式存储资源。每个节点上默认部署一个 VBS 进程，形成 VBS 集群。节点上也可以通过部署多个 VBS 来提升 I/O 性能。

（5）OSD（Object Storage Device）：对象存储设备服务，执行具体的 I/O 操作。在每个服务器上部署多个 OSD 进程，一块磁盘默认对应部署一个 OSD 进程，如图 4-8 所示。

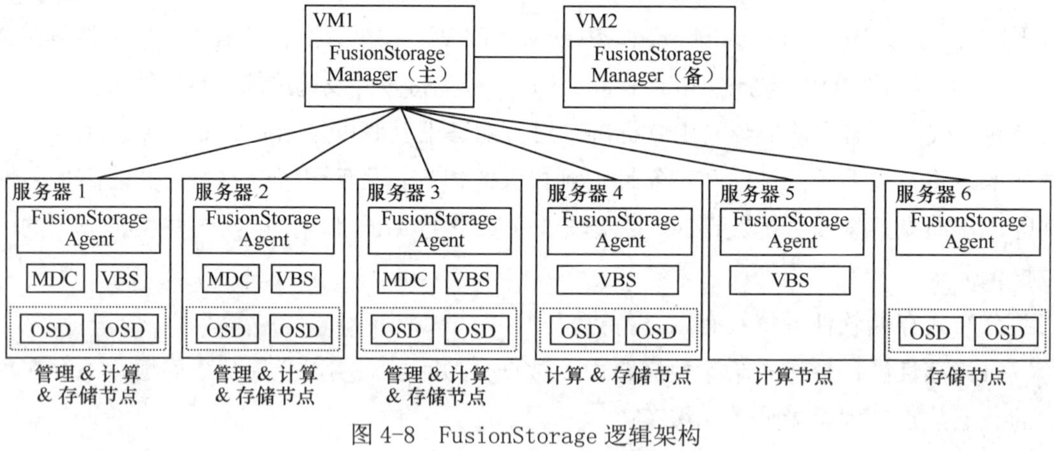

图 4-8 FusionStorage 逻辑架构

2. FusionStorage 功能架构

FusionStorage 采用分布式集群控制技术和 DHT 路由技术，提供分布式存储功能特性。

（1）存储接口层：通过 SCSI/iSCSI 驱动接口向操作系统、数据库提供卷设备。

（2）存储服务层：提供各种存储高级特性，如快照、链接克隆、精简配置、分布式 Cache、容灾备份等。

（3）存储引擎层：FusionStorage 存储基本功能，包括管理状态控制、分布式数据路由、强一致性复制技术、集群故障自愈与并行数据重建子系统等。

（4）存储管理层：实现 FusionStorage 软件的安装部署、自动化配置、在线升级、告警、监控和日志等 OM 功能，同时对用户提供 Portal 界面。FusionStorage 功能架构，如图 4-9 所示。

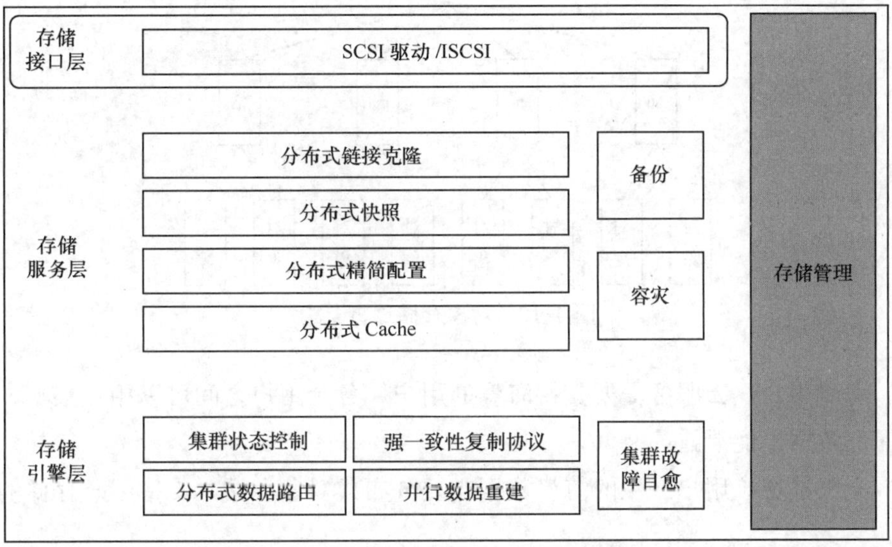

图 4-9　FusionStorage 功能模块

分布式块存储技术及其软件产品已经日趋成熟，并在 IT 行业得到了广泛的使用和验证，如 VMware vSAN、商业化公有云中使用的分布式块存储、互联网搜索引擎中使用的分布式文件存储等。

4.3.5　分布式对象存储服务

数据中心的服务器成千上万台，服务器每天都有可能出现故障，因此会频繁更换设备。如果采用传统的树形目录，一台设备损坏或者扩容时，就需要将巨型目录树中的数据重新分配均衡，实施起来很复杂。于是大幅度简化，只保留二级目录结构：根下直接连接桶（bucket，对应 Windows 下的文件夹），桶中直接存放对象（object，对应 Windows 下的文件），桶中不能再建桶（禁止多层文件夹）。因此元数据结构十分简单，且移动方便，如图 4-10 所示。

对象存储（Object Storage）是在 2006 年亚马逊推出 S3（Simple Storage Service）时提出的，此后各厂商推出各种产品，形态各异，但从应用场景上理解都大致相同，它的特征如下。

（1）远程访问，对象存储为云计算而生，存储设备在数据中心，用户遍布世界各地。通过 Web 服务协议（如：REST、SOAP）实现对象的读写和存储资源的访问。通过调用对象存储本身提供的认证密钥进行身份验证，通过控制列表访问单个对象或存储段，使用 REST 接口来设置和管理访问控制列表。

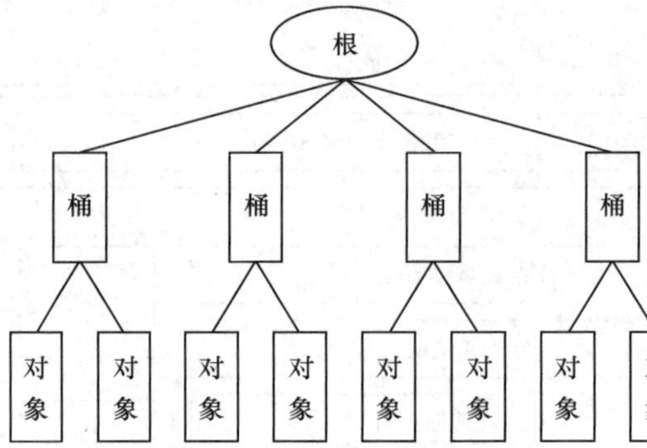

图 4-10　对象存储逻辑架构

（2）海量用户，云服务需要支持海量的用户，各个用户之间可以相互共享、授权，并且要保证数据不能泄露。

（3）无限扩容，用户产生的海量数据需要分布式对象存储，支持用户存储的数量无限多个。

4.3.6　Ceph 分布式存储系统

Ceph 是分布式存储系统软件，它提供了对象、块和文件存储功能，可靠性高、伸缩性强、管理简单，提供 PB 乃至 EB 级的数据访问，而且是自由软件。Ceph 的存储集群以普通硬件为基础，节点之间通过相互通信复制数据、并动态地重新分布数据。在 Ceph 的发展过程中，OpenStack 起到关键性的作用，促进了 Ceph 的飞速发展，现在 Ceph 已经成为首选开源存储解决方案。

它支持三种接口，① Object，有原生的 API，而且也兼容 Swift 和 S3 的 API。② Block，支持精简配置、快照、克隆。③ File，POSIX 接口，支持快照。Ceph 架构主要包含如下组件。

1. 基础存储系统 RADOS（Reliable Autonomic Distributed Object Store）

是一个对象存储系统，RADOS 由大量的存储节点组成，每个节点包括计算、网络和存储等硬件资源，用于存储所有用户的数据。

2. 基础库 Librados

它对 RADOS 进行封装并对外提供 API 功能，以便可以对 RADOS 进行应用开发。应用该 API 功能，可以通过 Socket 与 RADIOS 集群中的其它节点进行通信并完成各种操作。

3. 高层应用接口

它包括三个部分：RADOS GW（RADOS Gateway）、RBD（Reliable Block Device）、Ceph FS（Ceph File System），其作用是对 Librados 库进行再次封装，提供应用访问的接口。

（1）RADOS GW 是一个提供 Amazon S3 和 Swift 兼容的 REST API 网关，提供对象存储的访问。

（2）RBD 是一个标准的块设备接口，常用于在虚拟化的场景下创建 volume。

（3）Ceph FS 是一个 POSIX 兼容的分布式文件系统。

Ceph 中对数据的存储要经历三次映射过程。第一次映射是将用户要操作的数据进行大小一致的切分，映射为 RADOS 能够处理的对象。实质是按照对象的最大 Size 对数据进行切分，这种切分一方面是让大小不限的数据变成最大 Size 可被 RADOS 高效管理的对象；另一方面是对单一数据的处理变为对多个对象的并行处理。第二次映射是把大小一致的数据对象逻辑映射到 Placement Group 对象中，Placement Group 和数据对象之间是一对多的映射关系。第三次映射将作为数据对象的逻辑组织单元的 Placement Group 映射到数据的实际存储单元（Object Storage Device，OSD）。RADOS 采用一个名为 CRUSH 的算法，将 PGid 代入其中，然后得到一组 N 个 OSD，这 N 个 OSD 即共同负责存储和维护一个 PG 中的所有数据对象。

Ceph 通过三次映射，完成了从数据到对象、对象到 PG 和 PG 到 OSD 的整个存储过程。

4.4　分布式一致性算法

分布式设计与开发必须借助相应的算法来解决分布式环境一致性的问题，其中有 Paxos 算法和一致性 Hash 算法。目前，Paxos 算法是较好的算法，下面是 Paxos 算法的介绍。

在分布式中，由于数据分布在集群中的各个节点上，且数据互为同步，应用程序处理完数据后各个节点的数据应该是一致的，但是由于系统或网络的原因，各个节点处理数据的序列可能不一致，最后导致各个节点的数据不一致。所以在分布式环境中处理数据同步的问题比较复杂。而 Paxos 算法就是解决以上数据不一致的问题。

Paxos 算法是一个分布式的选举算法，通过多次选举投票决定一个提议，如 N 个进程中大多数进程都认为变量 X=a，那么 X 就被决定为 a，前提条件是进程能够多次改写变量的值，即便有些进程发生异常，值也不能被更改。一个进程分为提案者（Proposer）和接受者（Acceptor），接受者收到提案后，选择其中 ID 最大的，多个提案者要选出领导者，下一次接受者就主要处理这个提案者的提议，多数接受者如果接受这个提议，该提议就被通过。

其中 Google Chubby 和 ZooKeeper 是基于 Paxos 算法解决分布式数据一致性问题。

4.5 分布式消息队列

在计算机科学中，消息队列是一个常用的通信部件，它允许消息的生产者把消息存储在队列中，消费者在适当的时候取出处理。相比一般请求/响应的处理模型，消息队列的存在使生产者和消费者的处理可以是异步的，消费者的处理速率不必跟生产完全一致，在极端情况下，生产者和消费者进程不必同时存在。一个进程可以发送一个消息并退出，而该消息在数天后才可以被另一个进程获得。总体而言，由于消息队列的缓存功能，使得生产者和消费者的处理可以是解耦的，这给软件结构设计带来了很大的灵活性。消息队列最先用于计算机内部进程间通信或线程间通信。随着分布式技术的发展，在后来的软件工程实践中，消息队列逐渐变成独立部署的软件组件。特别是在云平台环境下，消息队列成为不同服务之间消息通信和同步的关键技术，基于云平台的可靠性要求，需要队列服务提供持久化存储能力，并且能够容忍存储的单点故障，从而实现持久化存储的分布式队列服务。

4.6 分布式系统应用

4.6.1 Hadoop 简介

当面临海量的结构化、非结构化数据时，如电商网站的单个订单表记录越来越多，数据已经超过 10 亿条，订单表的访问量高峰期可达每秒万次，数据库磁盘已经逼近 2TB 的容量。传统的关系型数据库存储大数据时，多采用多个库、多个分区的方式进行解决，但是关系型数据库本身受到容量、性能的限制，对数据量大的表进行查询将变得很慢，处理小于 60GB 的数据量用分布式关系型数据库是合适的，但是在处理 TB/PB 级的海量数据时就显得束手无策。为了解决这个问题，可以采用基于 Hadoop 架构的分布式海量数据库处理系统。Hadoop 的设计思想来源于 Google 推出的云计算体系架构，由三篇经典论文组成，但并未开源。Hadoop 是对 Google 的 MapReduce、

GFS 和 BigTable 等核心技术的开源实现，由 Apache 软件基金会支持，是以 Hadoop 分布式文件系统（Hadoop Distributed File System，HDFS）和 MapReduce（Google MapReduce）为核心，以及一些支持 Hadoop 的其他子项目的通用工具组成的分布式计算系统。

HDFS 的高容错性、高伸缩性等优点让用户可以在价格低廉的硬件上部署 Hadoop，形成分布式文件系统。MapReduce 让用户在不了解分布式底层细节的情况下，开发分布式程序，并可以充分利用集群的威力高速运算和存储。简单来说，Hadoop 是一个更容易开发和运行处理大规模数据的软件平台。图 4-11 是 Hadoop 的 logo，该项目的创建者 Doug Cutting 解释 Hadoop 的得名：“这个名字是我孩子给一个棕黄色的大象玩具命名的。我的命名标准就是简短，容易发音和拼写，没有太多的意义，并且不会被用于别处。小孩子恰恰是这方面的高手。”

1. HDFS 介绍

HDFS 是基于数据流模式访问和处理的大文件系统，部署在廉价的商用服务器上，HDFS 架构如图 4-12 所示。HDFS 采用主从模式，HDFS 集群架构由一个 NameNode、一定数目的 DataNode 和 Client 三部分组成。NameNode 用于存储、生成文件系统的元数据，运行一个实例。DataNode 用于存储实际的数据，将自己管理的数据块上报给 NameNode，运行多个实例。Client 支持业务访问 HDFS，从 NameNode 和 DataNode 获取数据返回给业务。多个实例和业务一起运行。

图 4-11　Hadoop 的 logo

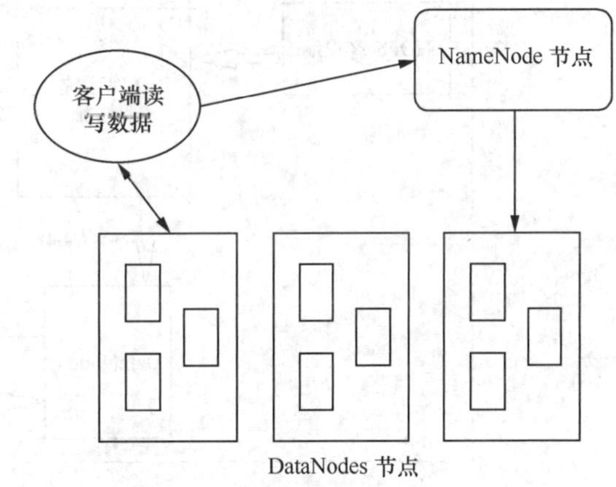

图 4-12　HDFS 架构

HDFS 数据读流程如图 4-13 所示。HDFS 客户端调用标准的文件系统，并以文件流的形式打开文件。HDFS 客户端读取 NameNode 配置信息，获取文件信息（数据块、DataNode 位置信息）。HDFS 客户端调用文件流 API 读取文件，从 NameNode 中获取 DataNode 的信息，读取相应的多个数据块，文件流调用关闭连接。

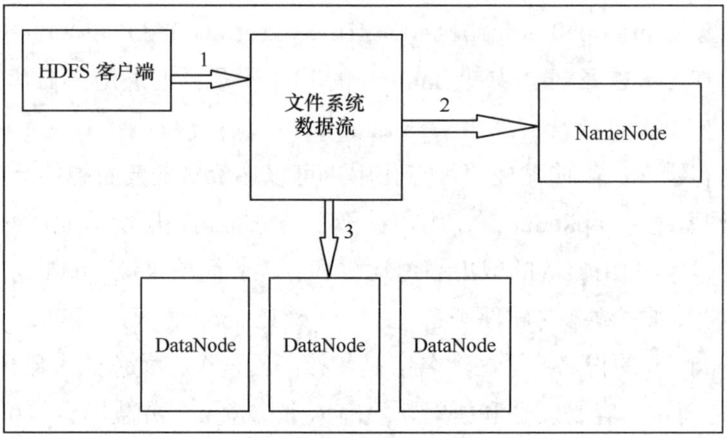

图 4-13　HDFS 读流程

HDFS 数据写流程如图 4-14 所示。HDFS 客户端调用标准的文件系统，并以文件流的形式打开文件，请求写入。HDFS 客户端让 NameNode 在元数据中创建文件节点。调用文件流 API 写入文件。HDFS 客户端从 NameNode 获取到数据块编号、位置信息后，联系 DataNode，写入数据到 DataNode1，再由 DataNode1 复制到 DataNode2，DataNode2 复制到 DataNode3 写完数据后，将返回确认信息给 HDFS 客户端。文件流调用关闭连接，NameNode 保存元数据。

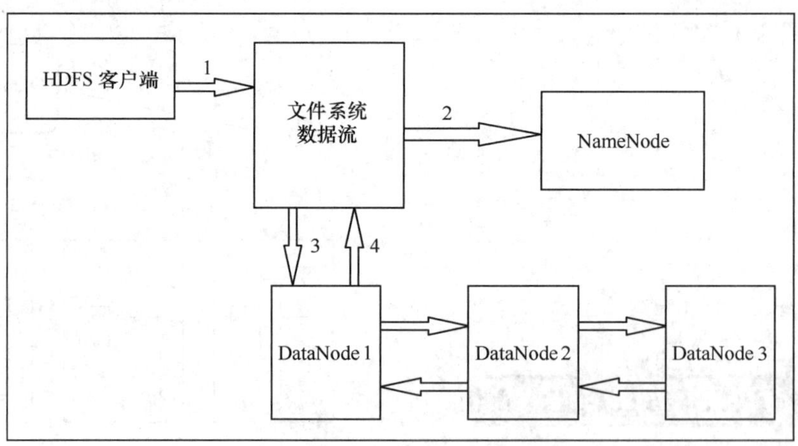

图 4-14　HDFS 写流程

2. MapReduce 简介

在云计算和大数据技术领域被广泛提到并被成功应用的一项技术就是 MapReduce。Hadoop 跟进了 Google 的这一思想，正是由于 Hadoop 的跟进才使普通用户得以开发自己的基于 MapReduce 框架的云计算应用系统。MapReduce 是 Google 系统和 Hadoop 系统中的一项核心技术。

3. Hadoop 生态系统

目前，Hadoop 已经发展成为包含很多项目的集合，形成了以 Hadoop 为中心的生态系统（Hadoop Ecosystem），如图 4-15 所示是 Hadoop 2.0 生态系统。此生态系统提供了互补性服务或在核心层上提供了更高层的服务，使 Hadoop 的应用更加方便快捷。

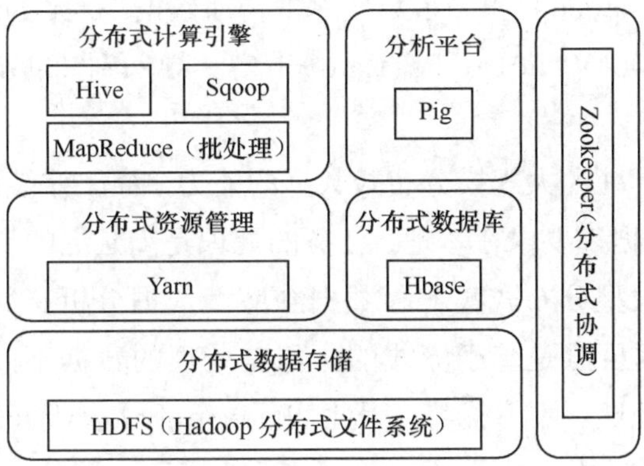

图 4-15　Hadoop 2.0 生态系统

Yarn 是资源管理、任务调度的框架，采用主从式架构，实现一个分布式操作系统的功能。主要包括三个模块，ResourceManager、NodeManager 和 ApplicationMaster。ResourceManager 整个集群只有一个，负责所有资源的监控、分配和管理，运行在主节点上。NodeManager 负责每一个节点的维护，运行在从节点上。ApplicationMaster 负责每一个具体应用程序的调度和协调，负责向 ResourceManager 申请资源，Application Master 被分布到不同的节点上，并通过隔离机制进行资源隔离，因此它们之间不会相互影响。

HBase 是基于 HDFS 作为底层存储的分布式数据库，它是基于 Google 的 BigTable 原理设计并实现的具有高可靠性，可伸缩，实时读写的分布式数据库系统，以 key-value 的形式存储，基于列存储模式，适合存储非结构化数据，主从服务器架构。HBase 将逻辑上的表划分成多个数据块，存储在 HRegionServer 中。HMaster 负责管理所有的 HRegionServer，它本身并不存储任何数据，而只是存储 HRegionServer 的映射关系。

Hive 是 Hadoop 大数据生态圈中的数据仓库，以表格的形式来组织管理 HDFS 上的数据，以类 SQL 的方式操作表格里的数据，Hive 的设计目的是能够以类 SQL 的方式查询存放在 HDFS 上的大规模数据集，不必开发专门的 MapReduce 应用。它的本质相当一个 MapReduce 和 HDFS 的翻译终端，用户提交 Hive 脚本后，Hive 运行时环境会将这些脚本翻译成 MapReduce 和 HDFS 的操作并向集群提交这些操作。

Pig 是海量数据的分析工具，也是一种编程语言。它简化了 Hadoop 常见的工作任务。

Pig 可加载数据、表达转换数据以及存储最终结果。Pig 内置的操作使得半结构化数据变得有意义（如日志文件）。同时 Pig 可扩展使用 Java 中添加的自定义数据类型，并支持数据转换。

ZooKeeper 集群主要负责各个进程之间的协作问题，它是一个开放源码的分布式应用程序协调服务，使用 ZooKeeper 的协调机制来统一系统的各种状态。

Sqoop主要用来在 Hadoop 和关系数据库中传递数据。通过Sqoop可以方便地将数据从关系数据库（如 MySQL、Oracle、PostgreSQL 等）导入到 HDFS，或者也可以将数据从 HDFS 导出到关系数据库。

Hadoop 的优势在于处理大规模分布式数据的能力，而且所有的数据处理作业都是批处理，所有要处理的数据都要求在本地，任务的处理是高延迟的。所以 Hadoop 主要用于海量数据处理，构建大型分布式集群、数据仓库、数据分析、数据挖掘等应用领域。MapReduce 的处理过程虽然是基于流式的，但是处理的数据不是实时数据，也就是说 Hadoop 在实时性数据处理上不占优势，因此，Hadoop 不适合于开发 Web 程序。即不是所有的大数据场景都适应 Hadoop。

4.6.2 Spark 简介

Spark 是加州大学伯克利分校 AMP 实验室（Algorithms，Machines and People Lab）开发的一种与 Hadoop 相似的开源集群计算环境，可用来构建大型的、低延迟的数据分析应用程序，用于内存计算，目的是让数据分析更加快速。Spark 是基于内存计算处理海量数据的开源框架，是分布式批处理系统和分析挖掘的引擎。

Spark 更适合应用于迭代计算和交互式分析场景。Spark 与 Hadoop 相似，但也存在一些不同：Hadoop 主要用于分布式处理计算，强调并行处理，任务的处理是高延迟的。而 Spark 更像是一个处理工具，没有 Hadoop 的 HDFS 分布式存储功能，需要借助第三方的分布式存储保存数据。因为 Spark 的数据都在内存中进行处理，能够更快地处理分析动态数据，任务的处理是低延迟的，如实时采集的传感数据，使用 Spark 进行处理要比使用 Hadoop 快很多。

Spark 采用 Scala 语言来编写，在函数表达上 Scala 有天然的优势，因此在表达复杂的机器学习算法能力时比其他语言更强且简单易懂。Spark 将 Scala 用作应用程序框架，同时支持使用 Scala、Python、Java 进行编程。

Spark 也采用分布式计算中的 Master/Slave 架构模型，其资源的获取依赖于 Yarn。Master 对应集群中含有 Master 进程的节点，Master 作为整个集群的控制器，负责整个集群的正常运行，一般和 Yarn 的 Resource Manager 部署在一起。Slave 是集群中含有 Worker 进程的节点，Worker 相当于是计算节点，接收主节点的命令并进行状态汇报，任务的执行由执行节点完成。

注：迭代计算是数值计算中一类典型方法，其基本思想是逐次逼近的，先取一个近似值，然后用同一个递推公式，反复校正此初值，直至达到预定精度要求为止。

4.6.3 Storm

BackType 公司（后被 Twitter 收购）前工程师 Nathan Marz 在使用 Hadoop 过程中，因为不满意 Hadoop 系统的扩展性和代码的烦琐性，以及粗糙的容错处理机制，提出了一种支持实时流处理、扩展机制简单的编程模型 Topology，取名为 Storm。Storm 于 2011 年 9 月 19 日正式开源，实现 Storm 的语言是一种运行于 Java 平台的 LISP 方言——Clojure。Storm 是很有潜力的流处理系统，出现不久，就在淘宝、百度、支付宝、Groupon、Facebook、Twitter 等平台上得到使用。第三方支付平台支付宝使用 Storm 来计算实时交易量、交易排行榜、用户注册量等，每天处理的信息超过 1 亿条，处理的日志文件超过 6TB。团购网站 Groupon 使用 Storm 对实时数据进行快速数据清洗、格式转换、数据分析。Twitter 使用它来处理 tweet（用户发送到 Twitter 上的信息）。

Storm 的 Topology 编程模型简单，在实际任务处理时却很实用，Topology 实际上就是任务的逻辑规划。Topology 包含 Spout 和 Bolt 两类组件，Spout 组件负责读取数据，Bolt 组件负责处理数据。与 MapReduce 相比，它的任务粒度相对灵活，不只局限于 MapReduce 中的 Map()和 Reduce()函数，用户可以根据任务需求编写自己的函数。同时，它不存储中间数据，组件与组件之间的数据传递是通过消息传递的，对于很多不需要存储中间数据的应用来说，Topology 编程模型降低了处理过程的烦琐与延迟。Storm 具有以下优点。

1. Storm 具有很好的容错性、扩展性、可靠性和健壮性

Storm 使用 ZooKeeper（Hadoop 中的一个正式子项目，后被广泛使用的一种分布式协调工具）作为集群协调工具，当发现正在运行的 Topology 出错时，ZooKeeper 就会告诉 Nimbus（Storm 系统的主进程，负责分发任务等操作），然后 Nimbus 就重新分配并启动任务。在 Storm 中，Topology 被提交后，在没有被手动杀死之前，它都将一直处于运行状态。这些措施都是为了保证该系统的容错性。Storm 采用三进程架构 Nimbus、Supervisor、ZooKeeper，无论是集群还是单机都只有这三个进程。当需要在集群中加入新节点的时候，只需要修改配置文件和运行 Supervisor 和 ZooKeeper 进程即可，扩展起来十分方便。另外，Storm 采用消息传递方式进行数据通信，数据传输的可靠性至关重要。Storm 系统中传递的消息，主节点都会根据消息的产生到结束生成一棵消息树，所以，消息从诞生到消亡的整个过程，都会被跟踪。如果主节点发现某消息丢失，那么它就会重新处理该消息。正是因为有了容错性、可靠性的保障，该系统运行中体现出健壮性，不会出现轻易宕机、崩溃的现象。

2. Storm 并行机制灵活

各个组件的并行数由用户根据任务的繁重程度自行设置，如果该组件处理的任务复杂度高，耗费时间多，那么并行数目的设置就偏大些。相反地，并行数目的设置则偏小些。这样，拓扑中的每个组件就能很好地配合，最大化地利用集群性能，提高任务处理效率。

3. Storm 支持多种语言

Storm 内部实现语言是 Clojure，基于 Storm 开发的应用却可以使用几乎任何一种语言，而所需的操作只是连接到 Storm 的适配器。Storm 默认支持 Clojure、Java、Ruby 和 Python，更多的适配器如 Scala、JRuby、Perl 和 PHP 将会随着应用的扩展变得更加丰富。

习题

简答题

1. 简要阐明 GFS 和 HDFS 的区别。
2. 简述 MapReduce 的主要过程。
3. 简述分布式系统主要包括哪些系统。
4. 简述 Hadoop2.0 的架构主要包含哪些组件，各个组件的主要作用是什么？

第5章 硬件资源

硬件资源主要包括服务器、存储、网络设备、负载均衡设备，它们是承载云计算服务的基础设施。很多虚拟化的分类也是根据硬件层面进行划分的，了解和学习硬件的基本原理对理解云计算中的其他概念有很大帮助。尤其是负载均衡设备是云计算中高可用的重要保障，它使多个数据中心间不仅可以快速切换保证业务连续性，还可以在突发需求时迅速调配资源，为用户带来高性能使用体验。

学习目标

- 了解物理服务器的内部组件；
- 了解存储的演变过程；
- 了解交换机、路由器的原理，掌握 VLAN 的原理；
- 了解负载均衡的概念。

5.1 服务器概述

服务器是 20 世纪 90 年代迅速发展的主流计算产品，能为网络用户提供集中计算、信息发布及数据管理等服务，也可以将与其相连的硬盘、打印机及各种专用通信设备共享给网络上的用户使用。

服务器属于高性能的计算机，是网络上的重要枢纽，用于存储和处理网络上 80% 的数据和信息，因此也被称为网络的灵魂。网络终端设备相关功能的实现通常也必须经过服务器，因此也可以说是服务器在“组织”和“领导”这些设备。

5.1.1 服务器分类

1. 按服务器的应用分类

按服务器的应用分类如图 5-1 所示。

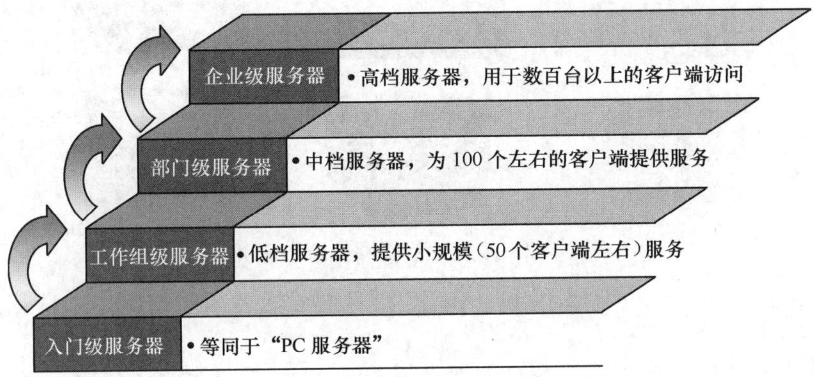

图 5-1　按服务器的应用分类

（1）入门级服务器

一般选用最基础、最低端的服务器，在稳定性、可扩展性以及容错冗余性能相对较差。主要适用于没有大型数据库数据交换、日常工作网络流量不大、无需长期不间断开机的小型企业。

（2）工作组级服务器

一般选用低端服务器，包含入门级服务器的功能，性能比入门级服务器高一些。主要满足中小型网络用户的数据处理、文件共享、Internet 接入及简单数据库应用的需求。

（3）部门级服务器

一般选用中端服务器。部门级服务器具有全面的服务器管理能力，可监测如温度、电压、风扇、机箱等状态参数，同时还具有良好的系统扩展性，当用户业务量迅速增大时能够及时升级。主要适用于对处理速度和系统可靠性要求高一些的中小型企业网络，硬件配置相对较高，可靠性比工作组级服务器要高一些。

（4）企业级服务器

一般选用高端服务器。企业级服务器产品除了具有部门级服务器全部特性外，最大的特点就是具备高度的容错能力、优良的扩展性能、极长的系统连续运行时间、故障报警功能、在线诊断以及 RAM、PCI、CPU 等具有热插拔功能。主要采用的操作系统一般是 UNIX。适合运行在需要处理大量数据、高处理速度和对可靠性要求极高的金融、证券、交通、邮政、通信等行业或大型的企业。

2. 按服务器的硬件形态分类

按服务器的硬件形态分类如图 5-2 所示。

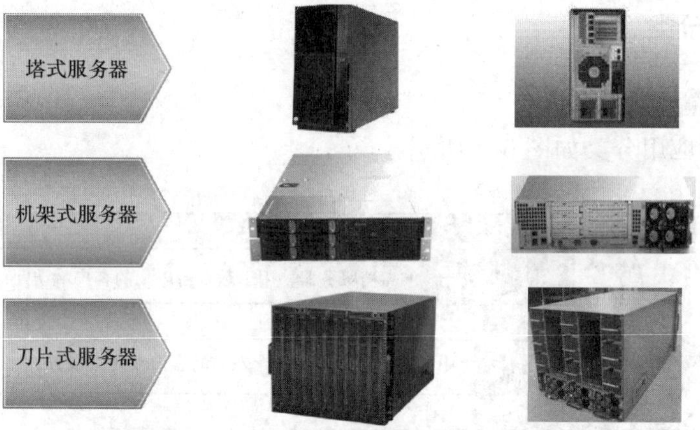

图 5-2　按服务器的硬件形态分类

（1）塔式服务器

塔式服务器又称为台式服务器，是独立放置于桌面或地面的服务器。塔式服务器的外形及结构与平时使用的立式 PC 类似，但塔式服务器机箱比立式 PC 大，以便预留足够的内部空间进行硬盘和电源的冗余扩展。

（2）机架式服务器

机架式服务器是指安装在采用电信机房机柜（设备结构标准的宽度为 19 英寸）里的服务器。机架式服务器高度以“U”为单位（1U=44.45mm =4.445cm=1.75 英寸），通常有 1U、2U、4U、6U 和 8U 几种规格。

（3）刀片式服务器

刀片式服务器是指在标准高度的机架式机箱内可插装多个刀片的服务器，是一种高可用、高密度的服务器。一般包括卡式的服务器单元、刀片机框（含背板）及后插板三大部分。不同厂商有不同高度的机框，各厂商机框皆为 19 英寸宽，可安装在 42U 的标准机柜上。通常在一个刀片机框里可以插入数量不等（8～20 块）的“刀片”，每一块“刀片”实际上就是一块服务器主板。当前市场主流的刀片服务器包括 HP BL460c Gen8、华为 E9000 等。

目前，从服务器的硬件形态来看，云计算主要使用机架式服务器和刀片式服务器。它们都是专门为某一种或某几种功能而设计的服务器，属于功能型服务器。刀片式服务器的集成度过高，并且机箱内散热问题没得到彻底解决。刀片式服务器适合于大量机器在一起组成集群提供给用户使用。因此，刀片式服务器与机架式服务器相比还没占据绝对的优势。

3. 按 CPU 的架构分类

按 CPU 的架构分类如图 5-3 所示。

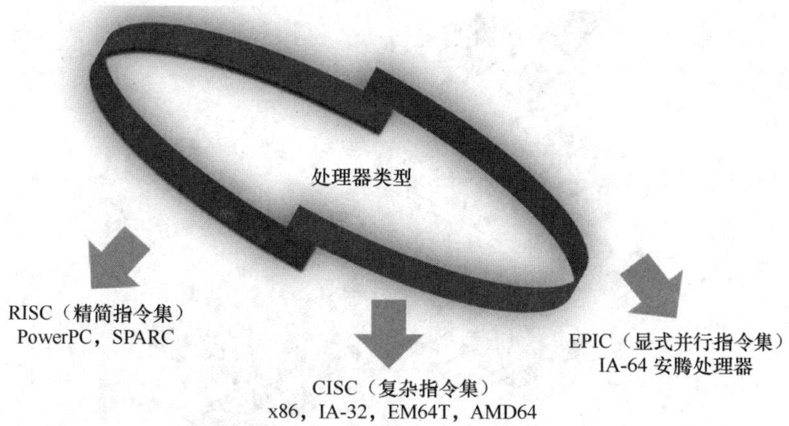

图 5-3　按 CPU 的架构分类

服务器 CPU 的架构其实指的是 CPU 指令集。按照 CPU 指令集，服务器按如下分类。

（1）复杂指令集（Complex Instruction Set Computing，CISC）

① Intel 的 x86 系列 CPU 及其兼容 CPU，除 Intel 的安腾系列 CPU 外。

② AMD 全系列 CPU。

③ CISC 架构的服务器主要用于中低端服务器，适用于中小型企业和非关键性业务。

（2）精简指令集（Reduced Instruction Set Computing，RISC）

① 采用精简指令集处理器的小型机（IBM 的 Power PC、HP 的 PA-RISC、SUN 的 SPARC）。

② 专用平台、专用系统。

③ 大型应用后台密集集中处理。

④ RISC 架构服务器主要用于中高端服务器，适用于金融、证券、电信等大型企业的核心业务系统。

（3）显示并行指令集（Explicitly Parallel Instruction Computing，EPIC）

① Intel 的安腾系列 CPU（Itanium 和 Itanium 2 系列）。

② 最重要的就是“并行处理”，并行处理（Parallel Processing）是计算机系统中能同时执行两个或两个以上任务的一种计算方法，主要目的是缩短解决大型和复杂问题的处理时间。

5.1.2　服务器硬件

服务器主要由以下部件构成：主板、CPU、内存、硬盘、电源、机箱、风扇、RAID 控制卡及其他附属配件（如鼠标、键盘、显示器及各种线缆）等。其中主板、CPU、内存、硬盘被称为服务器核心部件。下面以华为 RH2288 服务器的硬件结构为例，如图 5-4 所示。

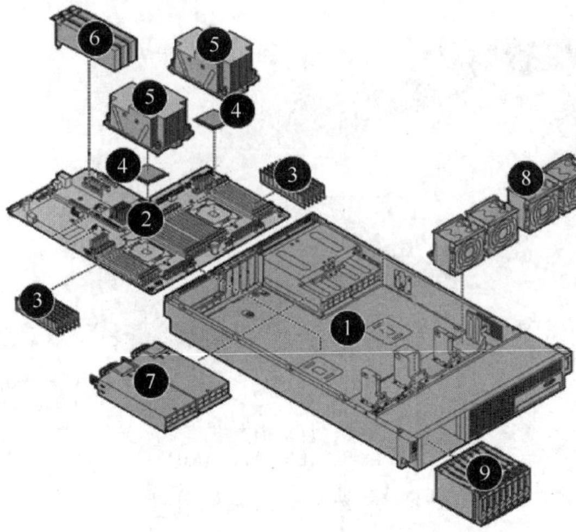

1. 机箱/机框　2. 主板　3. 内存　4. CPU　5. CPU 散热片　6. PCIe 扩展卡
7. 电源　8. 风扇　9. 硬盘

图 5-4　服务器的硬件

5.2　存储概述

5.2.1　内置存储

在传统的计算机里，硬盘都是内置的，性能和容量很容易遇到瓶颈。那么内置存储会遇到什么问题呢？

（1）存储容量不足，由于机箱空间有限，限制了硬盘的数量。

（2）可靠性不足，相互孤立的硬盘，没有数据保护措施，不安全。

（3）存储空间利用率低，一个主机内置了一块或几块很大的硬盘，空间用不完时，其他主机也不能利用这些剩余的空间，总体上造成了浪费。

（4）数据分散，传统的 C/S 架构中，客户机访问存储设备的读写操作，都必须由服务器来进行，给服务器带来了沉重的负担。而且，利用增加服务器的方式扩容，数据就被分散存储在不同的服务器上，不利于共享和备份。

（5）扩展性问题，扩容不方便，增加硬盘时机箱空间有限，增加服务器成本高，而且数据存放分散。

（6）总线结构，内置存储直接通过总线与内存相连，出现占用总线问题，多少会影响主机的性能。

基于上述这些问题，人们希望把存储外置，最先出现的是磁盘簇（Just a Bundle of

Disks，JBOD），可以理解为“仅仅只是一堆磁盘”。JBOD 技术是纯粹地将多个小容量的磁盘组合成一个大容量的逻辑磁盘，它没有条带、分条的概念，数据块自然不能被多个磁盘同时读写。在 JBOD 中，只有将第一块磁盘的存储空间使用完，才会使用第二块磁盘，所以在 JBOD 中，磁盘可用容量是所有磁盘容量的总和，但读写性能和单个的磁盘读写性能毫无差异。在 JBOD 的基础上，引入了以条带为单位按分条写入数据的数据组织方式和以镜像或奇偶校验为基础的冗余备份策略，就发展成了 RAID（Redundant Array of Independent Disks，独立磁盘冗余阵列，简称磁盘阵列）。

RAID 技术根据不同的组合方式可以分为不同的 RAID 级别。常见的标准 RAID 等级分别有 RAID 0、RAID 1、RAID 2、RAID 3、RAID 4、RAID 5 以及 RAID 6。各级别的 RAID 各有优势和不足。自然地，人们就想到把多个 RAID 等级组合起来，实现优势互补，从而达到在性能、数据安全性等指标上更高的 RAID 系统。

5.2.2　外置存储

外置存储根据连接方式分为直接连接存储（Direct Attached Storage，DAS）和网络化存储；网络化存储根据协议又分为存储区域网络（Storage Area Networks，SAN）和网络附加存储（Network Attached Storage，NAS）。

1. DAS 的概念

直接连接存储是存储设备与使用存储空间的服务器通过总线适配器和 SCSI/FC 线缆直接相连的技术。

在一个典型的 DAS 技术架构中，服务器与数据存储设备之间通过总线适配器和 SCSI/FC 线缆直接连接，基于总线传输数据，中间不经过任何交换机、路由器或其他网络设备。服务器内部的硬盘或者直接连接到服务器上的磁带库，直接连接到服务器上的外部的硬盘盒等都属于 DAS。

根据存储设备与服务器间的位置关系不同，DAS 可分为内置 DAS 和外置 DAS 两类。

（1）内置 DAS 的概念

内置 DAS 是存储设备通过服务器机箱内部的并行总线或串行总线与服务器相连接。如服务器内部连接硬盘的形式。

内置 DAS 采用服务器内的物理总线连接，受到总线距离上的限制，只能支持短距离的数据传输。同时，内部总线能够连接的设备数目也非常有限，不利于存储资源的扩展。当存储设备置于服务器机箱内时，需要对系统进行停机断电处理才能对存储设备进行维护。内置 DAS 的配置还占用了机箱内的大量空间，造成维护服务器内部其他部件时有一定的难度。此外，DAS 无法优化资源的使用，因为它共享前端端口的能力有限，资源无法共享。

（2）外置 DAS 的概念

外置 DAS 是服务器与外部的存储设备基于总线直接连接，通过 FC 协议或者 SCSI 协议进行通信，如直接连接到服务器的外部硬盘阵列，如图 5-5 所示。

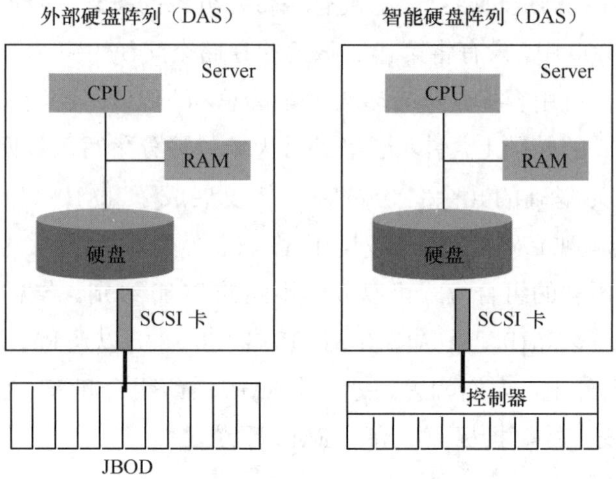

图 5-5　外置 DAS 存储形态

相比内置 DAS，外置 DAS 克服了内部 DAS 对连接设备的距离和数量的限制，可以提供更远距离、更多设备的连接，并且提供一定的存储扩展。另外，外置 DAS 还可以提供存储设备集中化管理，使操作维护更加方便。但是，外置 DAS 依然对连接设备存在距离和数量上的限制，仍然存在资源共享不方便的问题。

外置 DAS 存储形态包含两种。

（1）外部硬盘阵列：JBOD 在逻辑上把几个物理磁盘串联在一起，目的是为了增加磁盘的容量，但并不提供数据安全保障。JBOD 能够解决内置存储有限硬盘槽位导致的容量扩展不足问题，但仍然是基于单硬盘方式存放数据，可靠性较差。

（2）智能硬盘阵列：由控制器和硬盘构成。其中控制器包含 RAID 功能和大容量 Cache，同时使得磁盘阵列具有多种实用的功能，通过专用管理软件进行配置管理。

2. SAN 概念

存储区域网络 SAN 是将存储设备（诸如磁盘阵列、磁带库、光盘库等）与服务器连接起来的网络，也叫存储专用网络。它结构上允许服务器和任何存储磁盘阵列或磁带库相连并直接存储所需的数据。

相对于传统的存储方式，SAN 不仅可以跨平台使用存储设备，还可以对存储设备实现统一管理和容量分配，降低使用和维护的成本，提高存储的利用率。根据美国存储专家克里斯多佛的统计，使用传统独立的存储方式时，存储利用率达 50%，而使用 SAN 架构时存储利用率通常在80%以上。更高的存储利用率意味着闲置存储设备的减少，网络中相对应的电源能耗和制冷能耗的降低，绿色环保。部署 SAN 的优势包括集中管控、定期备份、高效利用存储资源，非常适用于应用的集中存储、备份和容灾。SAN 组网还具有文件传输与存储设备直接交互的特点，而传统的存储需要通过局域网（Local Area

Network，LAN）交互到服务器，之后再下发到存储设备，这个过程需要占用局域网资源，且通过TCP/IP将传输数据层层打包，资源会有较大的消耗。SAN也支持IP，但它针对存储数据的传输特点而设计，当需要大量、大块的数据传输时，SAN网络中使用光纤信道协议（Fibre Channel，FC）更有优势。当客户端在LAN上请求来自服务器的数据时，服务器将在SAN上的存储设备中检索数据。由于这种方式对数据的处理没有IP打包方面的开销，所以能够更有效地提交数据。

SAN独立于LAN，然而它不可避免地带来了另外一些缺陷。因为它需要建立专属的网络，这就增加了网络中线缆的数量和复杂度。在服务器方面，除了连接LAN的网卡之外还需配备与SAN交换机连接的主机总线适配器（Host Bus Adapter，HBA）卡。它的建设成本和能耗也相应较高。

3. NAS概念

网络附加存储NAS是一种将分布、独立的数据进行整合，集中化管理，以便于对不同主机和应用服务器进行访问的技术。主机不用做文件系统对裸盘进行格式化、分区等，解放了主机管理存储的这部分压力。存储以文件的格式将存储资源映射给主机，可以实现资源的集中管理，易于共享，解决了由多个文件服务器之间的互联，实现共享存在的大量不兼容性问题。

网络附加存储也是连接到一个局域网的基于IP的文件共享设备。NAS通过文件级的数据访问和共享提供存储资源，使客户能够以最小的存储管理开销快速直接共享文件；采用NAS可以不用建立多个文件服务器，是首选的文件共享存储解决方案；NAS还有助于解决用户访问通用服务器时的瓶颈。NAS使用网络和文件共享协议进行归档和存储，这些协议包括进行数据传输的TCP/IP和提供远程文件服务的CIFS、NFS。

随着网络技术的发展，NAS扩展到用于满足企业访问数据高性能和高可靠性的需求。NAS设备是专用的、高性能的、高速的、单一用途的文件服务和存储系统。NAS客户端和服务器之间通过IP网络通信，大多数NAS设备支持多种接口和网络。NAS设备使用自己的操作系统和集成的硬件、软件组件，满足特定的文件服务需求。NAS对操作系统和文件I/O进行了优化，执行文件I/O比一般用途的服务器更好。NAS设备比传统的服务器能接入更多的客户机，达到对传统服务器进行整合的目的。

4. NAS和SAN的区别

（1）扩展性：NAS和SAN都具有良好的扩展性，便于扩展。

（2）服务方式：NAS提供文件级的数据访问、存储服务；而SAN提供块级数据访问、存储服务。

（3）文件系统所在位置：NAS的文件系统集成在NAS设备上；而SAN的文件系统集成在主机侧。

（4）性能：NAS与业务应用共享网络，占用LAN网络带宽资源，即影响业务，NAS

自身的传输能力也受到限制；而 SAN 采用专用的存储网络，不占用 LAN 的带宽资源，提高传输性能。

5. 全 Flash 外置存储

全闪存阵列采用 SSD 盘替代阵列中的 HDD 盘，提高读写性能，但并不是用 SSD 盘替换 HDD 磁盘这么简单。SSD 的优势是延迟低，但 SSD 不耐擦写，经过数千次擦写之后，就不能再使用。全闪存阵列不但要求多次擦写，而且对 IOPS 的性能指标要求很高。

5.3 网络概述

计算机网络是将不同地域的具有独立功能的多台计算机以及外部设备，通过通信设备和通信线缆连接起来，并在统一的网络通信协议的管理和协调下，实现资源的共享和信息的传递。计算机网络分类通常按照系统功能的不同和网络的地域范围不同来进行划分。

为了使不同计算机厂家生产的计算机能够相互通信，以便在更大的范围内建立计算机网络，国际标准化组织（ISO）在 1981 年提出了“开放系统互联参考模型”，即著名的 OSI/RM 模型（Open System Interconnection/Reference Model），所有厂商都基于该标准来实现通信。

OSI 参考模型又称为 OSI 7 层模型，自下而上依次为：物理层（Physics Layer）、数据链路层（Data Link Layer）、网络层（Network Layer）、传输层（Transport Layer）、会话层（Session Layer）、表示层（Presentation Layer）和应用层（Application Layer）。

有了这样一个结构模型，所有软、硬件都围绕这个中心来设计，但是 OSI/RM 的 7 层结构设计的比较复杂，可以从两方面来表现：一是层次数太多；二是在进行设计网络系统时比较麻烦，例如“表示层”和“会话层”单独划分的意义并不是很大，而且用途并不像其他层那样明显。随着 Internet 的不断发展，出现 TCP/IP 协议体系结构，如图 5-6 所示。

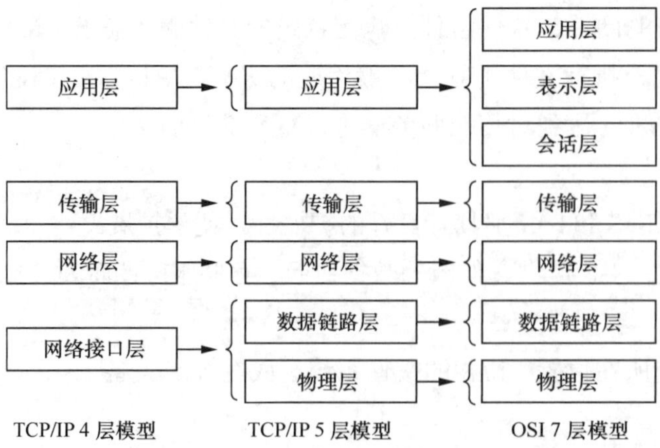

图 5-6　TCP/IP 和 OSI/RM 模型的对比

在 TCP/IP 体系中，每层都有相应的互联设备。其中，物理层互联相应设备包括中继器、集线器、网卡等，数据链路层相应设备包括网桥和交换机等，网络层以及更高层相应设备包括路由器、防火墙等。

5.3.1　交换机概述

1. 二层交换机

随着企业网络的发展，越来越多的用户需要接入到网络，交换机提供大量的接入端口能够很好地满足这种需求。同时，交换机也彻底解决了困扰早期以太网的冲突问题，极大地提升了以太网的性能，同时也提高了以太网的安全性。

二层交换机是一种可以完成数据交换功能的网络设备，它工作在数据链路层。一般来说，交换机有多个端口，可以连接工作站和服务器等。因此，交换机又被称为多端口网桥。二层交换设备通过识别数据帧里面的 MAC 地址信息，根据 MAC 地址表来进行数据转发，从而在数据链路层实现同一网段内快速数据的转发。那二层交换机有哪些转发行为呢？

交换机对数据帧的转发行为有泛洪（Flooding）、转发（Forwarding）和丢弃（Discarding）3 种方式。

（1）泛洪

交换机把从某一端口进来的数据帧通过所有其他的端口转发出去（“所有其他的端口”指的是除了收到该数据帧端口以外的所有端口）。而对于某些数据帧，如广播帧、组播帧、未知单播帧这 3 种类型的数据帧，只能是进行泛洪转发，如图 5-7 所示。

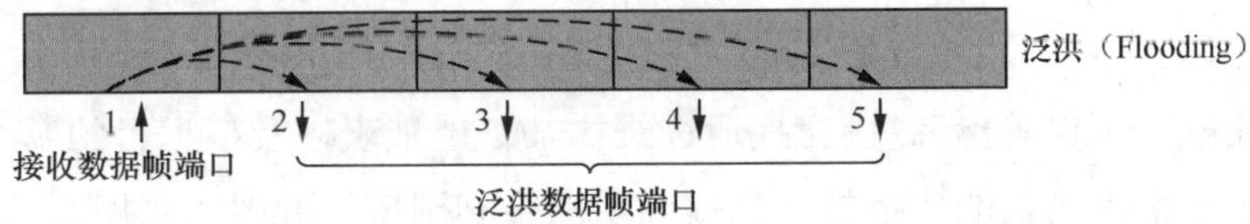

图 5-7　泛洪

（2）转发

交换机把从某一端口进来的数据帧通过指定的另一个端口转发出去（“另一个端口”指的是除了收到该数据帧端口以外指定的端口），如图 5-8 所示。

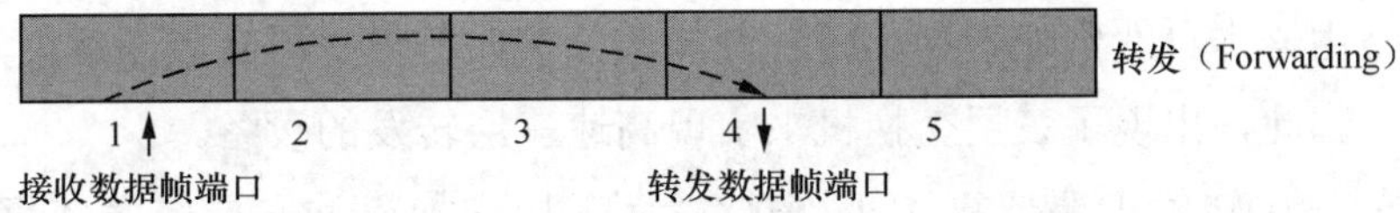

图 5-8　转发

（3）丢弃

情况一，交换机把从某一端口进来的数据帧直接丢弃；情况二，如果一个数据帧的CRC校验失败，该数据帧也会被丢弃，如图5-9所示。

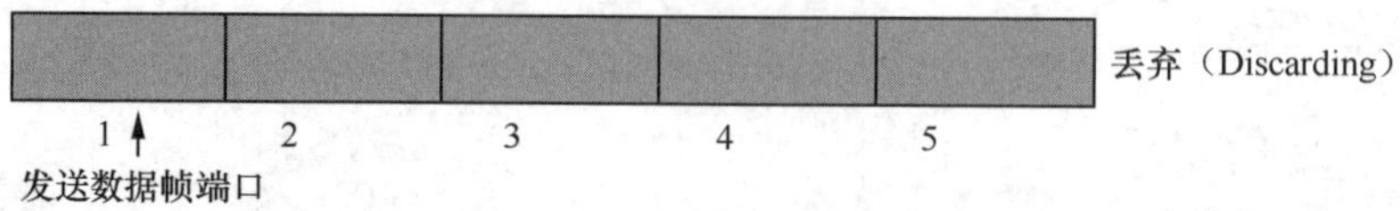

图5-9 丢弃

2. 二层交换机工作原理

要了解交换机工作原理，就必须要知道MAC地址表。在交换机里面存放了MAC地址与交换机端口的映射关系。其中把存放该映射关系的地方称为 MAC 地址表也称为 CAM（Content Addressable Memory）表。

二层交换机通过学习源数据帧的MAC地址来维护源MAC地址与端口的映射关系，并通过目的MAC来查找MAC地址表项决定向哪个端口进行转发，交换机的基本工作原理流程如下。

当二层交换机收到数据帧之后，先将源MAC地址和接收端口写入到MAC地址表项中，作为后面数据帧的二层转发依据。如果发现在MAC地址表项中已经存在该记录，则刷新该MAC地址记录的老化时间（MAC地址表采用老化更新机制，当超过老化时间，则删除过期的MAC地址表项，反之更新老化时间）。

当二层交换机收到数据帧之后，交换机根据目的MAC地址查找MAC地址表项，如果在MAC地址表项中查不到该目的MAC地址，则交换机执行泛洪操作。如果在MAC地址表项中查到该目的MAC地址，则比较这个MAC地址在MAC地址表项中对应的端口是不是这个数据帧进入交换机的那个端口，如果不是，则交换机执行转发操作；如果是，则交换机执行丢弃操作。

从上述流程中可以看出，二层交换通过维护MAC地址表以及根据目的MAC查表转发，有效地减少了网络上大量的广播报文，提高了网络利用率，并改善了网络性能。

3. 三层交换机

早期的网络中一般使用二层交换机来构建局域网，而不同局域网之间的网络互通是由路由器来完成的。那时的网络流量，局域网内部的流量占了绝大部分，而网络间的通信访问量比较少，使用少量路由器已经足够应付了。

随着数据通信网络范围的不断扩大，网络业务的不断丰富，网络之间互访的需求越来越大，而路由器本身造价成本高、转发性能低、接口数量少等缺点无法很好地满足网络发展需求。因此，出现了三层交换机来实现高速三层转发的设备。

路由器的三层转发主要依靠 CPU 进行，而三层交换机的三层转发依靠硬件 ASIC（Application Specified Integrated Circuit）芯片完成，现在很多网络上都能实现线速转发，这就决定了两者在转发性能上的巨大差别。但是，不要认为路由器可以被三层交换机所替换，因为路由器具备丰富的接口类型、良好的流量服务等级控制、强大的路由能力等仍然是三层交换机的薄弱环节。

三层交换机就是将二层交换和三层转发合二为一的技术，从本质上来说就是“带有路由功能的二层交换机”。由于路由属于OSI/RM中网络层的功能，因此带有第三层路由功能的交换机才被称为“三层交换机”。

4. 三层交换机的工作原理

数据包在三层交换机内部到底是如何被传输的呢？

三层交换机充分利用了“一次路由（首次数据包由CPU处理并转发，而后建立ASIC芯片的三层转发表项）、多次交换（之后来的相同的被称之为流（Flow）的数据包，直接根据ASIC芯片中的三层转发表进行数据转发）”的原理实现了三层交换机的高速转发性能。

5.3.2 路由器的工作原理

网络中只有二层交换机是不能构建大型网络架构的，因为二层交换机可以通过ASIC芯片进行高速转发数据从而提高数据的转发效率，但是二层交换机的缺点在于连接不同的网络时，无法实现网络之间的通信。那如何处理无法通信的问题呢？就需要路由器来解决该问题。

路由器是连接不同的局域网、广域网的硬件设备。路由器工作在OSI/RM的网络层，是连接不同网络的枢纽。路由器的主要工作是为经过的每个数据包查找出一条最优的传输路径。因此，路由器中会保存着各种数据包的相关传输路径数据，即路由表供路由选择时使用。路由表中保存着网络前缀信息、下一跳路由器IP地址、出接口、度量值和开销值等内容。路由表主要分为以下4种类型。

（1）直连路由

通过链路层协议发现的路由。

（2）静态路由

由网络管理员预先配置好需要经过的路径。静态路由配置方便，对系统要求低，适用于拓扑结构简单并且稳定的小型网络。缺点是不能自动适应网络拓扑的变化，需要人工干预。

（3）缺省路由

缺省路由是静态/动态路由的特殊形式。简单来说，缺省路由是没有在路由表中找到匹配的路由表项时才使用的路由。如果报文的目的地址不能与路由表的任何目的地址相匹配，那么该报文将选取缺省路由进行转发。如果没有缺省路由且报文的目的地址不在路由表中，那么该报文将被丢弃，并向源端返回一个ICMP（Internet Control Message Protocol）报文，报告该目的地址或网络不可达。

（4）动态路由

路由器根据网络运行情况而自动调整路由表。路由器根据路由协议可以分为自动学习和链路状态计算，在需要时自动计算数据传输的最佳路径并调整路由表。动态路由协议有自己的路由算法，能够自动适应网络拓扑的变化，适用于具有一定数量三层设备的网络。缺点是配置对用户的要求比较高，对系统的要求高于静态路由，并将占用一定的网络资源和系统资源。

路由器在连接异构网络、隔离网络、防止广播风暴、选择最优路径等方面具有显著的优势。

路由器的主要工作就是为经过路由器的每个数据包寻找一条最佳的传输路径，并将该数据包有效地传送到目的站点，当路由器从某个端口收到一个数据包时，它首先把数据链路层的数据帧头拆掉，读取目的 IP 地址，然后查找路由表，如果确定了下一跳地址，则再加上相应数据链路层的数据帧头，把数据包转发出去；如果不能确定下一跳地址，则向源地址返回一个 ICMP 报文，告知该目的 IP 地址不可达，从而把该数据包丢弃。

5.3.3 VLAN 概述

VLAN（Virtual Local Area Network，虚拟局域网）是将一个物理的 LAN 在逻辑上划分成多个广播域的技术。其中，LAN 指的是局域网，如所有机器划分在同一个广播域。广播域指的是广播帧/组播帧/未知单播帧所能传播的范围。

为了解决广播报文的频繁出现（如常见的一些以广播方式来通信的协议包括 ARP、DHCP 和 RIP 等），在网络设计中，分割广播域是非常重要的。路由器在 IP 层可以很有效地分割广播域，而二层网络分割广播域的办法是 VLAN。通过 VLAN 可以自由设计广播域的构成，提高网络设计的自由度，如图 5-10 所示。

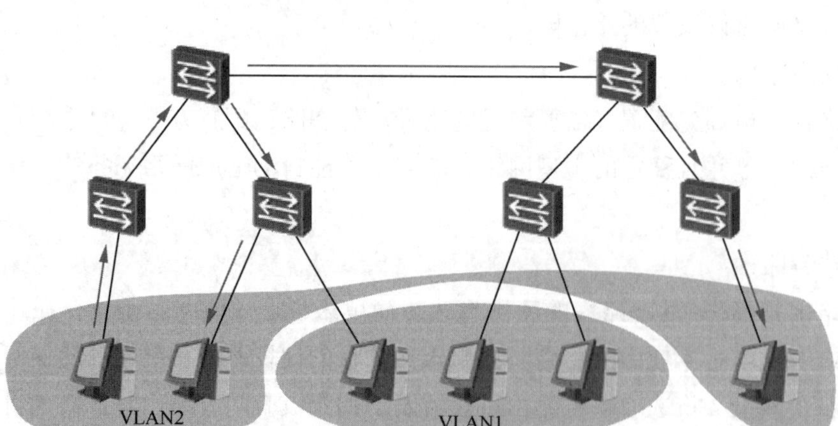

图 5-10　VLAN 规划

VLAN的应用解决了许多大型二层交换网络产生的问题。

（1）限制广播包，提高带宽的利用率

有效地解决了广播风暴带来的性能下降问题。一个 VLAN 形成一个小的广播域，同一个VLAN成员都在其所属VLAN确定的广播域内，那么，当一个数据包没有路由时，交换机只会将此数据包发送到所有属于该VLAN的其他端口，而不是所有的交换机端口，这样就将数据包限制到了一个VLAN内。在一定程度上可以节省带宽。

（2）增强通信的安全性

一个VLAN的数据包不会发送到另一个VLAN，其他VLAN的用户收不到该VLAN的数据包，这样就确保了该VLAN的信息不会被其他VLAN用户窃听，实现了信息的保密。

（3）增强网络的健壮性

当网络规模增大时，部分网络出现问题往往会影响整个网络，引入 VLAN 之后，可以将网络故障限制在一个VLAN之内。

由于 VLAN 是逻辑上对网络进行划分，组网方案灵活，配置管理简单，降低了管理维护的成本。

1. VLAN 帧格式

要使交换机能够分辨不同VLAN的报文，需要在报文中添加标识VLAN信息的字段。IEEE 802.1Q 协议规定，在以太网数据帧的目的MAC地址和源MAC地址字段之后、协议类型字段之前加入4个字节的VLAN标签（又称VLAN Tag，简称Tag），用以标识VLAN信息，如图5-11所示。

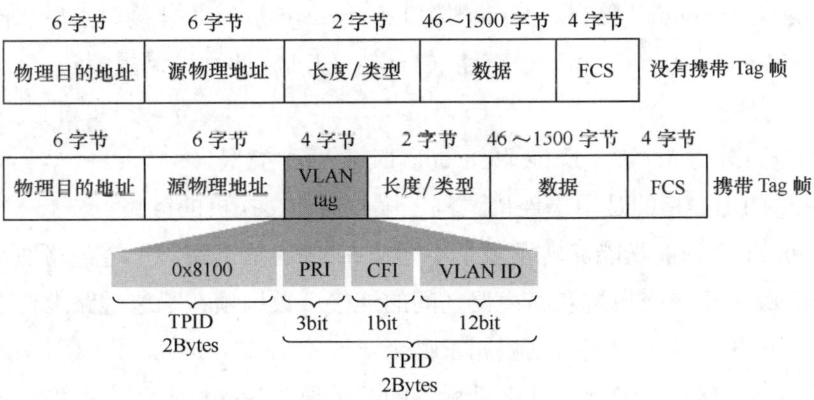

图5-11 VLAN帧格式

根据数据帧有没有带上4个字节的IEEE802.1Q标签头部，可以分为两种帧格式：一是有标签的帧（tagged frame）；二是无标签的帧（untagged frame）。交换机内部处理的数据帧一律是带有标签的帧。

2. VLAN 划分方法

根据 VLAN 在交换机上的实现方法，主要包括基于接口、基于 MAC 地址和基于子网的 VLAN。

（1）基于接口的 VLAN

根据交换设备的接口编号来划分 VLAN。网络管理员预先指定交换机的每个接口属于哪个 VLAN ID，当一个数据帧进入交换机时，如果没有带 VLAN 标签，该数据帧就会被打上接口所设定的 VLAN Tag，然后数据帧将在指定的 VLAN 中传输。

（2）基于 MAC 地址的 VLAN

根据数据帧的源 MAC 地址来划分 VLAN。网络管理员预先配置 MAC 地址和 VLAN ID 映射关系表，当交换机收到的是 Untagged 帧时，就根据该表给数据帧添加指定的 VLAN Tag，然后数据帧将在指定的 VLAN 中传输。

（3）基于子网的 VLAN

根据数据帧中的源 IP 地址和子网掩码来划分 VLAN。网络管理员预先配置 IP 子网和 VLAN ID 映射关系表，当交换机收到的是 Untagged 帧，就根据该表给数据帧添加指定的 VLAN Tag，然后数据帧将在指定 VLAN 中传输。

3. 链路类型和接口类型

交换机内部处理的数据帧一律都带有 VLAN 标签，而网络中交换机连接的设备有些只能收发 Untagged 帧，要与这些设备交互，就需要接口能够识别 Untagged 帧并在收发时给帧添加、剥除 VLAN 标签。同时，网络中属于同一个 VLAN 的用户可能会被连接在不同的交换机上，且跨越交换机的 VLAN 可能不止一个，如果是跨交换机的用户之间互通，就需要在交换机之间的接口能够同时识别和发送多个 VLAN 的数据帧。为了适应不同的连接和组网，定义了 Access 接口、Trunk 接口和 Hybrid 接口 3 种接口类型，同时还定义了接入链路（Access Link）和干道链路（Trunk Link）两种链路类型。

（1）链路类型

VLAN 的链路分为 Access Link 和 Trunk Link 两种类型。

① Access Link 指的是用于连接主机、服务器和交换机的链路。

② Trunk Link 指的是能够转发多个不同 VLAN 的通信链路。干道链路通常用于交换机间的互连，或者用于交换机和路由器之间的连接。数据帧在干道链路上传输的时候，交换机必须用一种方法来识别数据帧属于哪个 VLAN。IEEE 802.1Q 定义了 VLAN 帧格式，所有在干道链路上传输的帧都是打上带标签的帧。通过这些标签，交换机就可以确定数据帧属于哪个 VLAN。

（2）接口类型

根据接口连接对象以及对收发数据帧处理的不同，以太网接口分为以下 3 种类型。

① Access 接口

Access 接口是交换机上用来连接用户主机的端口，它只能配置在接入链路，并且交换机上的接口有且只有一个 VLAN。

② Trunk 接口

Trunk 接口一般用于连接交换机、路由器以及可同时收发 Tagged 帧和 Untagged 帧的语音终端。它只能配置在干道链路，允许多个 VLAN 的帧带 Tag 通过。

③ Hybrid 接口

Hybrid 接口既可以用于连接不能识别 Tag 的用户终端（如主机、服务器等）和网络设备（如集线器、傻瓜交换机），也可以用于连接交换机、路由器以及可同时收发 Tagged 帧和 Untagged 帧的语音终端。它既能配置在接入链路，又能配置在干道链路。允许多个 VLAN 的帧带 Tag 通过，且允许从该类接口发出的帧根据需要配置某些 VLAN 的帧带 Tag（即不剥除 Tag）、某些 VLAN 的帧不带 Tag（即剥除 Tag）。

在某些应用场景下必须使用 Hybrid 接口。如一个接口连接不同 VLAN 网段的场景，因为一个接口需要给多个 Untagged 报文添加 Tag，所以必须使用 Hybrid 接口。

5.4 负载均衡概述

随着企业的发展及业务量的增长，现有的服务器设备无法承担业务的访问量和并发数，在此情况下，如果抛弃现有设备而做大量的硬件升级，又将造成现有资源的浪费和高额成本的投入，甚至性能再卓越的设备也不能满足当前业务量增长的需求。负载均衡技术在现有架构之上提供了一种廉价、有效、透明的方法，提高了闲置服务器和设备的利用率，增加吞吐量，加强网络的数据处理能力，提高整个架构的灵活性和可用性。

其中负载均衡有多个虚拟 IP 地址，该 IP 地址对应公网 IP 地址，通过 NAT 功能转发到内部的 IP 地址和端口中。一个内部的服务器 IP 地址和端口组成一个节点，多个节点组成地址池，一个虚拟 IP 地址和端口对应一个地址池，一个地址池对应多个节点，如图 5-12 所示。

1. 负载均衡实现方式分类

（1）软件负载均衡技术

该技术适用于一些中小型企业的 IT 架构，满足一般的负载均衡的需求。软件负载均衡技术是在一台或多台服务器或虚拟机上安装相应的负载均衡软件来实现的一种均衡负载技术。软件可以很方便地安装在服务器上，并且实现一定的负载均衡功能。它配置简单，操作方便，并且成本很低。

（2）硬件负载均衡技术

硬件负载均衡技术适用于流量大的大型企业 IT 架构。硬件设备更稳定，有更好的负载均衡效果，但同时由于需要额外地增加负载均衡设备，成本比较高。

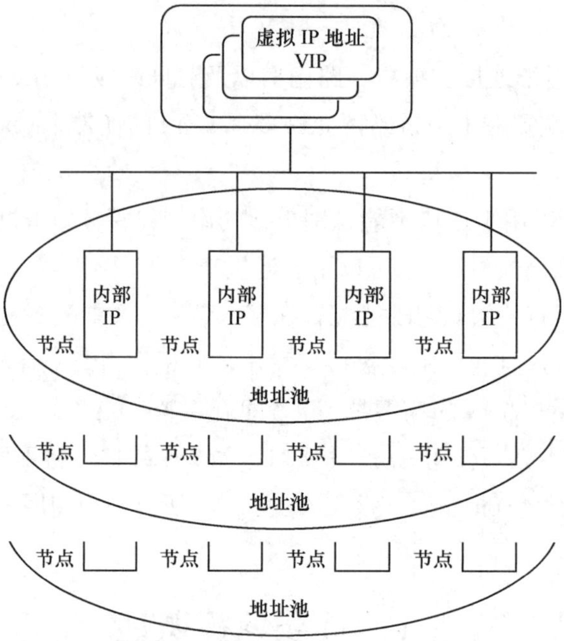

图 5-12 负载均衡示意

（3）本地负载均衡技术

本地负载均衡技术是对本地服务器群进行负载均衡处理，如微软 NLB 网络负载均衡组件通过在多台服务器上安装负载均衡软件实现对服务器的流量进行平均分配的功能。本地负载均衡技术不需要购买昂贵的服务器，也不需要优化现有的网络结构。

（4）全局负载均衡技术

全局负载均衡技术也称为广域网负载均衡，适用于拥有多个数据中心的大型网站系统。全局负载均衡技术是对分布在全国各个地区的数据中心进行负载均衡处理，该技术可以通过对访问用户的 IP 地理位置判定自动转向距离最近的数据中心。

（5）链路集合负载均衡技术

链路集合负载均衡技术是将网络系统中的多条物理链路当作单一的聚合逻辑链路来使用，使数据中心的数据流量由聚合逻辑链路中所有的物理链路共同承担。这种技术可以在不改变现有的线路结构、不增加现有带宽的基础上大大提高网络数据的吞吐量，节约成本。

2. 负载均衡算法

负载均衡设备本身都是以负载均衡算法为基础的，负载均衡算法分为静态负载均衡算法和动态负载均衡算法两种。

（1）静态负载均衡算法

① 轮询：顺序循环，将请求顺序地连接每个服务器。

② 比率：给每个服务器分配一个加权值称为比例，根椐这个比例，把用户的请求

分配到每个服务器。

③ 优先权：给所有服务器分组，给每个组定义优先权，分配给优先级最高的服务器组（在同一组内，采用轮询或比率算法，分配用户的请求）；当最高优先级中所有的服务器出现故障时，才将请求送给次优先级的服务器组。

（2）动态负载均衡算法

① 最少的连接方式：传递新的连接给最少连接处理的服务器。

② 最快模式：传递连接给响应最快的服务器。

③ 观察模式：连接数目和响应时间以这两项的最佳平衡为依据为新的请求选择服务器。

④ 预测模式：利用收集到的服务器当前的性能指标，进行预测分析，选择一台服务器在下一个时间片内，其性能将达到最佳的服务器相应用户的请求。

⑤ 动态性能分配：收集到的应用程序和应用服务器的各项性能参数，动态调整流量分配。

⑥ 动态服务器补充：当主服务器群中因故障导致数量减少时，动态地将备份服务器补充至主服务器群。

⑦ 服务质量：按不同的优先级对数据流进行分配。

⑧ 服务类型：按不同的服务类型对数据流进行分配。

⑨ 规则模式：针对不同的数据流设置导向规则，用户可自行编辑流量分配规则，利用这些规则对通过的数据流实施导向控制。

习题

简答题

1．简要阐述 NAS 和 SAN 存储的区别。

2．简要阐述二层交换机、路由器的原理。

3．简要阐述负载均衡的作用和主要算法。

第6章 虚拟化技术

虚拟化技术是云计算中重要的组成部分，把硬件资源进行虚拟化后，可以根据需求动态地弹性伸缩，有效提高资源利用率，减少了需要管理的物理设备数量，在统一的管理界面中可以进行自动化地管理和部署，简化了管理流程和维护工作，具有负载均衡、动态迁移、故障自动隔离、系统主备自动切换的高可靠性和灵活的可扩展性。

随着云计算的不断发展演变，虚拟化技术也已经从过去虚拟整个系统到虚拟轻量级的操作系统，在下一代的虚拟化技术浪潮中，容器虚拟化将引领虚拟化技术进入新的阶段。

学习目标

- 理解和掌握虚拟化的概念及分类；
- 理解计算虚拟化的实现方式；
- 理解存储虚拟化的实现方式；
- 理解网络虚拟化的实现方式；
- 理解软件定义存储、软件定义网络、超融合、软件定义数据中心概念；
- 理解容器虚拟化、微服务、DevOps 概念。

6.1 虚拟化概述

虚拟化（Virtualization）是资源的逻辑表示，并不受物理资源所处的位置影响。通过在物理硬件层之上添加虚拟化层，将硬件层的资源抽象成另一种形式的资源，把新的资源称为虚拟资源，从而提供给上层操作系统或应用使用。所以说虚拟化实现了对底层硬件资源的抽象池化，从而通过虚拟化层来屏蔽底层硬件差异所带来的影响。

计算机操作系统（如 Linux、Windows 等）也利用了虚拟化技术，如 Windows 的虚拟内存技术或 Linux 的虚拟交换分区技术。在很早的时候 IBM 已经在大型机里开始使用虚拟化技术，它们采用专门的硬件和软件，以多用户和多进程的方式来实现硬件资源共享。根据虚拟化使用范围，有很多种虚拟化分类，如根据应用场景划分有服务器虚拟化、网络虚拟化、存储虚拟化、桌面虚拟化、应用虚拟化；根据虚拟化层划分有全虚拟化、半虚拟化、硬件辅助虚拟化；根据计算虚拟化的实现方式有 CPU 虚拟化、内存虚拟化、I/O 虚拟化；根据系统划分有寄居虚拟化、裸金属虚拟化、操作系统虚拟化、函数库虚拟化。

早在 20 世纪 60 年代，虚拟化技术就悄然产生了。虚拟化技术来源于大型机，在那个“进程”概念尚未产生的年代，多任务操作系统和虚拟化技术事实上是难以分开的，因此可以把“虚拟机”看作是一个任务，而且当时还没有像 X86 体系结构，各厂家的大型机几乎是互不兼容的。这种“任务级”或者说“进程级”虚拟化，从概念上延续到今天，就是以 LXC（Linux Container）为代表的操作系统级虚拟化。随着技术的发展和市场竞争的需求，虚拟化技术开始向小型机或 UNIX 服务器上移植，如 IBM 提出了“动态逻辑分区（Dynamic Logical Partition，DLPAR）”技术之后，使用 DLPAR 技术使得单台服务器工作起来可以分出多台服务器独立工作，并且在不重启系统的情况下，将 CPU、内存及其他组件资源分配给其他分区。这种在不中断运行的情况下，动态资源分配使得管理更加方便，而且维护成本也相应降低了。但是由于真正使用大型机和小型机的用户还是少数（主要是设备成本太高），加上各厂商产品和技术之间是不兼容的，使得虚拟化技术在当时不被公众所关注。

随着 Intel X86 架构的 CPU 提出来之后，这种架构成本相比大型机/小型机的专用硬件制作成本低很多，并且 X86 架构 CPU 的性能提升，可以满足很多中小型企业的需求，这样很多中小型企业开始采购大量的 X86 架构服务器来部署业务。但是 Intel 公司在设计 X86 架构之初没有考虑支持虚拟化技术，而它本身的结构和复杂性使得在其之上进行虚拟化非常困难，所以早期的 X86 架构并没有成为虚拟化技术的受益者。20 世纪 90 年代，以 VMware 为代表的部分虚拟化软件厂商采用一种软件解决方案，以虚拟机监视器（Virtual Machine Monitor，VMM）为中心使 X86 架构的服务器平台实现虚拟化。

虚拟化的实质是对硬件资源的逻辑划分，形成对上层服务的资源池。它的形式是多种多样的，以计算虚拟化为例，它具有分区、隔离、封装、相对于硬件独立等特征。虚拟化也有如下一些问题。

（1）虚拟化是对资源进行分配，如果虚拟机多了，可能会发生物理资源争抢问题。

（2）引入虚拟化层之后，导致上层系统应用出错概率增加，从而导致故障排查困难。而且当某台物理服务器宕机，影响到其上所有虚拟机中的业务使用。

6.2 计算虚拟化

为了满足不同功能需求，目前已经出现了很多种类的虚拟化解决方案。由于采用了不同的实现方式和抽象层，从而产生了不同的虚拟化架构。在了解虚拟化架构之前，先了解计算机系统，计算机系统采用的是分层的设计结构，如图 6-1 所示。

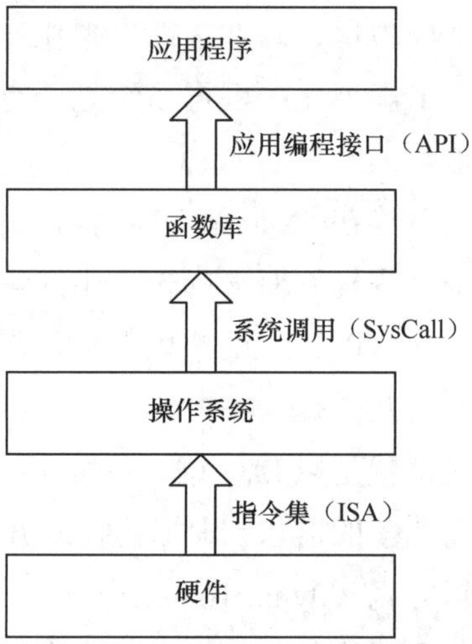

图 6-1　计算机分层设计结构

每一层都向上一层提供一个抽象接口，并且每一层只需要知道下一层的抽象接口即可，而不需要知道其内部运行机制。如计算机硬件为上层操作系统提供的接口是一组指令集（Instruction Set Architecture，ISA），不同处理器硬件提供的接口也是不尽相同的。如 Intel 提供的是 X86 架构指令集，该指令集是基于 CISC（Complex Instruction Set Computing，复杂指令集）；IBM 生产的 Power 系列 CPU 提供的是 RISC（Reduced Instruction Set Computing，精简指令集）。如果操作系统是 UNIX，底层硬件一般都是厂商自己研制的硬件架构。

一台完整可用的计算机应该包括硬件、系统软件以及应用程序。为了更方便地开发出一套应用程序，需要调用很多函数库，而这些函数库为应用程序提供了大量的应用程序接口（API），使得在编写程序的时候更方便简单，而不像以前没有高级语言的情况下，需要通过汇编语言直接调用底层硬件，使得程序员编程工作难度变大。

当在不同层增加虚拟化平台时，可以把虚拟化架构分为以下几类。

（1）寄居虚拟化

寄居虚拟化就是在宿主机操作系统之上安装虚拟化应用程序，通过它可以构建一个虚拟化的环境，在这个虚拟化的环境里，可以安装各种操作系统，满足用户对操作系统的要求，如图 6-2 所示。

寄居虚拟化的优点是简单、易于实现，缺点是需要依赖于宿主机操作系统支撑，资源的调度需要依靠宿主机操作系统来完成，所以管理开销较大，性能损耗也很大。

代表产品有：VMware Workstation、VirtualBox 等。

（2）裸金属虚拟化

裸金属虚拟化也称为硬件抽象层虚拟化，其实现的方式是直接在硬件层之上部署虚拟化平台软件，而不再需要宿主机操作系统来支撑。由于客户机操作系统所看到的是虚拟化层，因此可以认为客户机操作系统的功能和在宿主机操作系统功能几乎没有什么区别。理论上，宿主机操作系统和客户机操作系统的指令集架构相同，所以客户机操作系统大部分指令是可以直接调用 CPU 来执行的，只有那些需要虚拟化的指令才会由虚拟化层（VMM）进行处理，如图 6-3 所示。

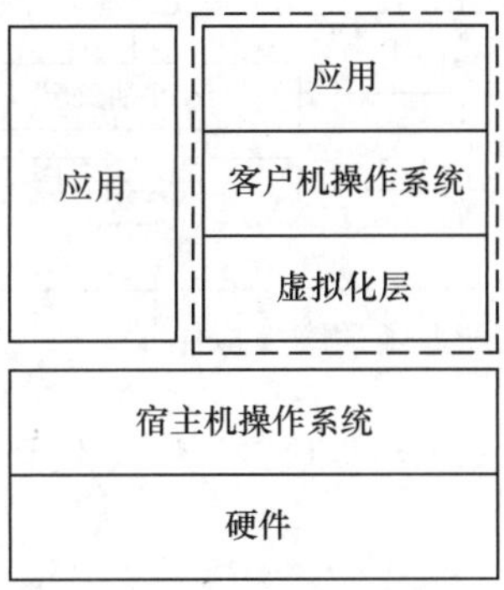

图 6-2　寄居虚拟化

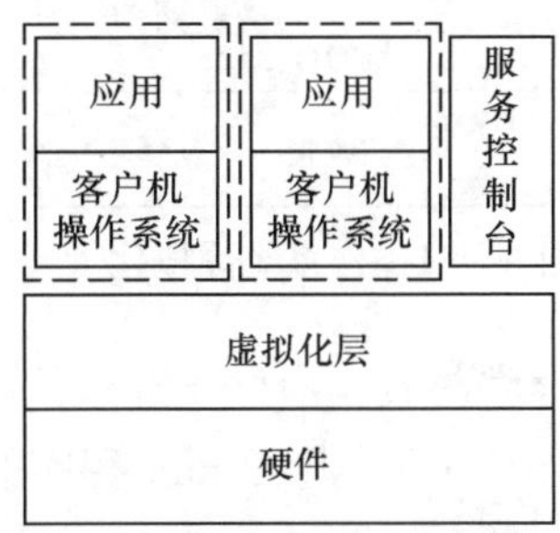

图 6-3　裸金属虚拟化

裸金属虚拟化的优点是不需要依赖宿主机操作系统，支持多种操作系统，与寄居虚拟化相比，缩短了虚拟机到物理硬件路径，从而减少应用的响应时间，改善用户的体验；缺点是虚拟化层内核开发难度大。

代表产品有：VMware vSphere、Citrix XenServer 和 Huawei FusionCompute 等。

（3）操作系统虚拟化

操作系统虚拟化指的是宿主机操作系统的内核提供多个相互隔离的实例。这些实例并不是平常说的虚拟机，而是容器（容器可以看作是一台真实的计算机，里面有自己的独立文件系统、网络、系统设置、函数库等）。该虚拟化是由宿主机操作系统本身的内核提供的，因此操作系统层上的虚拟化是比较高效的，它对虚拟化资源和性能开销要求比较低，也不需要特殊硬件支持。但是每个容器的操作系统必须和底层硬件的操作系统（不过每个容器有各自的应用程序和用户账号）相同，灵活性较差，如图 6-4 所示。

操作系统虚拟化的优点是简单、易于实现，而且管理开销非常低；缺点是隔离性较差，如果容器被攻击，可能会把攻击传播到宿主机操作系统和其他容器。多个容器需要共享同一操作系统。容器迁移也存在一定的局限性。

代表产品有：Docker、LXC、OpenVZ 等。

（4）函数库虚拟化

所有应用程序编写都需要调用库函数 API 接口，利用库函数为应用程序提供一组服务，使得应用程序编写更加简单。不同的操作系统有自己独立的函数库接口，API 接口和硬件没有多大关系但是和操作系统密切关联。如 Linux 操作系统的函数库和 Windows 函数库是完全不一样的，如果是针对 Windows 开发的应用程序是不可能安装在 Linux 系统中运行的。但使用了函数库虚拟化之后，应用程序不需要重新开发，直接通过虚拟函数库的 API 接口来提供给上层应用程序使用，如图 6-5 所示。

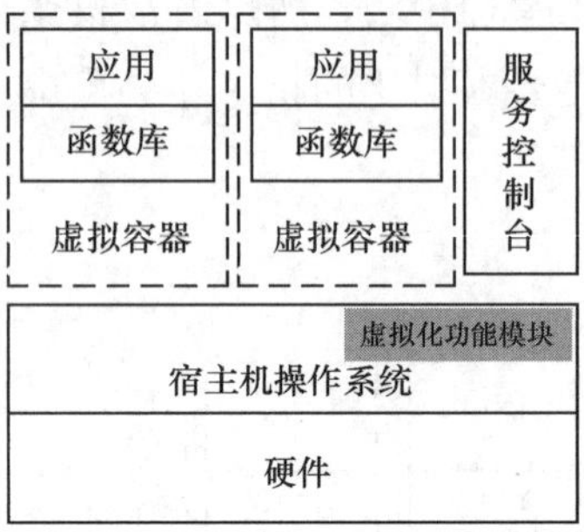

图 6-4　操作系统虚拟化

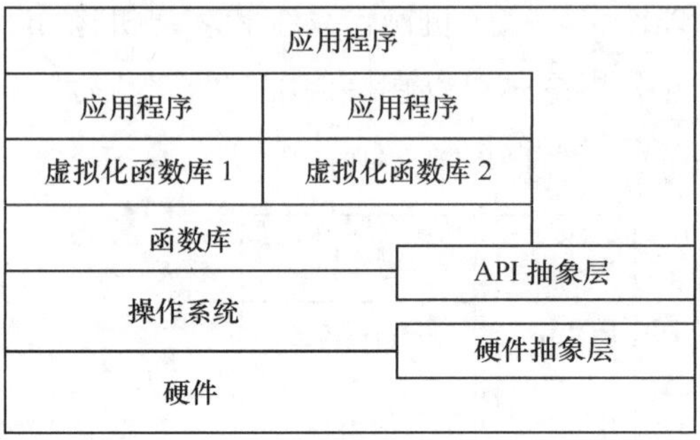

图 6-5　函数库虚拟化

代表产品有：Wine（在 Linux 环境下支持 Windows 程序的执行环境）、Cygwin（在 Winodws 环境下支持 Linux 程序的执行环境）。

6.3　计算虚拟化实现方式

在现代计算机架构中，拥有“计算”能力的硬件包括有 CPU（中央处理器）、内存以及 I/O（Input/Output，即输入/输出端口，如磁盘、网卡等）。需要完成计算虚拟化，就意味着要对上述 3 种硬件进行虚拟，使其成为能够被虚拟机所使用的资源，并且每个虚拟机中的应用程序可以在相对独立的空间内运行，而且相互不会影响，也就是说计算虚拟化实现了计算单元的模拟以及计算单元的相互隔离。

6.3.1　CPU 虚拟化

在传统的 X86 体系结构中，CPU 主要是由运算器、逻辑控制器、寄存器 3 部分组成。运算器主要用作运算，逻辑控制器主要用作判断，寄存器主要用于保存部分运算结果或者指令的一些临时文件。CPU 有 4 个特权级，分别为 Ring0、Ring1、Ring2、Ring3。这些 Ring 的特权级随其所执行功能不同也有所不同：其中操作系统内核是需要直接访问硬件，因此它的代码需要运行在最高级别 Ring0，这样它可以使用特权指令来控制中断、修改页表、访问设备等；Ring1 和 Ring2 用于操作系统服务，被保留；应用程序的代码运行在最低级别 Ring3，不受管控。如果要被监控的话，如要访问磁盘、写文件，那就要通过执行系统调用。执行系统调用的时候，CPU 的运行级别会发生从 Ring3 到 Ring0 的切换，并跳转到系统调用对应的内核代码位置执行，这样内核就为你完成硬件的访问，完成之后再从 Ring0 切换回 Ring3，这个过程称作用户态和内核态的切换。

如图 6-6 所示，可以看出在没有虚拟化的时候，宿主机操作系统是工作在 Ring 0，当引入虚拟化之后，就遇到了一个难题，客户操作系统还是运行在 Ring0 吗？答案肯定不是的。假设运行在 Ring0，当多个客户机操作系统访问某个应用程序时，都需要对内存数据进行修改，这样的话，可能会造成内存里面的数据出现混乱。所以说，客户机操作系统应该运行在非 Ring0 级别上，但是客户机操作系统并不知道这一点，以前执行什么指令，现在还是执行什么指令，但是当执行的指令没有权限的话会出现错误，这时候 VMM 需要避免该事件发生。

为了进一步了解 CPU 虚拟化，先来了解一下指令。

系统中有一些操作和管理关键硬件资源的指令会被定为特权指令。这些特权指令只有在 Ring0 上才能够正确执行，如果在非 Ring0 上运行，特权指令会引发一个异常（CPU 会中断执行，日志报告为执行该指令权限不足），这样的话，该指令会陷入到 Ring0 执行。

在引入虚拟化之后，位于客户机操作系统运行在非 Ring0 上。因此，原本需要在 Ring0 上执行的指令就不能够直接执行，而是需要交由 VMM 处理后再执行，把这部分的指令称为敏感指令。显而易见，所有的特权指令都是敏感指令，但并不是所有敏感指令都是特权指令（把这些指令称为临界指令）。

在经典或传统的 CPU 虚拟化模型中，如图 6-7 所示。为了使 VMM 完全控制硬件资源，不允许客户机操作系统直接执行敏感指令，则 CPU 虚拟化采用的是“特权解除（Privilege Deprivileging）”和“陷入—模拟（trap-and-emualtion）”的方式。即将 Guest OS 运行在非 Ring 0 级别，而将 VMM 运行在 Ring0 级别。解除了 Guest OS 的特权之后，用户指令仍可以直接在硬件上运行，只有执行到特权指令时，才会陷入到 VMM 模拟执行（陷入—模拟）。“陷入—模拟”的本质是保证可能影响 VMM 正确运行的指令都需要由 VMM 模拟执行。

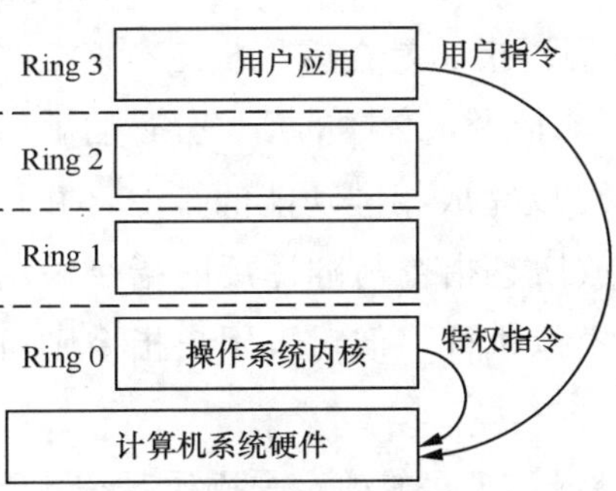

图 6-6　非虚拟化 X86 架构

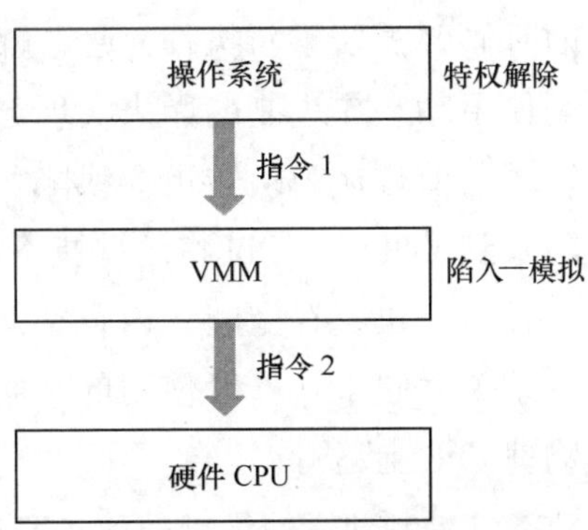

图 6-7　经典/传统的 CPU 虚拟化模型

通过“陷入—模拟”来对敏感指令实现虚拟化是有前提的，即所有的敏感指令都必须是特权指令。而在 X86 架构上有 19 条这样的指令，称为临界指令，执行这些指令的时候不会自动陷入到 VMM 层截获，从而阻碍了 X86 指令集的虚拟化，称其为“虚拟化漏洞”。具体 X86 下的敏感指令分类大致如下。

（1）企图访问或修改机器状态或虚拟机状态的指令。

（2）企图访问或修改敏感寄存器或存储单元的指令，如访问时钟寄存器和中断寄存器等指令。

（3）企图访问存储保护系统或内存、地址分配系统的指令（段页之类）。

（4）所有 I/O 指令。

其中的（1）和（4）都是特权指令，在内核态下执行 VMM 截获并模拟，但是（2）和（3）不是特权指令，而是临界指令。

当出现虚拟化漏洞问题时，该如何去解决呢？为了能够正常地处理 19 条临界指令，在虚拟化中采用了下面 3 种解决方案。

1. 全虚拟化

全虚拟化采用动态二进制翻译的技术来解决虚拟化漏洞问题，如图 6-8 所示。在了解动态二进制翻译之前，先了解什么是二进制翻译。二进制翻译是一种能够把一种处理器上的二进制程序翻译到另外一种处理器上执行或者在相同架构的处理器翻译执行。二进制翻译可以分为 3 种：解释执行、静态翻译、动态翻译。解释执行是最简单的解决虚拟化漏洞问题的方案，其实就是取一条指令通过解释器模拟出这条指令执行的效果，而继续往下执行下一条指令，那么就不存在 VMM 陷入或不陷入的问题，从而避免了虚拟化漏洞。但是缺点在于系统针对所有指令都需要解释，浪费资源性能，而且系统也不保存、不缓存解释过的指令，等下次再执行的时候又需要重新执行。通过解释执行可以看出，这种方式处理效率比较低。可以考虑使用动态二进制翻译来实现。动态二进制翻译指的是在虚拟机运行时，在敏感指令发送之前替换为跳转指令或陷入到 VMM 中去的指令，这样的话，所有的敏感指令都会陷入到 VMM 中。VMM 将这些指令动态翻译成可以完成相同功能的指令，并且会在 VMM 中开辟一块缓存空间（内存空间），用于存放敏感指令与翻译后的指令采用某种映射关系关联起来（一般使用的是哈希表），再模拟执行。但对于用户指令则可以直接在物理 CPU 上运行。

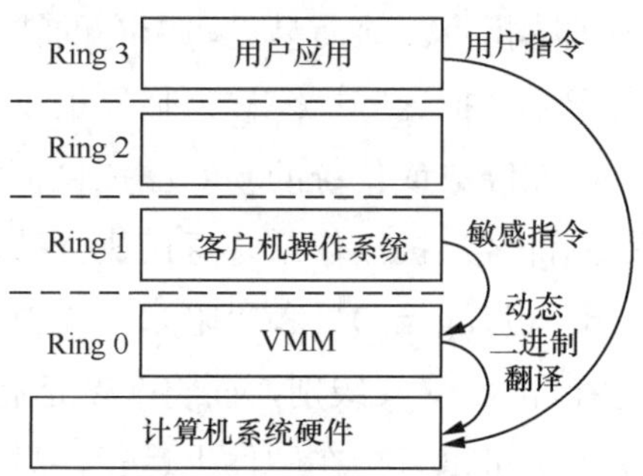

图 6-8　全虚拟化技术

动态二进制翻译的优点是动态完成敏感指令翻译，无需修改客户操作系统，因而支持多种操作系统。缺点是动态翻译的时候，需要消耗 VMM 很大的资源开销（其实就是消耗大量的 CPU 开销），而且对 VMM 很依赖。

代表产品有 Virtual PC、VMware WorkStation、VMware ESX Server 等。

既然动态二进制翻译的性能瓶颈在于翻译和模拟执行哪些指令，那么能不能想办法通过修改虚拟机系统的内核来规避虚拟机漏洞呢？毕竟在多数情况下，并不需要对虚拟机刻意“隐瞒”虚拟化层的存在，而是需要在虚拟机之间提供必要的隔离，同时又不造成太多性能开销。接着来介绍一下半虚拟化技术。

2. 半虚拟化

半虚拟化采用的是通过修改客户机操作系统内核代码来解决虚拟化漏洞问题，如图 6-9 所示。在半虚拟化中，将客户机操作系统内核进行修改，将所有非特权指令的敏感指令替换为对 VMM 的超调用（HyperCall）。对 X86 架构而言，即 VMM 运行在 Ring0，Guest OS 运行在 Ring1。Guest OS 内核特权级的降低使得它不能执行一些特权操作，而必须将其交由拥有更高特权级的 VMM 代为完成。为此，虚拟化平台向 Guest OS 提供了一组“特殊”接口，使得 Guest OS 通过“特殊”接口能够获得 VMM 提供的服务来完成特权操作，这些由 VMM 提供的“特殊”接口即为超级调用，或者称为超级调用接口。HyperCall 类似宿主机操作系统的系统调用（System Call），将控制权转移到 VMM，让其知道客户机操作系统与 VMM 不再是严格的上下级关系，而是相互信任合作的关系，VMM 要在一定程度上信任客户机。其中在 X86 架构中，可以认为 VMM 和客户机操作系统内核都运行在 Ring0。

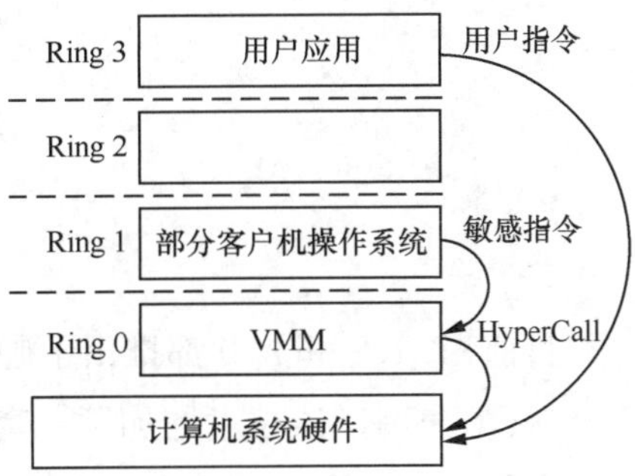

图 6-9　半虚拟化技术

半虚拟化的优点是虚拟机的性能几乎接近于物理机，对 VMM 依赖也减少。缺点是必须修改客户机操作系统内核来规避那 19 条指令，这也是为什么只支持 Linux，而不支持 Windows 的原因，因为 Linux 是开源产品可以任意修改源代码，而 Windows 是封闭系统。

代表产品有 Denali、Xen、Hyper-V 等。

上述介绍了全虚拟化技术和半虚拟化技术，这两种技术都是纯软件的 CPU 虚拟化方案，都不会对 X86 架构 CPU 做任何改变。但是，其实软件实现功能一般都有很多限制，如前两种虚拟化技术不管怎么优化都会增加系统的复杂性和性能开销，而且半虚拟化还需要修改客户机操作系统内核来实现。如果使用硬件来实现，要比软件实现更高效，这也就是说能够让硬件来完成的事情尽量不要让软件来完成。因此，硬件辅助虚拟化就应运而生了。

3. 硬件辅助虚拟化

硬件辅助虚拟化采用的是通过与 CPU 硬件厂商进行联合来解决虚拟化漏洞问题，如

图 6-10 所示。硬件辅助虚拟化技术引入了两个新概念，硬件 CPU 里面增加了新的指令集和 CPU 操作模式。

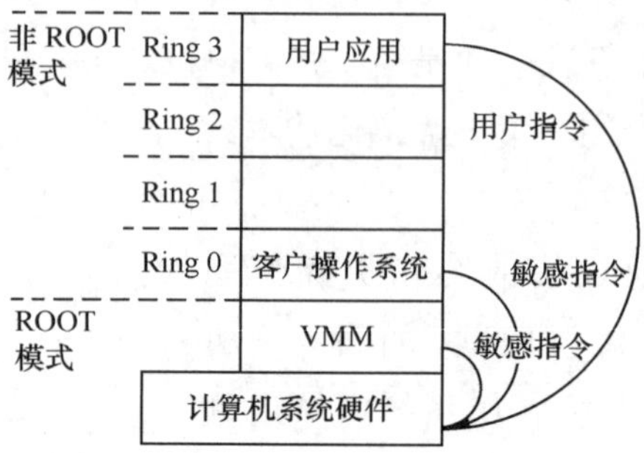

图 6-10　硬件辅助虚拟化

目前，Intel 和 AMD 都推出了硬件辅助虚拟化技术分别是 VT-X 和 AMD-V。现以 Intel VT-X 技术为例，该技术增加了一套虚拟机扩展（Virtual Machine Extensions，VMX）的指令集，该指令集用来支持虚拟化的相关操作。此外，还引入了两种 CPU 操作模式，称为 VMX 操作模式。

（1）根模式操作（VMX Root Operation)：VMM 所处的模式，简称根模式。

（2）非根模式（VMX Non-Root Operation)：虚拟机所处的模式，简称非根模式。

这两种模式都有相应的特权级为 Ring0～Ring3。引入这两种模式就是为了很好地解决虚拟化漏洞问题。这样，即使 VMM 运行在 Ring0，也能使 Guest OS 运行在 Ring0，避免了修改 Guest OS。

作为传统 X86 架构扩展，VMX 操作模式默认关闭的。当 VMM 需要使用 VMX 操作模式，可以通过 VMX 指令集中的 VMXON 来打开 VMX 操作模式，或 VMXOFF 来关闭 VMX 操作模式。初始化时，VMM 通过执行 VMXON 指令进入到 VMX 操作模式，CPU 处于根模式，VMM 开始执行。当客户机操作系统需要执行用户指令时，VMM 会通过执行 VMLAUNCH 指令产生 VM-Entry（VM-Entry 是指 CPU 由根模式切换到非根模式)，此时，CPU 进入到 Non-Root 操作模式，再次运行客户机操作系统的指令。如果客户机操作系统运行过程中发生中断或异常事件时，VM-Exit（VM-Exit 是指 CPU 由非根模式切换到根模式）被触发而陷入到 VMM 中，则 CPU 切换到 Root 模式，由 VMM 根据 VM-Exit 的原因来做出相应的处理，一旦 VMM 处理完成之后，通过 VMRESUME 指令再次产生 VM-Entry，把 CPU 切换到 Non-Root 模式继续运行客户机操作系统的指令。如果 VMM 不想工作了，则执行 VMXOFF 关闭 VMX 操作模式。如图 6-11 所示。

由于上面提到了产生 VM-Entry 提供的两条指令，介绍如下。

（1）VMLAUNCH：用于第一次产生 VM-Entry。

（2）VMRESUME：用于 Root 模式下产生 VM-Entry，从而切回 Non-Root 模式。

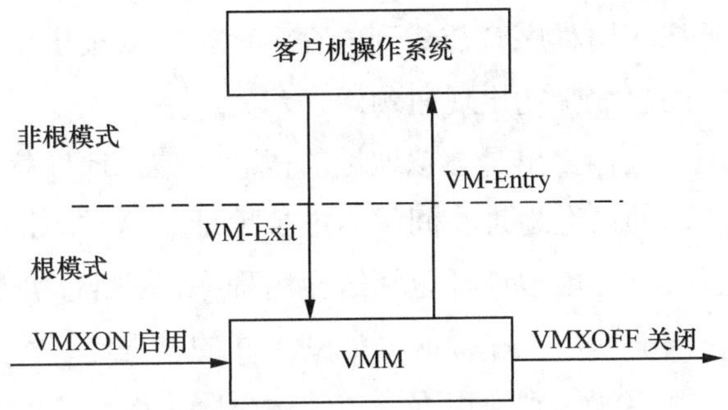

图 6-11　Root 模式和 Non-Root 模式切换

硬件辅助虚拟化的优点是无需修改客户机操作系统内核，而且也不需要由软件 VMM 来实现二进制翻译，减少了 VMM 开销。缺点是需要物理硬件支持。

代表技术有 Intel VT-X、AMD-V。

6.3.2　内存虚拟化

内存是暂时存放 CPU 所处理的数据。所有可以执行的程序也必须放到内存中才能运行。因为 CPU 从硬盘里把数据读出来延迟比较大，而从内存里面读取数据效率非常高。

在早期的时候，应用程序是直接装载到内存中，CPU 访问应用程序其实就是在访问该程序所加载的物理内存地址上的数据。当计算机需要同时运行多个应用程序时，则会耗尽整个物理内存大小，那操作系统有没有办法解决这些应用程序被分配内存的问题呢？通过如下例子来展现早期分配内存的方法。

如图 6-12 所示，假设计算机物理内存为 200MB 时，需要同时运行 2 个应用程序 A 和 B，应用程序 A 运行时需要占用 100MB，B 需要占用 80MB。计算机在分配的时候，首先分配 100MB 内存地址空间给 A 使用，然后把剩余的 100MB 中的 80MB 分配给 B，虽然这种方式分配可以正常运行应用程序，但是也会产生很多弊端。

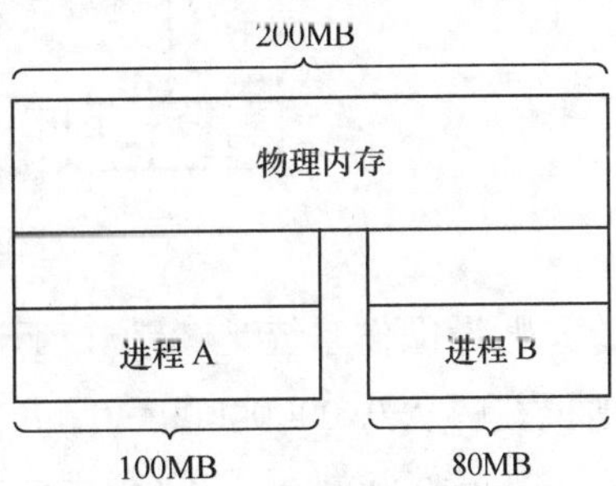

图 6-12　早期内存分配方式

从图 6-12 可以了解到一些弊端。

（1）进程的内存地址空间不隔离。如应用程序 B 运行时出现 BUG 导致修改了其他内存地址所对应的数据，这样的话，造成应用程序 A 也会出现程序异常，这是用户无法忍受的，或者是有些恶意程序通过任意修改内存数据导致其他程序异常等情况。

（2）内存使用率低。如现在应用程序 A 和 B 还在正常运行时，假设又来了一个应用程序 C，而 C 运行时需要占用 30MB 空间大小，但是现在物理内存只剩余 20MB 的空间可用，那操作系统只能把应用程序 A 或 B 没有使用的应用数据暂时复制到硬盘中去，释放一部分内存出来然后再把应用程序 C 装载到内存中运行。如果出现大量频繁的交互，可能会造成内存和硬盘之间总线带宽出现瓶颈。

为了解决上述问题，人们提出了虚拟地址的概念。虚拟地址就是在物理地址之上增加一层地址空间，把新增的内存地址空间称为虚拟地址。这样的话，操作系统不再分配物理地址空间，而是直接分配虚拟地址空间给应用程序，并维护虚拟地址到物理地址的映射关系，从而保证不同的应用程序最终分配到不同的物理地址空间内，并且保证物理地址没有重叠的现象，这样就起到应用程序之间达到隔离的效果。那这个映射关系通过什么手段来进行管理呢？基于 X86 架构里面提出了内存管理单元（Memory Management Unit，MMU）和页表转换缓冲（Translation Lookaside Buffer，TLB）这两种技术。内存管理单元可以有很多机制来实现，如段式管理、页式管理、段页式管理等。页表转换缓冲技术其实是为了提高内存地址转换效率，在 X86 架构使用 TLB 可以对最近用到的地址映射进行缓存，当 CPU 要访问应用程序时，如果该应用程序的虚拟内存地址在 TLB 中存在，无须查找页表就可以进行地址转换，如图 6-13 所示。

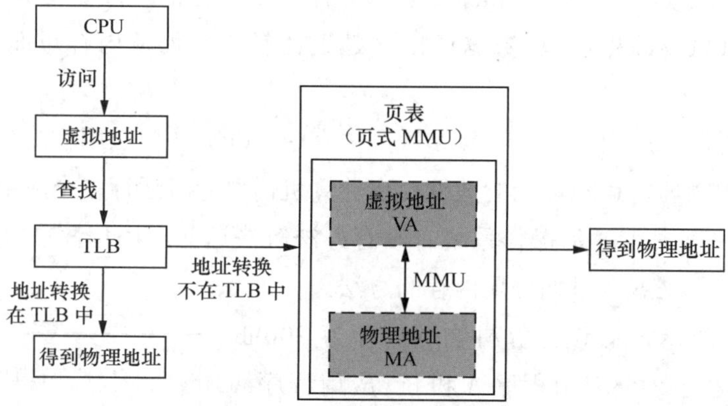

图 6-13 页式管理和 TLB 流程

假设操作系统是 32 位，那该系统最大支持 4GB 内存大小，因为内存地址空间为 2^{32}，地址范围从 0x00000000～0xFFFFFFFF。如果计算机物理内存为 200MB 时，那么物理地址范围从 0x00000000～0x0C7FFFFF。当操作系统做虚拟地址到物理地址映射时，只能映射到这一范围，如图 6-14 所示。

综上所述，从操作系统角度来看，对内存的使用和管理已经达成两点共识：①内存必须从物理地址 0 开始；②内存地址必须是连续的。

当引入虚拟化之后，物理内存要被多个客户机操作系统同时使用，会引出以下问题。

（1）机器地址从 0 开始的问题：物理内存起始地址有且只有一个 0，无法同时满足所有客户机操作系统内存都从 0 开始的要求（这里的物理地址指的是机器地址）。

（2）内存地址连续的问题：由于使用内存分区的方式，使得物理内存分配给多个操作系统使用，客户机操作系统的内存连续的要求虽然得到解决，但是内存使用效率不高，缺乏灵活性（内存共享等）。

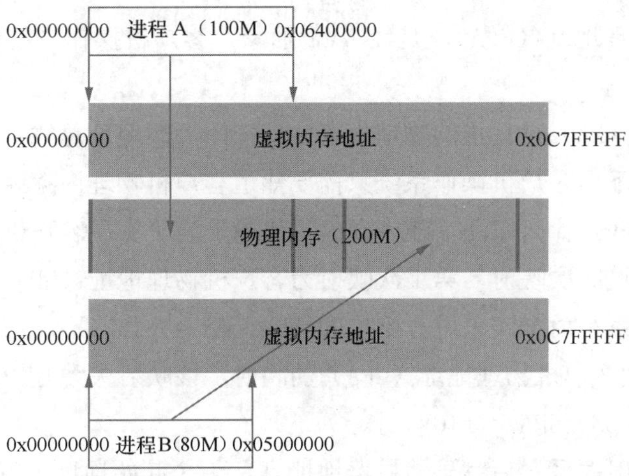

图 6-14 虚拟内存地址与物理内存地址映射关系

在面临以上问题后，需要通过 VMM 来“欺骗”客户机操作系统，让客户机操作系统对内存的使用和管理满足上述两点要求，这个欺骗过程称为内存虚拟化。

由于 VMM 掌控着所有系统资源，因此 VMM 握有整个内存资源，其负责客户机内存管理单元和分配给每个客户机的物理内存。所以说，客户机操作系统所看到的是 个虚拟的客户机物理地址空间，而这种地址在没有虚拟化的情况下是真实的物理内存地址，但在有虚拟化的情况下是虚拟出来的地址空间，需要通过 VMM 将客户机物理地址转换成真实的物理内存地址，再交由 CPU 来处理执行。这里，把 VMM 引入的 层新的地址空间称为客户机物理地址空间。客户机物理地址空间是客户机操作系统所能看到和管理的物理地址空间，这个地址空间不是真正意义上的物理地址空间，而是需要通过 VMM 来进行映射，如图 6-15 所示。

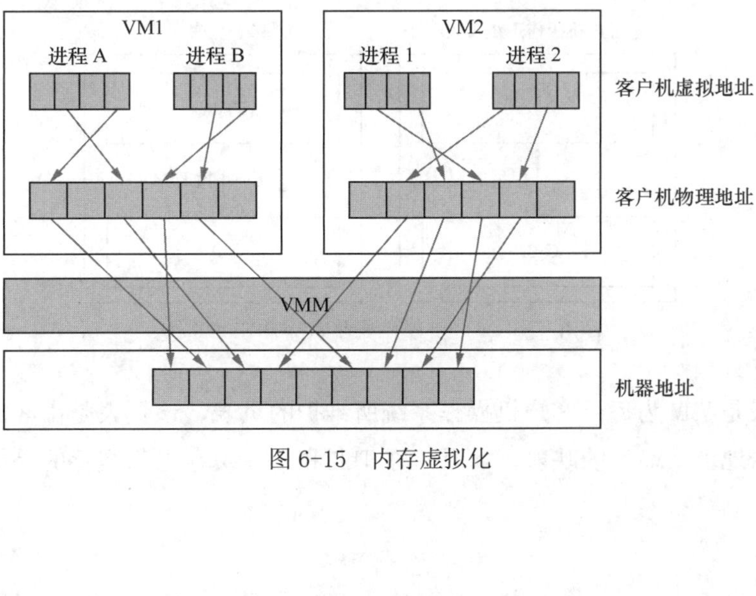

图 6-15 内存虚拟化

（1）客户机虚拟地址（GVA）指客户机操作系统提供给应用程序使用的虚拟地址空间。

（2）客户机物理地址（GPA），是经 VMM 抽象，客户机操作系统看到的伪物理地址空间。

（3）机器地址（MA）是真正的物理内存地址空间，即地址总线上出现的地址信号。

在大多数情况下，客户机操作系统只需要知道客户机物理内存就行，没有必要知道真实的物理内存到底是什么东西。在内存虚拟化中，为了实现客户机虚拟地址到机器地址的映射，需要通过 2 次映射，第 1 次映射为客户机物理地址（GPA）到机器地址（MA）的映射，该映射关系是由 VMM 来进行维护的[VMM: MA = g(GPA)]。第 2 次映射为客户机虚拟地址（GVA）到客户机物理地址（GPA）的映射，该映射关系是由客户机操作系统来进行维护的[Guest OS: GPA = f(GVA)]。

有了上述的映射关系之后，虽然机器地址只有 1 个起始地址为 0，但是在不同客户机物理地址空间里面，都有独立的起始地址从 0 开始的，而且不同的客户机操作系统都认为内存是连续的，其实它们看到的只是表面，而更深层次的并不是这样，因为客户机物理地址对应到机器地址可能就不再是连续的，这样的话，增加了 VMM 为不同虚拟机分配内存的灵活性，而且还提高了物理内存的利用率。

引入虚拟化之后，客户机虚拟地址要想转换成机器地址，需要 2 次耗时耗力的转换才能完成，那有没有办法让转换速度快一些呢？因此提出了 3 种解决方法。

1. 影子页表（Shadow Page Table）

客户机操作系统所能看到和管理的是客户机操作系统内存管理单元（Memory Manage Unit，MMU），而且客户机操作系统所维护的页表也只能是加载到客户机操作系统 MMU 中，不能直接被物理 MMU 所利用进行真实地址转换。因此，真正被 VMM 载入到物理 MMU 的页表是影子页表，如图 6-16 所示。

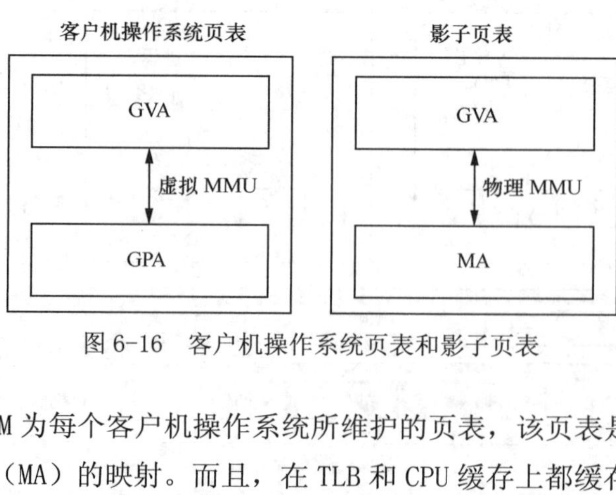

图 6-16　客户机操作系统页表和影子页表

影子页表是 VMM 为每个客户机操作系统所维护的页表，该页表是由客户机虚拟地址（GVA）到机器地址（MA）的映射。而且，在 TLB 和 CPU 缓存上都缓存的是影子页表，因而大大降低了转换的性能开销。那影子页表是如何构成的呢？

初始化时，客户机操作系统页表和 VMM 页表以及影子页表都是空的，没有包含任何映射关系，并且把所有的页表加载到相应的 MMU 中。当客户机操作系统构建出 GVA 和 GPA 的映射之后，而影子页表刚开始的时候尚未构建出 GVA 和 MA 映射，则任何内存访问操作都会引起缺页异常发生。在这种情况下，VMM 截获缺页异常，建立 VMM 页表 GPA 到 MA 映射关系，并在相应的影子页表中建立 GVA 到 MA 的映射关系，从而完成对缺页异常的处理，完成影子页表的初始化，并且这种异常是不会再告知给客户机操作系统的。影子页表会随着客户机操作系统的页表更新而更新，如图 6-17 所示。

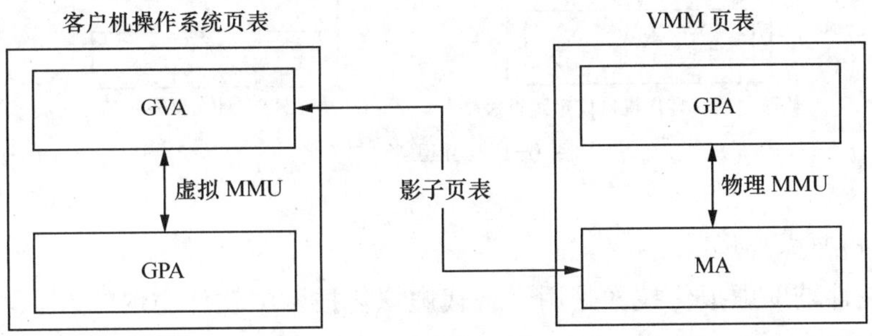

图 6-17　影子页表

影子页表的优点是无需修改客户机操作系统内核，影子页表支持缓存技术。缺点是切换开销比较大，转换速度比较慢。

代表产品有 VMware WorkStation、VMware ESX Server、KVM 等。

2. MMU 半虚拟化（MMU Paravirtualization）

在使用 MMU 半虚拟化时，客户机操作系统维护的页表是 GVA 到 MA 的映射，并直接加载到物理 MMU 中运行，所以这种解决方案和非虚拟化环境执行 MMU 没有太大区别。MMU 半虚拟化如何实现呢？当客户机操作系统创建了一个新的页表时，并向 VMM 进行注册该页表，此时，VMM 将剥夺客户机操作系统对该页表的写权限，之后客户机操作系统对该页表的写操作都会陷入到 VMM 加以验证和转换。为了保证安全性和隔离性，VMM 会检查页表中的每一项，确保它们只映射了属于该客户机的机器地址，并且保证客户机操作系统不能进行可写映射。之后 VMM 会根据自己所维护的映射关系，将页表中的客户机物理地址转换为相应的机器地址，最后再把修改过的页表载入到物理 MMU 中。因此，物理 MMU 就可以根据修改过的页表直接完成客户机虚拟地址到机器地址的转换，如图 6-18 所示。

MMU 半虚拟化的优点是转换速度比较快，因为全部页表维护更新都是由 VMM 来完成的。缺点是需修改客户机操作系统内核。

代表产品有 Xen。

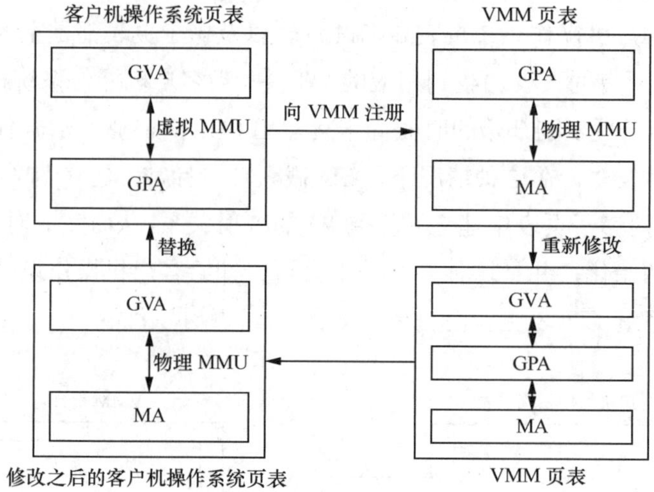

图 6-18 MMU 半虚拟化

3. 硬件辅助虚拟化

内存的硬件辅助虚拟化技术是用于替代虚拟化技术中软件实现的“影子页表”的一种硬件辅助虚拟化技术，其基本原理是：GVA（客户机虚拟地址）→GPA（客户机物理地址）→MA（机器地址）。两次地址转换都由 CPU 硬件自动完成（软件实现内存开销大、性能差）。以 VT-x 技术的页表扩充技术（Extended Page Table，EPT）为例，首先 VMM 预先把 GPA 到 MA 的 EPT 页表设置到 CPU 中；其次客户机修改客户机页表无需 VMM 干预；最后地址转换时，CPU 自动查找两张页表完成 GVA 到 MA 的转换。使用内存的硬件辅助虚拟化技术，客户机运行过程中无需 VMM 干预，去除了大量软件开销，内存访问性能接近物理机，如图 6-19 所示。

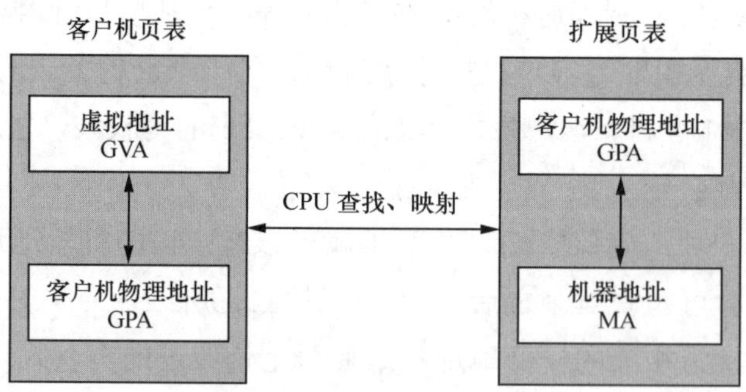

图 6-19 硬件辅助虚拟化

硬件辅助虚拟化的优点是无需修改客户机操作系统内核，而且也不需要由软件 VMM 来实现影子页表，减少了 VMM 开销。缺点是需要物理硬件支持。

代表技术有 Intel VT-X 中的 EPT、AMD-V。

6.3.3 I/O 虚拟化

I/O 设备是计算机与外界通信的桥梁，如网卡、键盘、鼠标、硬盘等。在虚拟化环境中，可能会有几千甚至上万台的虚拟机存在，而现实中的外设资源是有限的。为了满足多个客户机操作系统的需求，VMM 必须通过 I/O 虚拟化的方式来复用有限的外设资源，通过 VMM 来截获客户机操作系统对外设设备的访问请求，然后通过软件来模拟真实的外设来响应截获的请求，从而让客户机操作系统使用外设设备。

例如，使用打印机来打印文件。在使用打印机之前，计算机需要做两件事情：①发现设备；②使用设备。而引入虚拟化之后，I/O 虚拟化也是需要解决这两个问题。各个 I/O 设备使用 I/O 虚拟化的实现方式各不相同，其核心在于 I/O 设备原生驱动的安装位置在哪里以及 VMM 对 I/O 设备的处理方式。目前 I/O 设备的虚拟化方式主要有 3 种：设备接口模拟、前后端驱动模拟和直接分配。

1. 设备接口模拟

客户机检测和驱动的设备一般不直接对应硬件设备，而是由 VMM 模拟出与真实设备相近的设备种类和型号。如 VMware Workstation 中，虚拟机可以拥有打印机，而真实的硬件上所使用的打印机可能很多功能无法在虚拟机中来实现。

在进行 I/O 设备虚拟化时，VMM 需要对目标设备接口进行模拟，客户机所看到的是一个虚拟的设备，并使用真实设备的驱动程序驱动底层硬件设备来进行操作。客户机的驱动程序发出请求并等待设备的响应，而请求被 VMM 截获并处理完成后，把结果返回给客户机操作系统。如果 VMM 模拟的设备发出来的响应结果和真实设备发出来的响应结果相似，客户机操作系统会认为自己使用的是真实硬件设备，如图 6-20 所示。

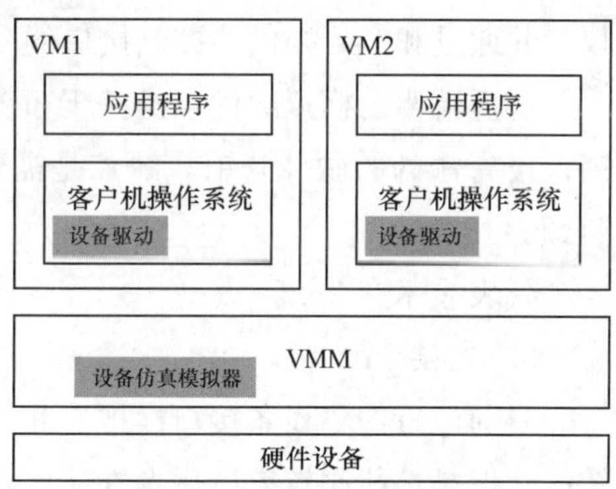

图 6-20 设备接口模拟

设备接口模拟的优点是客户机操作系统可以重用现有驱动程序。缺点是 VMM 资源消耗比较大，因为是软件模拟，并且性能较低。

代表技术有 VMware、KVM 等。

2. 前后端驱动模拟

Xen 采用分离设备驱动模型来实现 I/O 虚拟化，它将设备的驱动划分为 3 个部分：前端驱动、后端驱动、原生驱动。通过修改客户机操作系统内核，将原生设备驱动从客户机操作系统中移出，放在一个经过 VMM 授权的设备虚拟机（Domain0）中，而在客户机操作系统内部中需要安装 PV 驱动程序（Paravirtualizaton Driver），由该前端驱动负责将客户机操作系统的 I/O 请求传递交给 Domain0 中的后端驱动处理，后端驱动收到 I/O 请求交给原生驱动来控制硬件完成 I/O 请求。当然，客户机操作系统前端驱动和 Domain0 后端驱动之间的通信和数据传递都需要在 VMM 的控制下完成。当 I/O 请求完成时，后端驱动将根据这个完成的请求找到对应的前端驱动返回给客户机操作系统，如图 6-21 所示。

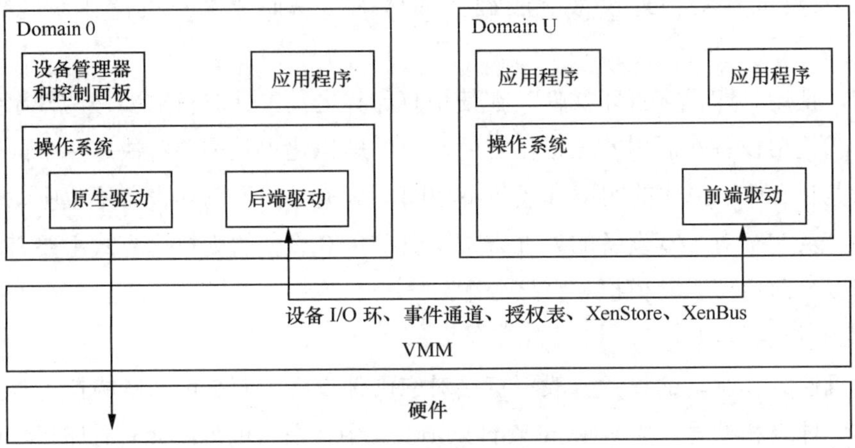

图 6-21　前后端驱动模拟

Domain0（特权域），在 Xen 系统中拥有原生设备驱动，具有直接访问硬件设备的特权，并通过和 Xen 提供的控制接口的交互来控制和管理其他的 Domain。

前后端驱动模拟的优点是基于事务的通信机制，能在很大程度上减少上下文切换开销，没有额外的硬件开销。缺点是需要 VMM 实现前端驱动，而后端驱动可能成为性能瓶颈。

代表技术有 Xen。

3. 直接分配

目前流行的“设备接口模拟”和“前后端驱动模拟”都各有优缺点。前者兼容性比较好，但是性能比较差；后者性能比较好，但是兼容性比较差。为此，Intel 提出了硬件辅助虚拟化 VT-d 技术来同时解决兼容性和性能的问题。

直接分配其实是在客户机操作系统中安装分配给客户机的物理设备的原生驱动，这样的话，跟直接访问硬件设备是一样的。从本质上来看，客户机操作系统对物理硬件的 I/O 访问是直接传递给硬件设备，而不需要经过 VMM。目前与此相关的技术有 AMD IOMMU、Intel VT-d、SR-IOV 等，旨在建立高效的 I/O 虚拟化直通道，如图 6-22 所示。

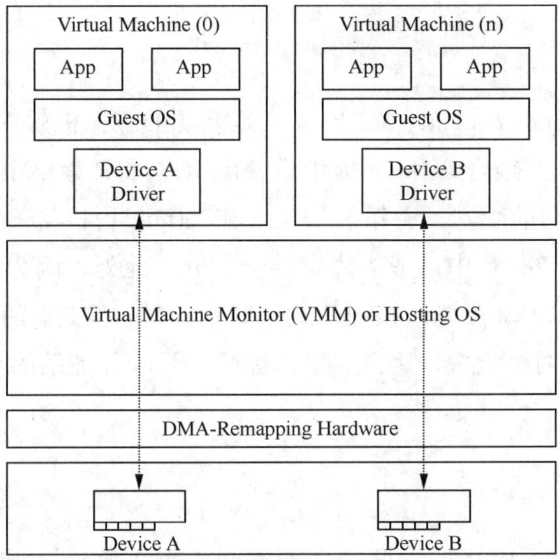

图 6-22　直接分配

直接分配的优点是可重用已有驱动，直接访问减少了 VMM 的开销。缺点是需要购买特殊的硬件。

代表技术有 Intel VT-d、AMD IOMMU 等。

6.4　计算虚拟化典型产品

6.4.1　Xen

在 Xen 架构中，主要由两部分组成。一个是虚拟机监控器(VMM)，也称为 Hypervisor。Hypervisor 层在硬件与虚拟机之间，是必须先载入到硬件的第一层。Hypervisor 载入后，就可以部署虚拟机了。在 Xen 中，虚拟机叫做“Domain”。在这些虚拟机中，其中一个扮演着很重要的角色，就是 Domain0 虚拟机，具有最高的特权。

Domain0 要负责一些专门的工作。由于 Hypervisor 中不包含任何与硬件对话的驱动，也没有与管理员对话的接口，这些驱动就由 Domain0 来提供了。通过 Domain0，管理员可以利用一些 Xen 工具来创建其他虚拟机（在 Xen 术语中，这些虚拟机称作 DomainU）。这些 DomainU 也称为无特权 Domain。这是因为在基于 i386 的 CPU 架构中，它们绝不会享有高优先级，只有 Domain0 才可以。在 Domain0 中，还会载入一个 xend 进程。这个进程会管理所有其他虚拟机，并提供这些虚拟机控制台的访问。在创建虚拟机时，管理员使用配置程序与 Domain0 直接对话。

6.4.2 KVM

KVM（Kernel-based Virtual Machine）是开源的虚拟机软件，基于 Intel VT 技术的硬件虚拟化方法，并结合 QEMU 来提供设备虚拟化，KVM 最早由 Qumranet 公司开发，2006 年 11 月发布最初的版本，并第一次包含在 Linux 内核 2.6.20 中，在 2007 年 2 月被集成到了 Linux2.6.20 中，成为内核的一部分。此外，因为 Linux 设计之初并没有针对虚拟化的支持，KVM 是以内核模块的形式存在的，但是，随着越来越多的虚拟化功能被加入了 Linux 内核当中，因此，KVM 更倾向是硬件辅助的全虚拟化 Hypervisor 模型。

6.4.3 VMware

VMware 公司成立于 1998，1999 年 2 月发布了第一个产品 VMware WorkStation，2001 年进入服务器市场，VMware 服务器虚拟化使企业的数据中心转变为灵活的云计算基础架构，VMware vSphere 是企业级虚拟化解决方案，它是构建云计算环境的基础平台。VMware Horizon 是面向桌面虚拟化的应用平台，提供更高的工作效率和更低的成本。VMware 支持全虚拟化的二进制翻译和硬件辅助虚拟化，并具有半虚拟化 I/O 设备驱动。借助 VMware 的各种虚拟化产品、数据中心和安全性解决方案，促进企业数字化转型。

6.4.4 Hyper-v

Hyper-v 是微软的一款虚拟化产品，它是基于硬件辅助的全虚拟化技术，Hyper-v 作为 Hypervisor 层运行在最底层，Server 作为特权操作系统运行在 Hyper-v 之上，Windows Server 2016 中的下一代 Hyper-v Server 支持嵌套虚拟化技术。

6.5 嵌套虚拟化

嵌套虚拟化是指在虚拟化的客户机中运行一个 Hypervisor，从而再虚拟化运行一个客户机。嵌套虚拟化不仅包括相同 Hypervisor 的嵌套（如 KVM on KVM、Xen on Xen、VMware on VMware 等），也包括不同 Hypervisor 的相互嵌套（如 VMware on KVM、KVM on Xen、Xen on KVM 等）。根据嵌套虚拟化这个概念可知，不仅包括两层嵌套（如 KVM on KVM），还包括多层的嵌套（如 KVM on KVM on KVM），架构如图 6-23 所示。

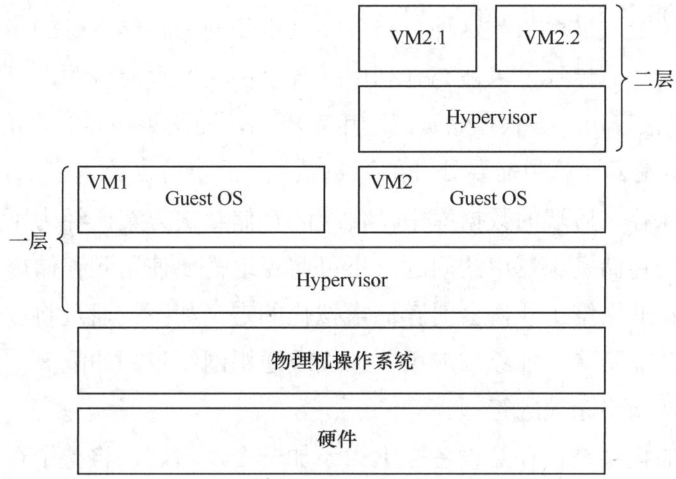

图 6-23　嵌套虚拟化

6.6　存储虚拟化

存储系统是指存放各种数据的硬件设备、控制设备和管理软件等组件共同组成的系统。计算机中的硬盘存储在读取速度、存储容量和低成本等方面都很难满足用户的需求，客户需要在存储系统中满足速度由慢到快、容量由大到小的分级多层次存储，以最优的控制调度算法和合理的成本，构成性能最佳的存储系统。

通常存储系统分为硬件架构部分、软件组件部分以及实际应用过程中的存储解决方案部分。其中硬件架构部分分为外置的存储系统和存储连接设备。外置的存储系统主要指人们在实际应用中的存储设备，如常见的磁盘阵列、磁带库等。存储的连接设备包含常见的以太网交换机、光纤交换机以及存储设备和服务器或者客户端之间相连接的线缆。

软件组件部分主要包含存储管理软件、数据的镜像、快照软件及备份软件。这些软件组件的存在，使存储设备的可用性得到了大大的提高，它可以实现对存储系统的基本配置及管理。

存储解决方案部分由很多方案组成，常见的有容灾解决方案、备份解决方案。一个设计优秀的存储解决方案，不仅可以使存储系统在初期安装部署时简易实现，后期维护便捷，还可以降低客户的总体拥有成本，使客户的利益得到最大化。

在存储系统架构中，磁盘阵列充当的是存储数据的角色，为用户业务系统提供存储数据的空间，它是关系到用户业务稳定、可靠、高效运作的重要因素。

存储是根据不同的应用环境产生的数据，采取合理、安全、有效的方式将这些数据保存到某些介质上并能保证有效的访问。随着企业业务的不断发展，存储的需求越来越大，进入互联网时代，人们无时无刻地产生大量的数据，不少企业内的存储服务器和阵列都无一例外地随之成倍增长。这种分布各异且不相同的存储资源的蔓延发展最终使管理变得越来越难，从而导致了未被充分利用（甚至丢失）存储资源。事实上，存储利用率只有50%的现象很普遍，导致存储资源利用率不高，而购买存储的开销却很大，存在着很大的浪费。尤其是云计算中需要处理的海量数据，需要可以跨越多个异构的磁盘阵列，把数据分布式地保存在后端的数据库中，传统的存储解决方案已经力不从心，为了解决存储资源使用以及存储资源复用的问题，不可避免地需要使用到存储虚拟化技术。

根据 SNIA 存储网络工业协会对存储虚拟化的定义如下：通过将存储（子）系统或存储服务的内部功能隐藏、抽象与应用、主机或通用网络资源的隔离，从而实现对存储和数据的应用以及网络无关的管理。

存储虚拟化的模型是在存储设备之上去添加一个逻辑层，将整个存储设备抽象为存储资源池，之后按需分配给整个云平台的虚拟机使用，通过这种模式，管理者能够很方便地调整存储资源，提高存储的利用率。存储虚拟化能够屏蔽存储系统的复杂性，增加或集成新的功能，仿真、整合或分解现有的存储服务功能等，真正做到将逻辑存储卷与物理存储设备进行分离。虚拟化后形成统一的异构的存储资源池，而不是仅仅在物理硬盘驱动器或存储设备上虚拟逻辑存储对象。

1. 存储虚拟化的分类

广义存储虚拟化是软件定义存储的方式实现虚拟化，在云计算、大数据和互联网公司的应用中，其后台基础设施主要是由构建低成本、高性能、可扩展、易用的分布式存储系统构成的，即用廉价的 X86 系列磁盘组成的分布式存储系统。

狭义的存储虚拟化多用于企业或组织的私有云或混合云中，常见的分类如下。

（1）对存储虚拟化在不同的位置上可以分为：基于主机的虚拟化，基于存储设备的虚拟化，基于存储网络的虚拟化。主机和存储设备的虚拟化是传统意义上的虚拟化，只有网络级的存储虚拟化是目前存储虚拟化的主流，它能将存储网络上的各种存储子系统整合成一个或多个集中管理的存储池，并按需建立多个大小不同的虚拟逻辑卷，并将这些虚拟逻辑卷分配给上层的应用服务器，达到重复利用存储资源、集中管理存储、降低存储成本的目的。

（2）在不同的存储设备和数据组织层面上可以分为：数据块虚拟化、磁盘虚拟化、磁带或磁带库虚拟化、文件系统或者其他设备虚拟化。

（3）从存储虚拟化的拓扑结构来讲，有对称式和非对称式两种。从虚拟化实现的方式也可分为：带内 In-Band 虚拟化和带外 Out-of-Band 虚拟化。

公有云存储设备向着存储服务的方式发生转变，即通过软件定义存储，实现分布式存储虚拟化。企业或组织存储设备将向着私有云和公有云的混合模式“超融合”架构的方向发展，超融合将为企业提供简化数据中心运营的解决方案，为企业提供更加灵活和可扩展的存储服务。

2. 存储虚拟化的意义

（1）异构平台整合

企业IT环境中经常遇到不同厂商或者同一个厂商不同型号、档次的异构存储系统，在这个异构存储环境中，分配资源是个比较大的问题。例如，如果分配一个新的逻辑卷，需要登录到对应的存储设备上进行配置，如果让应用客户端连接到多个厂商的不同存储设备，客户端需要安装多个不同厂商的多路径软件，它们之间很有可能冲突；其次，针对多种不同厂商和型号的设备，配置方法也都不同，造成维护成本高。如果可以使用一个集中的虚拟化设备，将这些存储系统进行统一的池化，在这个基础之上，做统一的管理和分配，极大节省了运维成本。整合异构存储系统，主要目的是在不同的存储之间架起一道桥梁，便于管理和分配资源。实现软件定义存储的目标。

（2）增加数据管理功能

企业 IT 环境中存在很多低端存储设备，这些存储设备大多数只提供存储功能，不提供额外的数据管理功能，如快照、持续数据保护（Continuous Data Protection，CDP）、容灾、复制等。与高端存储的数据管理功能无法互通。通过存储虚拟化统一管理平台后，可以让这些低端存储卷附加上快照、CDP 以及远程数据复制、卷镜像、读写性能优化等高级功能。因此，最关键的是支持异构存储环境，几乎所有厂商的存储卷，经过虚拟化处理之后，都能对外表现出统一的高级数据管理功能。存储虚拟化设备可以在保证源卷属性不变的同时，为其附加几乎所有数据管理功能。

（3）数据迁移/异构容灾

如果在传统的异构存储系统之间不能实现直接相互复制，必须依靠虚拟化技术，数据迁移是企业存储系统中最具挑战的一种数据管理操作，尤其是异构存储系统之间的数据迁移。如何保证最小的系统停机时间是关键点。存储虚拟化设备把异构存储系统经过虚拟化处理后，逻辑上形成一个存储系统，这样可以完成数据的复制和灾备。

（4）软件定义存储

软件定义存储是虚拟化存储的另一种方式，利用分散的、低廉的 X86 架构的服务器磁盘，通过软件的方式，把存储资源进行再分配，构建分布式存储系统，提高系统的兼容性、可扩展性，降低存储系统与硬件设备的依赖。

6.7 存储虚拟化的实现方式

6.7.1 基于位置的存储虚拟化

基于不同位置的存储虚拟化分为：基于主机的虚拟化、基于存储设备的虚拟化和基于存储网络的虚拟化。

1. 基于主机的虚拟化

当主机服务器仅需要访问多个磁盘阵列，可以使用基于主机的存储虚拟化技术。虚拟化的工作通过特定的软件在主机服务器上完成，经过虚拟化的存储空间可以跨越多个异构的磁盘阵列，如图6-24所示。这种虚拟化通常由主机操作系统下的逻辑卷管理软件来实现，典型产品有赛门铁克的Veritas Storage Foundation为异构存储在线管理提供全套解决方案。

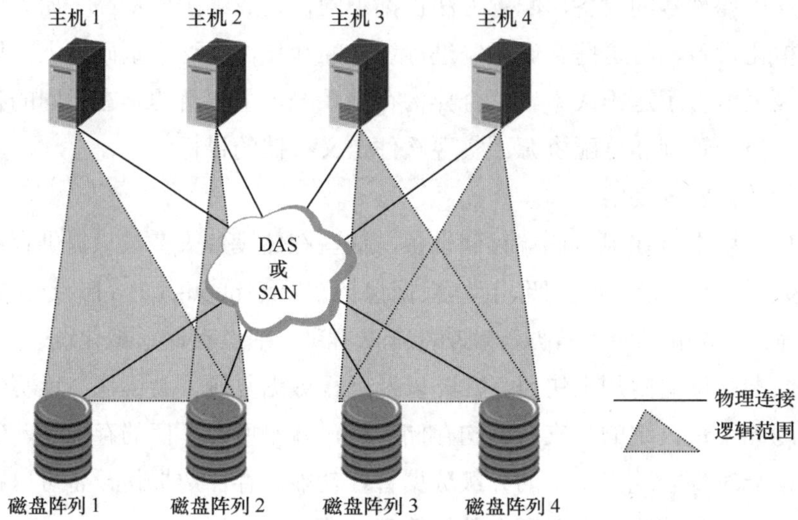

图6-24　基于主机的虚拟化

主机1可以使用磁盘阵列1和磁盘阵列2上的存储空间，主机2可以使用磁盘阵列2上的存储空间，主机3和4均可使用磁盘阵列3和磁盘阵列4上的存储空间。

该技术使主机经过虚拟化的存储空间可以跨越多个异构的磁盘阵列，因此常用于在不同磁盘阵列之间做数据镜像保护。

该技术的优点。

（1）支持异构的存储系统。

（2）容易实现，不需要额外的特殊硬件。

（3）开销低，不需要硬件支持，不修改现有系统架构。

该技术的缺点。

（1）占用主机资源，降低应用性能。

（2）存在操作系统和应用的兼容性问题。

（3）导致主机升级、维护、扩展复杂，容易造成系统不稳定。

（4）需要复杂的数据迁移过程，影响业务连续性。

2. 基于存储设备的虚拟化

当有多个主机服务器需要访问同一个存储设备的时候，可以采用基于阵列控制器

（阵列控制器用于磁盘阵列，它是磁盘阵列的大脑，主要用来实现数据的存储转发以及整个阵列的管理）的虚拟化技术。此时虚拟化的工作是在阵列控制器上完成，存储设备上的磁盘阵列划分多个存储空间（LUN），供不同的主机系统访问。

智能的阵列控制器提供数据块级别的整合，同时还提供一些高级特性，如缓存、快照、数据复制等。配合使用不同的存储系统，这种基于存储设备的虚拟化模式可以实现性能的优化。

基于存储设备的虚拟化能够实现存储资源提供给多个主机使用，但是不能够跨越各个存储设备间的限制，无法打破设备间的不兼容性，如图 6-25 所示，典型硬件产品有 HP EVA 系列。

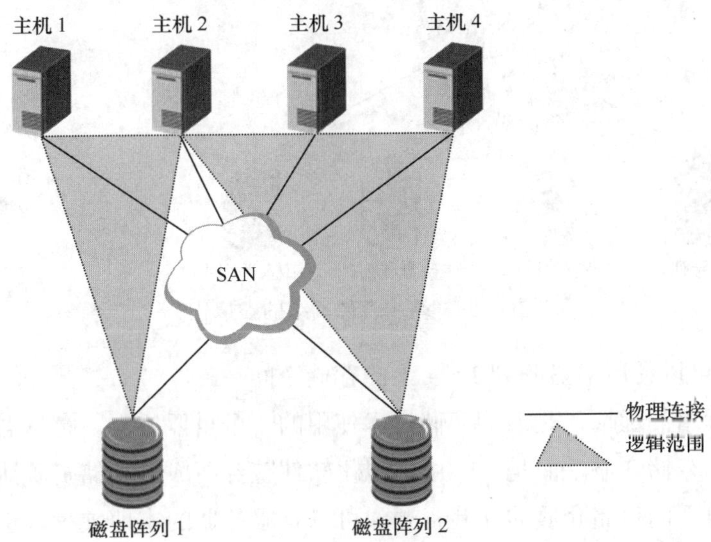

图 6-25　基于存储设备的虚拟化

磁盘阵列 1 的存储空间可以提供给主机 1 和 2 使用，磁盘阵列 2 的存储空间可以提供给主机 2～4 使用。

该技术常用于在同一存储设备内部，进行数据保护和数据迁移。该技术常见于中高端存储设备。

该技术的优点是与主机无关，不占用主机资源，数据管理功能丰富。

缺点是一般只能实现对本设备内磁盘的虚拟化；不同厂商间的数据管理功能不能互操作；多套存储设备需要配置多套数据管理软件，成本较高。

3. 基于存储网络的虚拟化

当多个主机需要访问多种的存储资源时，前两种实现方式均无法满足，这时就需要依赖存储网络的虚拟化解决方式，通过在存储设备之上部署虚拟化管理软件，将底层的存储资源组成资源池，然后在其存储设备之上增加 SAN 存储网络，将存储设备与主机均接入到 SAN 网络中。

在整个基于存储网络虚拟化系统中，每个主机服务器上都需要安装客户端软件，或者特殊的主机适配卡驱动，这些客户端软件接收从虚拟化资源池传来的逻辑卷结构和属性信息，以及逻辑卷和物理块之间的映射信息，在 SAN 上实现地址寻址。存储的配置和控制信息由虚拟化软件负责提供，如图 6-26 所示，典型硬件产品有 EMC VPLEX 系列。

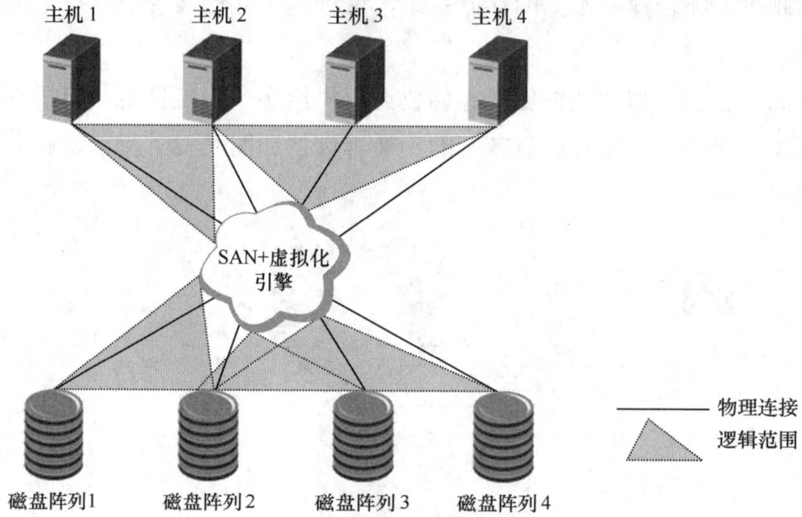

图 6-26　基于存储网络的虚拟化

主机 1～4 可以使用磁盘阵列 1～4 上的存储空间。

基于存储网络的虚拟化是后期存储技术使用的一个重要方面，意味着整个存储资源已经不是单独的存储介质，而是一个由虚拟化软件整合而成的存储资源池，在这个资源池内包含了来自不同存储介质的存储资源，可以有服务器的本地硬盘，也可以是具有文件系统的 NAS，还可以是 SAN 存储。通过虚拟化层，将这些存储资源的差异性屏蔽掉。就如同来自各个不同河流的水资源，汇聚到一个巨大的水池，然后进行净化等操作，再按需分配给有需求的用户。并且，这些资源只需要很少的管理员进行管理，在存储虚拟化当中，能够节省很大的管理开销，是企业使用存储资源的一种优先选择。

基于存储网络的虚拟化技术常用于异构存储系统的整合和统一数据管理，在实际使用中较为常见。

该技术的优点。

（1）与主机无关，不占用主机资源。

（2）支持异构主机、异构存储设备。

（3）统一不同存储设备的数据管理功能。

（4）构建统一管理平台，可扩展性好。

该技术的缺点。

（1）部分厂商数据管理功能弱，难以达到虚拟化统一数据管理的目的。

（2）部分厂商产品成熟度低，仍然存在和不同存储、主机兼容的问题。

该技术根据实现位置的不同，又可以分为。

（1）基于交换机的虚拟化：将虚拟化层直接嵌入到交换机中，通过改造或添加交换机的中间件，使其同时具备交换功能和虚拟化功能。

（2）基于路由器的虚拟化：将虚拟化层直接嵌入路由器中，通过改造路由器的中间件，使其同时具备虚拟化功能、交换功能、不同协议的转换功能。

以上几种存储虚拟化技术比较见表 6-1。

表 6-1 存储虚拟化技术对比表

比较项	基于主机	基于存储设备	基于网络
对主机的影响	大	小	小
主机兼容性	差	好	好
存储兼容性	好	差	好
业务能力	差	好	好
对性能的影响	大	小	小
可扩展性	差	好	好

6.7.2 基于数据组织的存储虚拟化

在不同的存储设备和数据组织层面上可以分为数据块虚拟化、磁盘虚拟化、磁带或磁带库虚拟化、文件系统或者其他设备虚拟化。下面主要讲解数据块虚拟化。

1. 块级虚拟化

独立冗余磁盘阵列（Redundant Array of Independent Disks，RAID）也称磁盘阵列，是将两个或两个以上单独的物理磁盘以不同的方式组合成的一个逻辑盘组。

RAID 技术最初诞生于 1987 年，由美国加州大学的伯克利分校提出，其初衷在于把多个独立的物理磁盘通过相关算法组合成一个虚拟逻辑磁盘，给大型计算机提供更大容量。随着磁盘技术的不断发展，磁盘的容量不断增大，组建 RAID 就不再是为了构建一个大容量的磁盘，而是利用相关技术实现数据的可靠性、安全性和提升存储性能。

另外，随着高性能应用不断涌现，对数据的存储需求也不断增长，传统 RAID 暴露出越来越多的问题。①随着单块磁盘达到数 TB 的容量，传统 RAID 技术在磁盘重构过程中需要的时间越来越长，而且繁重的读写操作有可能引起 RAID 组中其他磁盘出现故障或错误，从而导致故障概率大幅提升，增加数据丢失的风险。②传统 RAID 中磁盘数量不多，无法实现企业在大型计算、海量数据存储应用对存储资源统一灵活的调配需求。③一个 LUN 的读写只能在一个磁盘组进行，如果后面新加入性能较高的介质，其性能也无法得以充分利用。④以磁盘为单位的数据进行管理是比较困难和复杂的。可见，传统的 RAID 阵列技术已经不能满足行业的需求。

随着虚拟化技术的不断发展，LUN 虚拟化技术应运而生。众多存储厂商纷纷提出了 LUN 虚拟化的存储方案，以 EMC 和 HDS 为代表的存储厂商提出了 RAID 1.5 技术，它是在传统 RAID 基础之上将 RAID 组进行更细粒度的切分，将多个 RAID 组切分成大小相等的逻辑空间，再利用这些逻辑空间组合构建主机可访问的逻辑存储单元，即 LUN 虚拟化。LUN 虚拟化技术使得单个 LUN 中数据的存取跨越了更多的磁盘，性能得到了有效提升。此外，由于单个 LUN 来自于多个 RAID，可以在不同类型磁盘或不同级别 RAID 组之间实现数据迁移，以平衡存储性能与存储空间的使用，有效避免了热点问题。

然而，传统 RAID 中重构时间过长等根本性问题在 RAID 1.5 中并没有得到解决，于是众厂商又纷纷提出了块虚拟化技术。以华为和 HP 3PAR 为代表的存储厂商将存储池中的磁盘划分成一个个小粒度的数据块空间，基于块来构建 RAID 组，使得数据均匀地分布到存储池中所有磁盘上，然后以块为单元来进行资源管理，这就是 RAID 2.0 技术。

RAID 2.0+是华为公司在传统 RAID 技术基础上，设计研发的一种满足存储技术虚拟化架构发展趋势的高级 RAID 技术。该技术采用底层块虚拟化和上层 LUN 虚拟化的双层虚拟化技术。在块虚拟化层面，逻辑上将物理磁盘空间切分成块，以这些块为对象实现 RAID 算法，即每个逻辑块充当一个 RAID 成员盘组建成 RAID 组。在 LUN 虚拟化层面，将这些 RAID 组进行更细粒度地切分成固定大小的 Extend，再利用这些 Extend 组合构建主机可访问的 LUN。这样的处理机制使得数据保护的级别精细化到数据块，提供了更好的数据读写效率和数据保护。此外，RAID 2.0+在底层块级虚拟化磁盘管理的基础之上，通过一系列 Smart 软件提升效率，实现了上层 LUN 虚拟化的高效资源管理。

2. 基本原理

独立冗余磁盘阵列 2.0+（Redundant Array of Independent Disks Version 2.0+，RAID 2.0+）采用底层磁盘管理和上层资源管理两层虚拟化管理模式，在系统内部，每个磁盘空间被划分成一个个小粒度的块，基于这些块来构建 RAID 组，使得数据均匀地分布到存储池的所有磁盘上，同时，以块为单元来进行资源管理，大大提高了资源管理的效率。

在传统 RAID 技术中，利用独立的物理磁盘创建 RAID 组，然后在 RAID 组上划分 LUN 映射给主机使用。那么，在 RAID 2.0+技术中，又是如何创建 RAID 组，实现数据存储效率提升和数据安全保护的呢？如图 6-27 所示，图中展现了 RAID 2.0+技术中通过对物理磁盘进行多次切分组合形成主机可用逻辑单元的过程。

如图 6-27 所示，首先存储系统支持不同类型的磁盘，包括 SSD 盘、SAS 盘、SATA 盘和 NL-SAS 盘，由这些物理磁盘构成一个个硬盘域，硬盘域中相同类型的磁盘按照一定的规则被划分为一个个磁盘组，每个磁盘的空间都会被切分成大小一致的逻辑块（CK），然后以来自同一磁盘组中不同磁盘上的逻辑块为对象，按传统 RAID 技术实现方式组成 RAID 组，即逻辑块组（CKG），随后将这些逻辑块组切分成更小粒度的固定大小的逻辑存储空间（Extent），最后将这些逻辑存储空间组成 LUN 映射给主机。

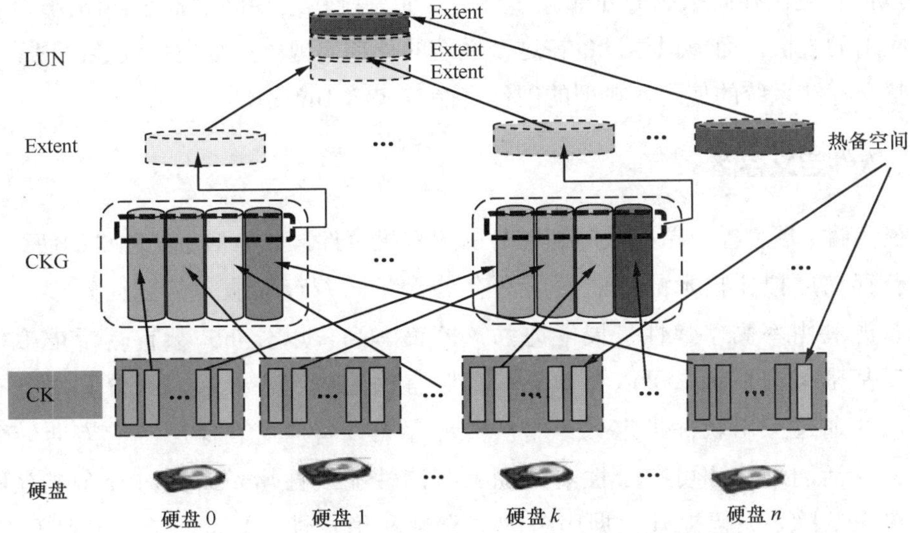

图 6-27　RAID 2.0+技术原理

相对于 RAID1.0（传统 RAID）和 RAID 1.5 而言，RAID 2.0+对数据冗余保护方式的设置更加灵活和精细化。传统 RAID 中的热备空间是由专门的热备盘来提供的，通过管理员指定某个特定的磁盘作为热备盘实现的。而 RAID 2.0+中提出了新的热备空间策略：以磁盘中切分出来的逻辑块（CK）为单位，根据管理员为该硬盘域设置的热备策略（高、低、无）以及该硬盘域中各种类型磁盘个数自动设置。热备空间分散在整个硬盘域的磁盘上，不再配置专门的热备盘。不同类型磁盘保留的热备空间容量随着硬盘域中该种类型磁盘数目的增加而增加，但并非线性增长。其中热备空间只是相当于 N 个磁盘的空间而不是来自于独立的 N 个磁盘，并且整个硬盘域中每种类型的磁盘保留的最小热备空间相当于一个此类型磁盘的容量。

使用了 RAID 2.0+技术的存储系统为某种类型的磁盘预留了 N 个磁盘大小的热备空间，并不代表系统可以允许 N 个该类型的磁盘同时损坏。该参数只是表示系统会为该类型磁盘预留此部分空间用以支持最多 N 个磁盘故障时的重构。至于系统最多能支持多少个磁盘同时出现故障而不丢失数据，取决于在硬盘域中划分存储池时选择的 RAID 策略。

6.7.3　基于位置虚拟化的实现方式

根据虚拟化技术实现的方式，按照位置可以分为以下两种。

1. 带内 In-Band

虚拟化实现在存储系统的内部，如它可以在存储系统、网络、主机、文件系统上实现，典型的硬件产品有 IBM SVC。

2. 带外 Out-of-Band

虚拟化实现在存储系统的外部，如整个存储系统包括存储设备、存储网络（SAN）和上层应用的主机，而虚拟化设备在这个系统的外部实现。一旦虚拟设备出现故障，不会影响整个存储系统的使用，典型的硬件产品有 EMC Invista。

6.7.4 软件定义存储

传统存储扩展性差，单点故障高容易引起宕机事件，成为信息化建设的瓶颈之一。

随着存储虚拟化技术的不断发展，存储设备向着存储服务的方向发展，存储系统要求资源利用率高，弹性扩展能力强，容错率高，以分布式架构基于虚拟化技术构建 IT 基础架构平台，可以将计算和存储有机地整合在一起，充分利用分布式存储资源，并通过应用软件来定义存储，实现存储设备向着存储服务的方向转变，提供资源更灵活的划分和可扩展性，实现了存储性能线性增长。同时分布式存储技术避免了单点故障，大幅提升数据服务的可靠性和稳定性，典型的软件产品有 VMware vSAN。

通过软件定义存储（SDS），不依赖于具体的存储硬件厂商，解决了存储设备的物理局限性，只要符合 X86 架构的服务器，都可作为存储对象，大大降低了运维成本，分布式存储技术，同时支持数据相互备份，快速备份和恢复，多副本容错。避免数据中断造成的影响，提高数据服务的可靠性。而且大大降低存储设备在硬件投入上的成本。

6.8 云存储

云存储俗称“云盘”，它是 SaaS 平台提供的云服务，它的概念与云计算类似，是指通过集群应用、网格技术或分布式文件系统等功能，把网络中大量各种不同类型的存储设备通过应用软件集合起来协同工作，共同对外提供数据存储和业务访问功能的一个系统，保证数据的安全性，并节约存储空间。简单来说，云存储就是将储存资源放到云上供用户存取的一种新兴方案。使用者可以在任何时间、任何地方，通过网络方便地存取数据。

6.9 网络虚拟化分类

随着云计算技术的不断发展，虚拟化技术一直都是云计算技术中重要的组成部分和推动因素。网络虚拟化的概念已经产生很久，如VLAN、VPN、VPLS等，尤其是服务器虚拟化已经发展到一个高度，新一代互联网技术的背景下，虽然网络虚拟化的基本概念没有改变，但是内容已经发生了变化。在传统的网络虚拟化中，如 VLAN，由于受到IEEE802.1q协议定义，VLAN在数据帧中是通过一个12位的二进制字段信息VID来标识的，也就是最多可以标识 2^{12}，即 4096 个 VLAN。在大型数据中心中，租户需要隔离，每个租户都需要多个 VLAN，数量的限制对租户的需求产生矛盾，虽然借助扩展功能对VLAN在数量上可以扩展，但造成管理和配置的复杂。随着虚拟化技术的不断发展，把网络虚拟化划分4个部分。

（1）虚拟机的虚拟网卡。随着越来越多的服务器被虚拟化，网络已经延伸到Hypervisor内部，网络通信的“端”已经从以前的服务器变成了运行在服务器中的虚拟机，数据包从虚拟机的虚拟网卡流出，通过Hypervisor内部的虚拟交换机，再经过服务器的物理网卡流出到上联交换机。

（2）服务器到网络的连接即虚拟交换机。分为基于CPU技术实现的，基于物理网卡技术实现的和基于物理交换机技术实现的3种虚拟交换类型。

（3）硬件设备虚拟化。通过路由器集群技术和交换机堆叠技术将多台物理机合并成一台虚拟网络设备。实现跨设备链路聚合，简化网络拓扑结构，便于管理维护和配置，消除“网络环路”，增强网络的可靠性，提高链路利用率。或是将一台物理网络设备通过软件虚拟化成多台逻辑网络设备。

（4）虚拟网络。包括层叠网络、虚拟专用网络、数据中心使用较多的虚拟二层延伸网络。以上都是在此基础设施上添加新的协议来解决虚拟化的问题，而近年来软件定义网络（Software Defined Networking，SDN）的方式则从根本上改变目前网络交换的模式。

网络虚拟化后不同租户的流量是相互隔离的，不同租户默认不能互相访问，不同租户的IP/MAC地址可以独立规划，甚至可以重叠。虚拟机可以跨二层/三层迁移，甚至可以跨广域网进行迁移，逻辑网络和物理网络解耦，不受物理网络限制，逻辑网络可以跨越二层/三层物理网络，使得逻辑网络规模和数量可扩展。

6.10 网络虚拟化实现方式

6.10.1 虚拟网卡

多个虚拟机共享服务器中的物理网卡，需要一种机制既能保证I/O的效率，又能保证多个虚拟机对物理网卡的共享使用，I/O虚拟化主要解决这类问题。I/O虚拟化分为全虚拟化、半虚拟化和硬件辅助虚拟化。

全虚拟化是指通过VMM层模拟I/O设备实现虚拟化，虚拟机对I/O设备的访问请求，由VMM截获后，通过软件模拟真实的硬件实现。

半虚拟化是由前端驱动负责将客户机操作系统的I/O请求传递给后端驱动处理，后端驱动是VMM与虚拟机通信的驱动程序，后端驱动收到I/O请求交给物理驱动来控制硬件完成I/O请求。

硬件辅助虚拟化包括①基于北桥芯片的Intel VT-d技术，采用DMA重映射、中断重映射、I/O设备共享、直接I/O设备分配等技术，实现I/O方面的硬件虚拟化。②VMDq在服务器的物理网卡中为每个虚拟机分配一个单独的队列，大幅度地提高I/O吞吐率，减缓I/O的延迟。③SR-IOV（Single Root I/O Virtualization）和MR-IOV（Multi Root I/O Virtualization）通过创建不同虚拟功能VF的方式，实现虚拟机直接和物理网卡通信。

6.10.2 虚拟交换技术

为了解决云环境中同一服务器上的多台虚拟机之间的通信问题，采用了虚拟交换技术，有3种技术可以实现虚拟交换。

1. 基于CPU实现的虚拟交换

基于CPU实现的虚拟交换方式是使用服务器内部的CPU和内存资源，在云环境中创建一个虚拟的分布式交换机，这个交换机跨越了云环境中的两台服务器，用于实现这两台服务器内所有虚拟机的完整虚拟交换功能。分布式交换机的虚拟端口和物理交换机一样，可以组成端口组，虚拟机的虚拟网卡连接到分布式交换机的一个端口组，服务器的物理网卡作为虚拟交换机的上行链路，接入物理网络（接入层交换机）之中。

当位于同一服务器虚拟机之间通信时，通过虚拟交换机进行数据转发。如需进行跨服务器间的数据交互，则需要上行链路将数据传递到物理网络，再由物理设备进行转发。

由于采用纯软件实现，比采用芯片的物理交换机，基于CPU实现的虚拟交换功能扩展灵活、快速，可以更好地满足云计算的网络需求，但该方式会消耗服务器CPU资源，且性能较低，如图6-28所示。

2. 基于物理网卡实现的虚拟交换

基于物理网卡实现的虚拟交换是利用服务器的物理网卡来实现完整的虚拟交换能力。它对物理网卡有特殊要求，如要求支持SR-IOV(Single Root I/O Virtualization)。SR-IOV技术是由PCI-SIG组织发布的I/O虚拟化技术标准，SR-IOV采用直接I/O技术，绕过虚拟化层直接发送和接收I/O数据。

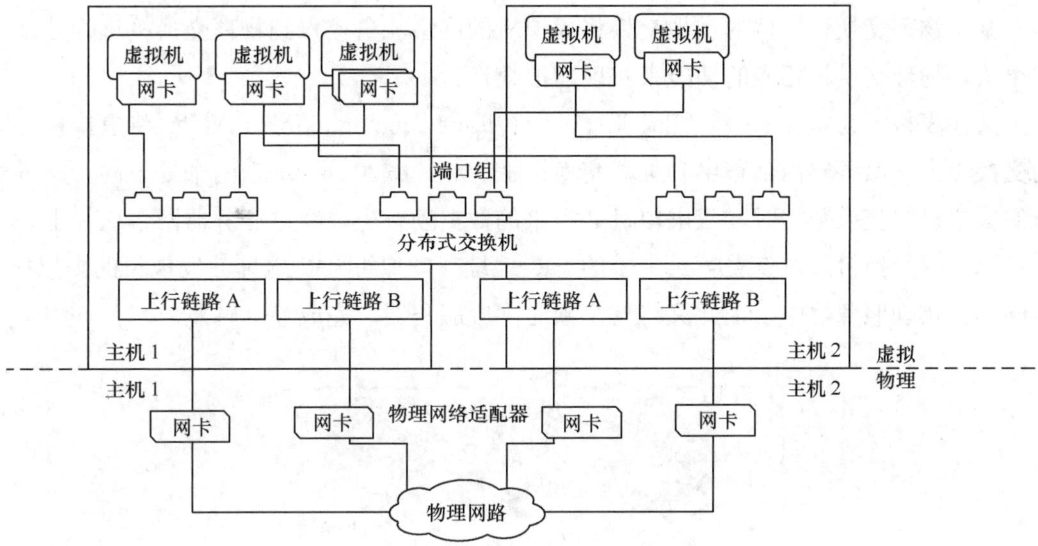

图 6-28　基于 CPU 实现的虚拟交换

如图 6-29 所示，当虚拟机 1 与虚拟机 3 进行通信时，转发过程并没有使用虚拟化层的资源，而是由具有交换能力的物理网卡进行数据转发。物理网卡实现虚拟交换，由于实现了虚拟机对快速外设组件互连（Peripheral Component Interconnect Express，PCIE）设备的直接访问和操作，显著降低了从虚拟机到物理网卡的报文处理延时。该方式由于自身设计以及与 Hypervisor 的配合存在一些缺陷，因此高级特性较少，如不支持热迁移等。

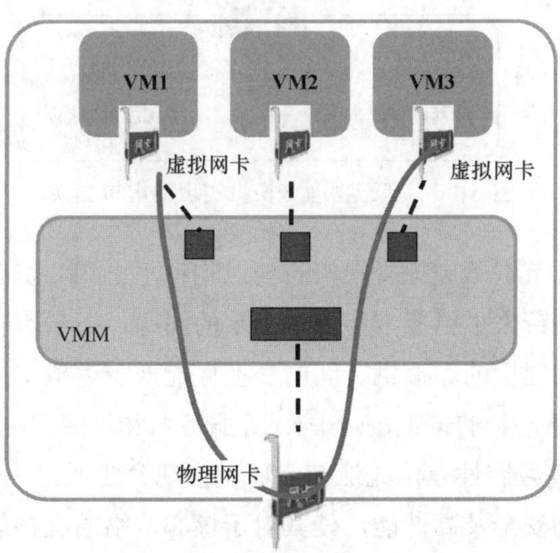

图 6-29　基于物理网卡实现的虚拟交换

3. 基于物理交换机实现的虚拟交换

基于物理交换机实现的虚拟交换将虚拟机的网络流量接入到物理交换机进行处理，需要依赖物理交换机相应的功能来实现虚拟交换。

其代表技术为 VEPA（Virtual Ethernet Port Aggregator），VEPA 将虚拟机之间的交换行为从服务器内部移出到上联交换机上，如图 6-30 所示，当两个处于同一服务器内的虚拟机要交换数据时，从虚拟机 2 出来的数据帧首先会经过服务器网卡送往上联交换机，上联交换机通过查看帧头中带的 MAC 地址（虚拟机 MAC 地址）发现目的虚拟机 3 在同一台物理服务器中，因此又将这个帧送回原服务器，完成寻址转发。

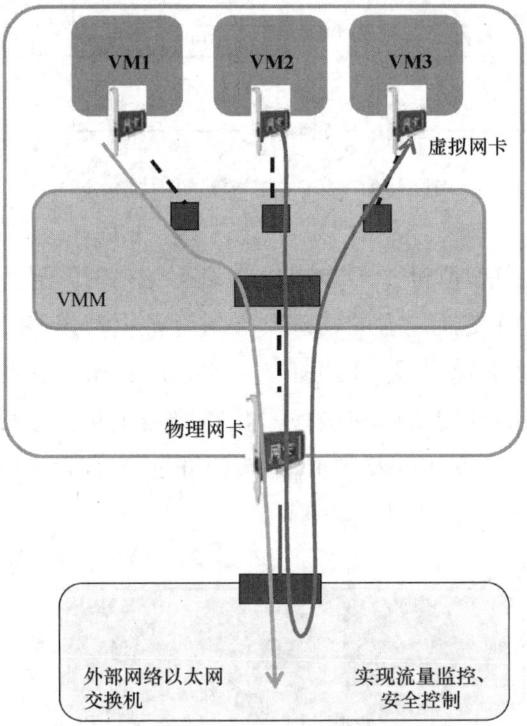

图 6-30　基于物理交换机实现的虚拟交换

该方式的好处在于节省了虚拟交换机查表对物理主机 CPU 资源消耗。但是流量从虚拟机引入到外部网络，带来了更多网络带宽开销的问题，由于所有的 I/O 均由物理交换机处理，使得在同一物理机的虚拟机之间的交换性能低于虚拟交换机。使用时，首先物理交换机需要支持 VEPA，且对虚拟交换机软件、服务器物理网口驱动需要进行联动修改，使其兼容 VEPA，导致其兼容性差，无法在云环境大规模使用。

由于物理设备的高安全及高性能，使其对于核心网络的支持能力较好，对于流量监管能力、安全策略部署能力要求较高的场景（如数据中心部分核心业务）而言，基于物理交换机实现的虚拟交换是一种优选的技术方案。

6.10.3　硬件设备虚拟化

硬件设备虚拟化主要分为：①多个网络设备虚拟为一台设备，在同一个网络层面上，把功能或业务相似的物理设备整合到一个逻辑架构中，提高系统可靠性，简化网络管理，节约 IP 地址。②一台物理设备虚拟化成多台逻辑设备，如思科的 N7K 系列交换机可以虚拟化成多台 VDC，每个 VDC 之间相互独立，完全隔离，提高网络资源利用率。③将不同类型的网络设备虚拟化为一台逻辑设备，如把整个网络中的核心层、汇聚层等物理设备虚拟化为一台逻辑设备，简化网络结构，统一管理和配置网络。

6.10.4　虚拟化网络

1. 层叠网络

数据中心出于对可靠性的强烈需求，通常会采用冗余设备、冗余链路来保障业务不会因为单点、单链路故障而中断，而二层网络的核心问题就是冗余设备与链路带来的环路问题和环路产生的广播风暴，传统数据中心用来规避二层环路的主要的技术是 VLAN 和 xSTP。那么能不能就用 VLAN+xSTP 技术，将数据中心所有服务器纳入同一个二层域呢？答案当然是否定的。首先来看 VLAN，VLAN 技术通过将一个大的物理二层域划分成许多小的逻辑二层域，这种逻辑二层域被称为 VLAN。同一个 VLAN 内可以进行二层通信，不同 VLAN 之间是二层隔离的，这样就将广播的范围局限在一个 VLAN 内，而不会扩散到整个物理二层域。然而 VLAN 虽然可以一定程度上降低广播风暴的范围和强度，但只要在同一个 VLAN 内还有环路，就无法避免在 VLAN 内部形成广播风暴，所以 VLAN 技术不能从根本上解决广播风暴问题。而 xSTP，则是从环路产生的根源（冗余设备与链路），通过在正常情况下阻塞掉冗余的设备端口和链路来防止环路的产生，只有在主用设备、链路故障的情况下，被阻塞的端口与链路才参与转发。这样做的确在某种意义上能够防止环路的产生，然而随之带来的后果是永远有部分端口与链路被闲置，对于云数据中心时代而言，这样的资源利用效率显然是无法接受的。并且，这种阻断端口与链路的方式，只适应在小规模组网场景下，当网络规模到一定程度，除了规划复杂外，xSTP 协议的收敛性存在很大缺陷，一旦网络出现故障，如果 xSTP 的节点过多，那么整网的收敛速度会呈指数级下降，一般情况下 xSTP 的网络规模不会超过 100 台交换机，能够接入的服务器数量一般不会超过 1000 台，显然无法满足云数据中心所需的大二层网络。网络设备虚拟化技术，这里主要指 CSS 和 iStack、SVF 等多虚一技术，通过将多个设备虚拟成一台逻辑设备，再配合链路聚合技术，就可以把原来的多节点、多链路的结构变成逻辑上单节点、单链路的结构，也常常用来构造无环二层网络。相对于

VLAN+xSTP 的方案，CSS/iStack+SVF 的方案构建的二层网络天然无环，并且虚拟化技术和链路聚合技术都具备冗余备份功能，单台物理设备或者链路故障时，可以自动切换到其他物理设备和链路来进行数据转发，从而保证网络的可靠性。通过这种方式所构建的二层网络的规模受限于 CSS/iStack 系统的性能，并不能实现无限制扩展。同时由于采用这种方案，本质上二层子网数量仍然采用 VLAN 机制，因此不能突破 4K 的限制。

传统网络 xSTP、CSS/iStack、SVF/M-Lag 等技术，往往由于技术本身而具有这样或那样的缺陷，并不能完美实现数据中心大二层网络，因此，层叠（Overlay）网络应运而现。

层叠（Overlay）网络在数据中心内部使用 TRILL 技术实现，在跨数据中心多采用下面介绍的虚拟二层延伸网络。

TRILL 的实现原理，实际上是借鉴三层网络的转发机制来优化二层报文的转发。三层转发网络也是有环路的，为什么就没有这些问题呢？并且三层网络还可以利用冗余链路做 ECMP。为什么会有这么大差异呢？二层网络报文转发依赖的设备的 MAC 表，而设备的 MAC 表的构建是采用报文学习的方式，设备本身不知道整个网络拓扑，遇到未知地址的报文只能依靠广播，这样自然容易引起广播风暴耗费网络资源。而三层网络报文转发则依赖于三层路由协议（如 OSPF、ISIS、BGP 等）构造的全网“地图”，有“地图”在手，转发自然不容易出现某处死循环的情况。TRILL 协议通过在二层报文前插入额外的帧头，并且采用路由计算的方式控制整网数据的转发，不仅可以在冗余链路下防止广播风暴，而且可以做 ECMP，这样就能实现将二层网络的规模扩展，当前支持最大 512 个节点的 TRILL 网络。

TRILL 技术胜在是大二层技术的先行者，支持虚拟机在较大范围内迁移，且早早就已经实现协议标准化，诸多网络设备厂商均支持标准 TRILL 协议，可以做到基础网络跨厂商互通，降低被单一厂商 Lock-in 的风险，但是 TRILL 协议也有明显的缺陷，如在不扩展的情况下无法突破 4K 子网限制，所有 Fabric 网络设备均需支持基于 TRILL-Header 的转发，组网成本高，上述种种缺陷抑制了 TRILL 网络大规模部署，对于企业私有云用户，在新建数据中心或者新建数据中心分区时 TRILL 技术仍不失为一种较好的选择。

2. 虚拟专用网络

虚拟专用网络是一种常用于连接中、大型企业，团体与团体间的私人网络的通信方法。虚拟专用网通过公用的网络架构（如互联网）来传送内联网的信息。利用已加密的隧道协议实现保密、终端认证、信息准确性等安全效果。这种技术可以在不安全的网络上传送可靠的、安全的信息。

3. 虚拟二层延伸网络

虚拟化从根本上改变了数据中心网络架构的需求。虚拟化引入了虚拟机动态迁移技术，要求网络支持大范围的二层域。一般情况下，多数据中心之间的连接是通过三层路由连通的。而要实现通过三层网络连接的两个二层网络互通，就要使用到虚拟二层延伸网络（Virtual L2 Extended Network）。

传统的 VPLS（MPLS L2VPN）技术，以及新兴的 Cisco OTV、H3C EVI 技术，都是借助隧道的方式，将二层数据报文封装在三层报文中，跨越中间的三层网络，实现异地二层数据的互通。也有虚拟化软件厂商提出了软件的虚拟二层延伸网络解决方案。如虚拟扩展局域网（Virtual Extensible Local Area Network，VXLAN）、NVGRE，在虚拟化层的 vSwitch 中将二层数据封装在 UDP、GRE 报文中，在物理网络拓扑上构建一层虚拟化网络层，从而摆脱对底层网络的限制。

传统的数据中心网络通常都是 2+3 层网络架构，如图 6-31 所示。但是随着云数据中心规模的不断扩大，会存在多个数据中心，承载服务的虚拟机需要跨数据中心进行迁移，传统的 2+3 层网络架构限制了虚拟机的动态迁移只能在一个较小的范围内进行，虚拟机无法跨数据中心迁移。

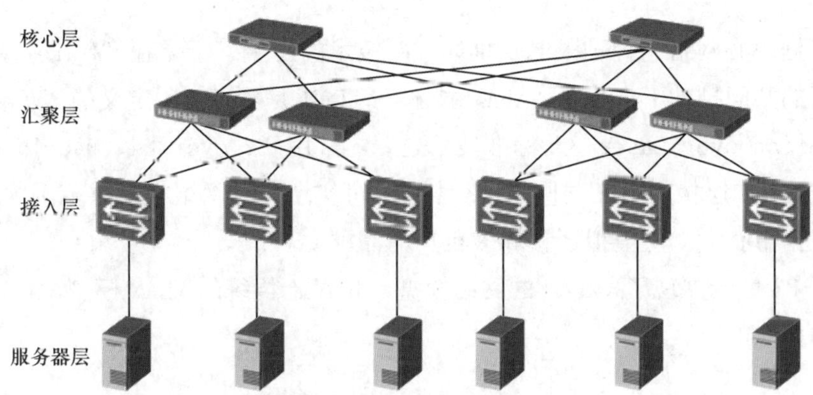

图 6-31 传统网络结构

针对这一问题，业界提出了大二层网络技术，实现虚拟网络与物理网络解耦，在此基础上提供多租户的能力。如图 6-32 所示，物理网络主要实现物理设备的互联互通，VXLAN（虚拟扩展局域网）技术实现跨地域的虚拟机迁移。物理网络采用 TRILL（多链接透明互联）等的隧道技术，将二层网络的规模扩展到整张网络，且不会受核心交换机数量的限制，VXLAN 能够构建出比虚拟交换机技术更大规模的二层网络。

（1）VXLAN 简介

传统隔离广播域的 VLAN 技术（802.1Q 协议）只有 12 位用来定义 VLAN，也就是说可用的 VLAN 数量只有 4096 个。对于公有云或其他大型虚拟化服务这种动辄上万甚至更多租户的场景而言，VLAN 的隔离能力显然已经力不从心。数据中心虚拟机的数量比原有的物理机数量发生了数量级的增长，伴随而来的便是虚拟机网卡 MAC 地址数量的空前增加。一般而言，接入二层的设备较为低端，MAC 地址表规模已经无法满足快速增长的虚拟机数量。

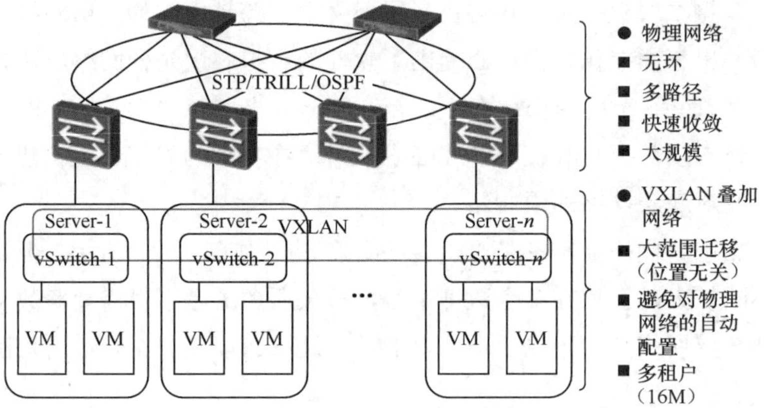

图 6-32　大二层叠加网络

传统数据中心网络的种种限制，推动了新技术的产生。于是在 VMware、Cisco 等全球知名厂商的共同推动下产生了 VXLAN 技术。VXLAN 是由 IETF 定义的 NVO3（Network Virtualization over Layer 3）标准技术之一，采用 L2 over L4（MAC-in-UDP）的报文封装模式，将二层报文用三层协议进行封装，可实现二层网络在三层范围内进行扩展，同时满足数据中心大二层虚拟迁移和多租户的需求。

如图 6-33 所示展现了 VXLAN 的网络模型，相对于传统的 VLAN 模型，VXLAN 中提出了两个新的概念。

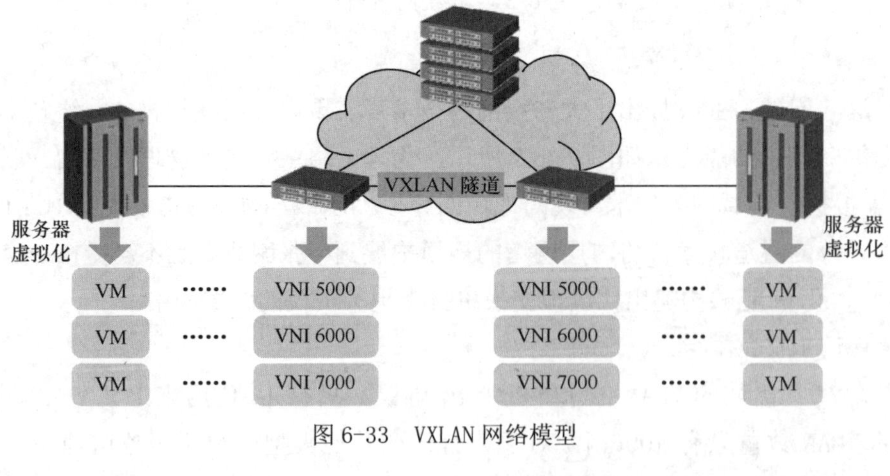

图 6-33　VXLAN 网络模型

① VTEP（VXLAN Tunnel Endpoints，VXLAN 隧道端点）

VXLAN 网络的边缘设备（NVE 设备）是 VXLAN 隧道的起点和终点，VXLAN 报文的相关处理均在这上面进行，它是 VXLAN 网络中最重要的组成部分。VTEP 既可以是一台独立的网络设备（如支持 VXLAN 的物理交换机），也可以是虚拟机所在的服务器。

② VNI（VXLAN Network Identifier，VXLAN 网络标识符）

VNI 是一种类似于 VLAN ID 的用户标识，一个 VNI 代表了一个租户，属于不同 VNI 的虚拟机之间不能直接进行二层通信。VXLAN 报文封装时，给 VNI 分配了足够的空间使其可以支持海量租户的隔离。

VXLAN 实现了更大规模的租户隔离，采用的方法是对原有的数据报文进行再次封装。其报文格式如图 6-34 所示，在报文进行 VXLAN 封装时，给 VNI 分配了 24 位的空间，这就意味着 VXLAN 网络理论上支持多达 16M（即 2^24-1=16777215）的租户隔离。相比 VLAN，VNI 的隔离能力得到了巨大的提升，有效地解决了云计算中海量租户隔离的问题。

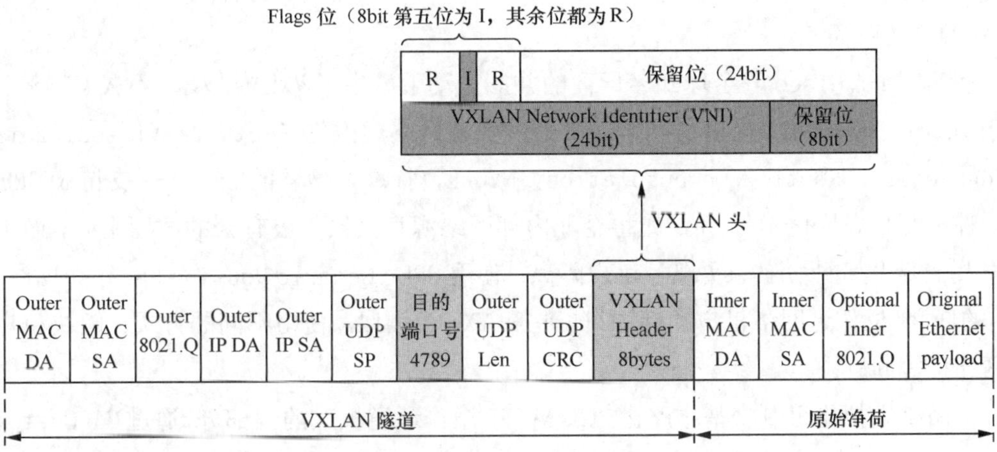

图 6-34 VXLAN 报文

VXLAN 技术解决了云数据中心中的诸多问题，主要包括以下内容。

① 解决了 VLAN 网络下虚拟网络数量不足的问题：24 位的网络标识，支持 16M 虚拟网络。

② 解决了对物理交换机地址表能力不足的问题：交换机所连接的服务器包含多个虚拟机，每个虚拟机都有自己的 MAC 地址，当虚拟机数量很多时，会导致交换机的 MAC 地址表溢出，从而导致数据帧的丢弃或者产生大量的广播帧，严重影响网络的性能。而 VXLAN 封装隧道后，TOR 交换机只需要看到 VTEP 的外层 IP 地址，因此不需要再学习虚拟网卡的 MAC 地址。

③ 实现了物理网络与虚拟网络的解耦。让云数据中心组网更加灵活，扩容更

加方便，不再有二层网络的限制，VM 的迁移也可以实现跨越三层。传统网络为了支持虚拟机在线迁移的特性，要保证虚拟机的 IP 地址和 MAC 地址在迁移前后保持不变。目前数据中心的虚拟机只能在同一个 IP 子网内实现热迁移。通常同一个 IP 子网的虚拟机配置在一个 VLAN 中，而一个 VLAN 只能在一个二层网络中。即目前的虚拟机只能在二层网络中实时迁移，无法支持任意位置的迁移。VXLAN 通过增加 UDP 隧道，使得虚拟网络内的通信不再受到二层限制，可以任意穿越三层网络。

在“互联网+”、云计算、大数据等应用和服务快速发展的时代，云数据中心需要的逻辑虚拟网络数呈指数形式增加，VXLAN 技术能有效解决云数据中心逻辑网段不足、虚拟机上联交换机 MAC 地址溢出等问题，主要应用于大型的云计算服务运营商或者超大型企业的云数据中心，对于中小型企业或机构的数据中心，传统的 VLAN 技术已经足够。此外，VXLAN 技术本身还未完善，还有很多需要改进的地方。随着 VXLAN 技术的逐步完善，将会成为网络虚拟化技术当中的主流技术，在规模化的云数据中心必将得到广泛应用。

（2）NVGRE 简介

在 VMware、Cisco 等全球知名厂商的共同推动下产生了 VXLAN 技术，不久 Microsoft 联合 Intel、HP、Dell 提出了基本路由封装实现网络虚拟化（Network Virtualization using Generic Routing Encapsulation，NVGRE）标准。微软的 Hyper-v 支持 NVGRE 作为一种机制来虚拟化 IP 地址，如将企业内部网络源直接接入公有云的数据中心，而不需要修改企业内部网络 IP，实现各租户隔离。使用 GRE（Generic Routing Encapsulation）key 的低 24 位作为网络租户的标识符。它和 VXLAN 类似，使用不同的方式，解决租户跨子网迁移等问题。

该网络虚拟化机制将基本路由封装 NVGRE 用作通道报头的一部分，通过 CA（Customer Address，客户网络地址）与 PA（Provider Address，提供商或数据中心地址）之间的相互转换来实现数据的通信，在 NVGRE 中，虚拟机的数据包被封装在另一个数据包中。新的数据包报头含有合适的源和目标 PA IP 地址，另外还有存储在 GRE 报头密钥字段中的虚拟子网 ID，包含在 GRE 报头中的虚拟子网 ID 可让主机为任何指定的数据包确定客户虚拟机，尽管数据包上的 PA 和 CA 出现重叠。这可让同一台主机上的所有虚拟机分享一个 PA。包含在 GRE 报头中的虚拟子网 ID 可让主机为任何指定的数据包确定客户虚拟机，尽管数据包上的 PA 和 CA 出现重叠。这可让同一台主机上的所有虚拟机分享一个 PA。增强网络可扩展性，减少网络基础设施的 IP 和 MAC 地址数量。数据包中嵌入式虚拟子网 ID 还能轻易地将数据包与实际客户联系起来。使用 Windows Server 2012，Hyper-v 网络虚拟化完全支持即开即用的 NVGRE，不需要升级或购买新的网络硬件，如 NIC（网络适配器）、交换机或路由器。因为在线 NVGRE 包是 PA 空间中的常规 IP 包，可与当前的网络基础结构兼容。

NVGRE 已经是现有的 IETF 标准，并且是网络虚拟化封装协议的一部分。

4. 软件定义网络 SDN

最初发明 SDN 主要解决下面的问题：实验室网络里有好几个不同厂家的交换机设备，每一家的设备都有不同的实现，配置和功能都不一样，使用起来非常不方便；另外，出于安全的业务需要，需要“定制”设备的转发路径，由于控制层面是和每台设备耦合在一起的，也使得这种“定制”变得非常困难。因此，希望能够将控制层面集中到设备外面，同时为了避免对多个设备进行配置，希望通过统一的标准化的管理方式，更加直接而且灵活地控制不同厂家的设备的转发路径，这就是最初 SDN 转控分离以及 Openflow 协议标准的由来。它将网络分为控制层（Control Plane）和数据层（Data Plane），网络的管理权限交给了控制层的控制器软件，通过 OpenFlow 传输通道，统一下达命令给数据层设备，数据层设备仅依靠控制层的命令转发数据包。OpenFlow 的核心是将原本完全由交换机、路由器控制的数据包转发，转化由支持 OpenFlow 特性的交换机和控制服务器分别完成的独立过程，OpenFlow 交换机是整个 OpenFlow 网络的核心组件，它主要管理数据层的转发，OpenFlow 交换机主要包括：

（1）流转发表，告诉交换机如何处理流；

（2）安全通道，连接交换机和控制器；

（3）OpenFlow 协议，标准的供 OpenFlow 交换机和控制器通信的协议。

但是这条最原始的 SDN 道路在后续的发展中却进展缓慢，究其原因，大概有以下两个方面：①OpenFlow 发展遇到技术瓶颈，当前交换芯片支持的流表数量都有限，报文匹配和动作都不够灵活，且标准化进程缓慢，网络运维管理的缺失，无法满足传统网络管理运维需求，缺少跟传统网络设备的互通手段，无法利旧。②大部分用户不希望改变现有网络架构。

任何事物都是发展的，在现实应用中不断丰富和进步，SDN 的概念和应用也不例外。现在业界对于 SDN 分为转发型 SDN 和业务型 SDN。

① 转发型 SDN：SDN 是一种集中控制的架构，与是否使用 OpenFlow 无必然关系。

SDN 只是一种架构，主要特征为控制转发分离与集中式的控制，转控分离架构的具体的实现多种多样，OpenFlow 只是其中一种。控制与转发分离不等价于网络的设备转发面与控制面彻底分离，并不意味着一定要使用 OpenFlow 这类新标准去彻底改变传统的网络架构，相反，在保留设备的控制平面的同时，仍然可以在控制器上部署统一集中的控制面，通过传统的控制接口（如 BGP、静态路由等，而非 OpenFlow），实现对于传统设备的集中控制，因此 OpenFlow 不是必要选择。华为的 Agile TE 和 PCE+都属于此类产品。

② 业务型 SDN：网络软件 Overlay 就是 SDN 业界软件 Overlay 技术的典型代表是

Nicira 的软件网络虚拟化，Nicira 是一家专注于 SDN 与网络虚拟化的公司，由 OpenFlow 发明者 Martin Casado 创建，Nicira 创建了自己私有的 OpenFlow、Open vSwitch 等软件产品和技术。其 SDN 的核心是基于 OpenFlow 的控制转发分离+基于软件的网络虚拟化。原理是在传统的物理网络上叠加一层虚拟网络，虚拟网络和底层物理网络解耦，虚拟网络集中控制。具体虚拟网络平台由虚拟交换机 Open vSwitch 和控制器组成。这个虚拟交换机是开源的，可以对任何人开放使用，虚拟交换机之间的连接由控制器进行管理。Nicira 将网络的控制从网络硬件中脱离出来，交给虚拟的网络层处理。实现了对物理网络的解耦，基于软件的网络虚拟化，物理网络被泛化为网络能力池，正如服务器虚拟化把服务器设备转化为计算能力池，网络资源的调度更加方便和灵活。

5. SDN 与 NFV 的结合

网络功能虚拟化（Network Function Virtualization，NFV）在 2012 年由全球 13 大知名电信网络运营商提出，并得到标准和开源组织、设备厂商的积极响应。NFV 基本理念是基于标准的 X86 架构服务器、通用存储和交换机等硬件平台，利用虚拟化技术，在虚拟化硬件资源上承载各类功能的软件，从而实现网络功能虚拟化，由虚拟的网元替代传统的通信设备。

NFV 的愿景是应用于电信网络中任意的场景，替代各类网元设备。电信的网元种类多样，有侧重计算密集型的(以处理信令和协议为主)，也有侧重转发性能的。从 NFV 的应用类型来看，当前 NFV 应用主要是计算密集型的网元，随着 CPU 处理网络报文性能的提高，才可能逐步覆盖那些侧重转发的网元。

而 NFV 实际应用中和 SDN 的分工和配合是目前该领域一个重要课题。当前运营商网络中 NFV 的部署一般集中在数据中心和网络边缘，数据中心区域内容易实现计算、存储和网络设备的规模化部署并实现资源虚拟化，有利于大规模部署计算密集型 VNF 网元，例如无线业务核心网元 vEPC，网关设备 vBNG。网络边缘主要是 vCPE 的部署，作为多功能用户接入网元使用。运营商的业务往往是端到端部署的，NFV 网络服务需要贯穿接入网络、广域网和数据中心，因此 NFV 部署除了需要解决 VNF 的实现，还需要解决端到端的网络连接。整体而言，SDN 作为一个模块集成到 NFV 架构中，为 NFV 架构中的上层模块提供网络资源管理、控制和配置的功能。在数据中心内部，SDN 作为 NFV 中 VIM 的一部分实现对数据中心内部 NFVI 中网络设备的控制，并配合计算、存储资源管理平台（如 OpenStack）向上层的 VNFM 和 NFVO 组件提供虚拟化资源管理和配置服务。在数据中心之外网络，SDN 则提供传统网络的集中控制和配置功能，为 NFVO 提供接口分配、连接建立、策略配置等功能，实现广域网络与数据中心网络、接入节点的对接，为上层业务提供端到端的网络服务。

6.11　容器虚拟化

容器虚拟化的价值仅仅体现在轻量级和高性能吗？这显然很不充分，因为容器相对虚拟机的性能提升，最多也就是百分之几十，在IT界，如果不带来十倍以上的性能提升，是很难被赋予颠覆者地位的。仅仅百分之几十的提升，会迅速被摩尔定律抹平，而容器带来的真正价值在于通过虚拟机来解决分布式系统的部署和运维问题，已经被业界的多年努力验证为此路不通，而这些挤压已久的需求，在容器上找到了突破口。

6.11.1　Docker概述

2010年，dotCloud公司在美国成立。它提供基于Linux容器（Linux Container，LXC）技术的PaaS服务。随着业务不断的发展，他们在LXC的基础上对容器技术进行了改进和封装，并命名为Docker。后续并没有被各大云服务厂商看好，故将其开源，立即引起业界轰动，Docker开源社区随后迅速火爆起来。2013年10月底，公司更名为Docker，随后多家厂商开始宣布支持Docker。

Docker是世界领先的基于软件平台的容器引擎，又称为Container as a Service（CaaS）。它把应用程序运行所需要的环境打包放到隔离的容器中，实现轻量级的操作系统虚拟化解决方案。与其他虚拟化技术不同，如KVM需要虚拟整个操作系统，而Docker不需要虚拟完整的操作系统，而仅虚拟应用程序所需要的类库和上下文环境，即只虚拟出一个局部。使用这种方式部署应用程序将更高效、级别更轻、运行更独立。

Docker使用Linux容器技术，通过命名空间和进程组来提供容器的资源隔离与安全保障，Docker有进程、网络、挂载、宿主和共享内存五个命名空间，运用这些命名空间将进程隔离。通过AUFS对文件系统进行管理，容器可以理解为文件夹目录，占用系统资源低，在一台主机上可以同时运行数千个Docker容器，并且启动速度快。因为LXC有轻量级虚拟化的特点，每个容器可以只加载变化的部分，所以它占用的各种资源都很小，和其他虚拟化技术相比有更独特的优势。这意味在应用层面，随着业务不断迅猛的增加，Docker可在瞬间启动多个应用程序，因为它是虚拟应用程序的上下文，在PaaS和SaaS层面的云服务中，Docker已经显示出其强大的优势，改变着虚拟化技术的格局，被誉为下一代云计算技术的代表。

架构如图6-35所示，Docker客户端通过命令行或者其他工具使用Docker API与Docker的守护进程通信，Docker主机（Host）一个物理或者虚拟机用于执行Docker的守护进程daemon和容器，Docker镜像（Images），用于创建Docker容器的模板，Docker容器是独立运行的一个或一组应用，Docker Registry可以理解为代码控制中的代码仓库，仓库用来保存镜像，Docker Hub 提供了庞大的镜像集合供使用，Docker Machine 是一个简化 Docker 安装的命令行工具，通过一个简单的命令行即可在相应的平台上安装 Docker。

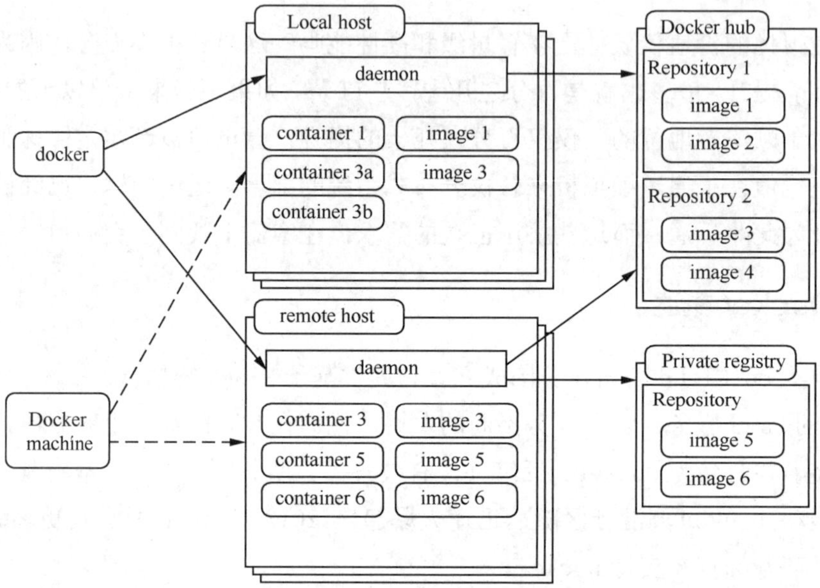

图 6-35　Docker 架构

系统使用了 C/S 的架构，Docker Client 是给用户和 Docker daemon 建立通信的客户端，Docker Client 通过 REST API 请求 Docker daemon 来管理 Docker 的镜像和容器等，Server 端驻守在后台，称之为 Docker daemon。

Docker daemon 是一个常驻后台的系统进程，接受并处理 Docker Client 发送的请求，管理所有的 Docker Containers 和 Docker Images。Docker daemon 的架构大致可以分为三部分：Docker Server、Engine 和 Job。

（1）Docker Server 专门服务于 Docker Client，其作用是接受并调度分发 Docker client 发送的请求。

（2）Engine 是 Docker 中的运行引擎，是其运行的核心模块。Engine 中存储着大量的容器信息，也管理着 Docker 大部分 Job 的执行。

（3）Job 是 Docker 中最基本的工作执行单元，Docker daemon 可以完成的每一项工作都能呈现为一个 Job。

此外，Docker 还包括 Docker Machine、Docker Swarm 和 Docker Compose 工具。其中 Docker Machine 帮助用户在基础架构平台中快速部署 Docker 宿主机，Docker Swarm 管理和运行集群环境中的各种容器，Docker Compose 帮助用户在集群环境中编排和部署各种应用。这三个工具构成了 Docker 的原生环境，加上 Kubernetes、Mesos、Rancher 等外部生态，构建出了一个比较完整的 Docker 容器生态圈。

Docker 的优势表现在如下几个方面。

（1）在应用程序开发过程中，经常会遇到由于操作系统环境的不同，应用程序在开发的环境中能运行，在生产环境下有冲突的情况发生，Docker 能够很好地解决这种由于环境的差异性导致应用程序出现的各种问题。

（2）Docker 容器的启动秒级别实现，比启动其他虚拟机要快得多，并且可以在一台主机上同时运行数千个 Docker 容器。

（3）Docker 容器对系统资源额外的开销很少，如其他虚拟技术运行多个不同的应用要启动多个虚拟机，而 Docker 是构建在操作系统上的，只需要在同一操作系统上启动多个容器即可。其他虚拟化技术是虚拟整个操作系统，而 Docker 开源而且轻量，更适合部署应用程序。

（4）在自动化运维方面，通常需要大量的脚本帮助进行自动化的运维，而 Docker 可以通过编写 Dockfile 配置文件构建整个容器，使得重启和构建容器更方便、快捷，降低运维人员的工作量。

Docker 的这些优势，足以让各大 IT 巨头纷纷对 Docker 刮目相看。Docker 被誉为下一代云计算架构的先锋，它颠覆了以往传统的云计算架构模式，提出容器即服务（Container as a Service，CaaS）的新架构。当然 Docker 也不是全能的，它所对应的云计算架构中，在应用程序的隔离、网络应用和安全等方面对于其他架构相比，还需要进一步的改进。

Docker 和其他虚拟化技术的不同之处，如图 6-36 所示。左边是传统虚拟化模式，在虚拟层之上，把整个操作系统进行虚拟化，传统虚拟化模式需要虚拟层，操作系统和硬件三者之间相结合。它们往往也面临着一些问题，如启动时间长，尤其是虚拟机本身文件体积大（一般都在几十 GB 左右），在线迁移和备份等操作会造成网络负载过大。相比之下，Docker 的文件很小，一般只有二三百兆，所以启动速度超快，Docker 的启动时间为毫秒级。如图 6-36 所示的右边，是 Docker 虚拟化模式，直接和宿主机共享操作系统，如同在物理服务器上创建的目录一样。轻便、灵活、快速，对宿主机无额外性能损失，这就是 Docker 提出的“一次创建，随处运行（Build once，Run anywhere）”的模式。另外在云平台的搭建过程中，价格也是一个很大的问题，Docker 是开源的，比起 VMware和其他产品总体上要便宜很多。

Docker 改变了虚拟化的方式，方便快捷是 Docker 的最大优势。在下一代的 PaaS 中并非一定要有操作系统 OS，而是 RunTime 程序运行时和服务 Service 的结合，提供容器即服务的架构，把传统的 IaaS 和 PaaS 进行合并，演变为基于 CaaS 的下一代云计算架构，同时解决 Docker 在隔离性、安全性、移动性等方面出现的问题，将对传统云计算架构产生颠覆性的革命，赋予云计算更强大的生命力，也是下一代云计算的新模式。华为在国内一直是各类开源项目的积极支持者，并且华为在 Docker 社区的贡献排名一直保持前三位，2015 年华为已加入 OCI 开放容器标准组织，成为该组织国内唯一的成员。

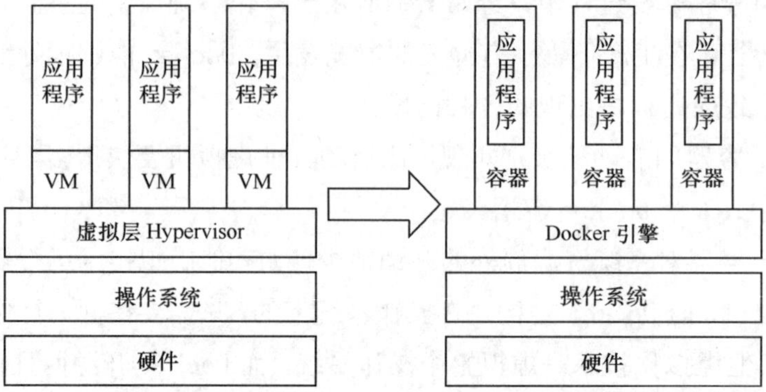

图 6-36　Docker 与其他虚拟化技术对比

6.11.2　Kubernetes 概述

CoreOS 是 Docker 的成员之一，CoreOS 是专为容器设计的操作系统，CoreOS 为 Docker 的推广和源码社区都做出了巨大的贡献，CoreOS+Docker 曾经是容器部署的最佳组合。然而 Docker 想打造自己的生态圈，而这与 CoreOS 有直接的竞争关系。2014 年底，CoreOS 正式发布开源容器引擎 Rocket（简称 rkt），作为一份正式的“分手”声明。而现在 Google 坚定的站在了 CoreOS 一边，并将 Kubernetes 支持 rkt 作为一个重要里程碑，Docker 发布的 docker 1.12 版本开始集成了集群 Swarm 的功能。从此，容器技术分为两大阵营，Kubernetes 和 Docker。

Kubernetes 简称 k8s，是 Google 开源的容器集群管理系统，其提供应用部署、维护、扩展机制等功能，利用 Kubernetes 能方便地管理跨机器运行容器化的应用。主要组件包括 Master 节点上的 kube-apiserver、kube-scheduler、kube-controller-manager、控制组件 kubectl、状态存储 etcd（分布式环境下的键值存储服务）和 Slave 节点上的 kubelet、kube-proxy，以及底层的网络支持（可以用 Flannel、Open vSwitch、Weave 等）。

Master 节点上 kube-apiserver 提供对 API 的支持，响应 REST 操作，验证 API 模型和更新 etcd 中的相应对象，kube-scheduler 负责 Pods 在各个节点上资源的分配，kube-controller-manager 负责节点的发现，管理和监控。

在每个 Slave 节点上都要运行一个对容器进行生命周期管理的 Kubelet 应用程序。它的主要功能就是对节点上 Pod/Container 的管理和监控，如容器创建之后，kubelet 还要查看容器是否正常运行，如果容器运行出错，就要根据设置的重启策略进行处理。

Kubernetes 的基本单元是 Pods，用来定义一组相关的容器 Container。Kubernetes 的优点是可以通过定义一个 Replication Controller 来将同一个模块部署到任意多个容器中，并且由 Kubernetes 自动管理。如定义了一个应用程序的 Pod，通过 Replication

Controller 设置启动多个 Replicas，系统就会在 Pod 创建后自动在所有可用的 Minions（工作节点）中启动多个 Apache Container，并且当 Container 或者是所在的服务器不可用时，Kubernetes 会自动通过启动新的 Container 来保持总数不变，这样管理一个大型系统变得轻松和简单。

6.11.3 微服务

在现有的应用服务器中，应用程序与运行环境紧耦合、资源隔离差、版本管理能力弱容易引起冲突、部署困难等诸多问题，在分布式、碎片化的软件环境下，变得日趋严重，所以传统的以应用服务器为基础的 PaaS 架构面临部署和运维等难题。

近年来微服务框架越来越受到关注，之前通用的软件设计模式是使用客户端服务器模式的架构，应用程序在开发、测试、打包和部署阶段都是作为一个整体存在。这种架构使得持续交付变得充满挑战，因为哪怕是应用程序的最小改变也需要整个应用重新编译和测试。微服务是一种将应用分解成小的自治服务的软件架构，每个服务被独立地开发、测试和部署，服务间使用约定的 API 进行通信，所有的服务组合在一起，通过 API Gateway 向外提供服务。微服务提高了应用的灵活性、扩展性和高可用性，在 PaaS 平台上部署微服务框架，需要系统提供完整的服务治理功能，包含服务的注册、发现、管理、授权、分布式事务、调用链分析等功能。和传统架构不同，微服务架构是由一系列职责单一的细粒度服务构成的分布式网状结构，服务之间通过轻量机制进行通信，这时需要有服务的注册和发现功能，服务提供方要将自己的服务地址进行注册，服务的调用方可以从服务注册中心找到需要调用的服务地址，同时，服务提供方一般以集群方式提供服务，通过负载均衡解决服务间的流量转发的问题，微服务需要服务网关，通过它提供统一的对外接口来调用微服务的 API，对于后台的运维和管理还需要一套基础管理平台包括监控、自动化等功能。即一个简单的微服务架构需要注册中心、服务发现、负载均衡、服务网关相关组件和提供管理、监控、自动化等基础平台。

除了把业务进行拆分，微服务对部署和运维提出新的要求，因为实施微服务架构后，整个系统的模块一下子比原来多了很多，模块变多后，部署和维护的工作量都会变大，需要建立一套包含自动构建、自动部署、日志中心、健康检查、性能监控等功能在内的基础平台。Docker 和 Kubernetes 的结合解决了分布式系统运维的大量问题，Docker 实现了 Infrastructure as Code，传统的 Infrastructure 架构只提供 API 供上层调用，但并不是代码，代码是可以编译和执行的，Docker 和 Kubernetes 结合，把 Docker 编译好的镜像发布到 Kubernetes 的集群里，在 Kubernetes 中会负责处理应用的高可用和自动伸缩，对应用的任何一次变更，小到修改一个参数，大到一次全面的升级，都会被 Kubernetes 纳入版本控制，就像管理代码一样，同时接管了应用的大部分运维工作，运用 DevOps 的架构实现开发即部署，部署即开发的模式提高开发和运维的效率，结合容器、微服务、DevOps 平台，建立了一个数字化企业云平台。以实现业务的自治性、原子性、隔离性等特点。

微服务架构是构建分布式系统的理想方案。但它不能解决所有问题，也不是一种简单的架构。在传统架构向微服务架构演进的过程中需要面临很多挑战，其中微服务如何分离，分离之后微服务的大小、微服务之间的通讯和数据的一致性等问题，都是需要解决的棘手问题。

微服务是把业务进行原子性的拆分，并以进程的形式独立地运行。在传统架构中需要一台虚拟机来运行一个微小的应用，会造成资源浪费，而以容器为架构，微服务独立运行在容器中，与主机操作系统共享硬件资源，更加快速、小巧，而不需要 VMM 中间层虚拟化的翻译，资源利用率更高，响应速度更快。

业务被微服务拆分后，通过 DevOps 提高开发、部署、运维的效率，开发者通过本地的客户端向服务端提交代码，将代码构建成镜像放到本地，将对应的镜像启动容器来预览开发的结果，开发经过自测确认无误，再将该镜像推送到私有的 Docker 注册服务器中进行存储。测试人员将私有镜像仓库中开发人员新提交的镜像在容器中运行测试，测试通过后镜像会被运维人员使用，运维人员将镜像部署在生产环境的容器中运行并交付给客户使用。

微服务以容器为架构，开发、部署、运维以 DevOps 为模式，已经成为下一代 PaaS 的典型应用场景。

6.11.4 基于 Docker 的 PaaS 云平台 OpenShift

传统 PaaS 的平台有一定的局限性，它只能提供有限的开发语言、框架和中间件的支持，如只支持 Java、PHP、NodeJs 和 Ruby 等，用户开发应用时所能选择的技术比较受限。传统 PaaS 一般无法支持复杂的分布式应用，对其他非 Web 类应用的支持也有限。用户的应用与 PaaS 平台耦合强，PaaS 平台为了管理或者安全的考虑，都会提供各种专属的 SDK，用户的应用必须依赖这些 SDK，并且要使用 PaaS 平台定制的框架和中间件来重新开发自己的应用。由于其对开发者不够友好，开发者丧失了对环境和底层的控制力，且存在较多限制，使得开发效率不高。PaaS 标准不统一，使得跨不同供应商 PaaS 移植非常困难，直接导致了供应商锁定。不能很好地保护现有系统上的投资，现有 IT 系统很难甚至是无法迁移到 PaaS 平台中，除非对应用进行大量重写。

随着 Docker 容器技术的兴起和企业 IT 系统架构的发展，PaaS 迎来了新的挑战和发展。Docker 将应用和依赖的架构中间件等运行环境都打包到了镜像，用户应用进程在 Docker 容器中运行，不再依赖宿主机提供开发语言等计算环境支持。用户提交到 PaaS 平台的不再是代码而是应用的 Docker 镜像，将应用和 PaaS 平台做了解耦，不仅给用户开发应用带来了便利，PaaS 也无须再准备各种语言的支持和复杂的应用打包过程。

OpenShift Enterprise 产品是基于 Docker Linux容器、Kubernetes 编排和红帽 Linux 7 的企业级容器应用平台，它是红帽 PaaS 平台的新产品，能让开发和运营团队更敏捷、更具响应能力和更高效，从而帮助企业加快应用开发和交付，从技术堆栈的角度分析，作为一个容器云，OpenShift 自底而上的逻辑架构包含了以下几个层次：基础架构层、容器引擎层、容器编排层、PaaS 服务层、界面及工具层。

1. 基础架构层

基础架构层为 OpenShift 平台的运行提供了基础的运行环境。OpenShift 支持运行在物理机、虚拟机、基础架构云（如 OpenStack、Amazon Web Service、Microsoft Azure 等）或混合云上。在操作系统层面，OpenShift 支持多种不同的 Linux 操作系统，如企业级的 Red Hat Enterprise Linux、社区的 CentOS 等。

2. 容器引擎层

OpenShift 目前以 Docker 作为平台的容器引擎。Docker 是当前主流的容器引擎，已经在社区及许多企业的环境中进行了检验。事实证明 Docker 有能力为应用提供安全、稳定及高性能的运行环境。OpenShift 运行的所有容器应用最终落到最底层的实现，其实就是一个个 Docker 容器实例。OpenShift 对 Docker 的整合是开放式的。熟悉 Docker 的用户对 OpenShift 能快速上手。同时，Docker 现有的庞大的镜像资源都可以无缝地接入 OpenShift 平台。

3. 容器编排层

目前大家对容器编排的讨论已经成为容器相关话题中的一个热点。Kubernetes 是 Google 在内部多年容器使用经验基础上的一次总结。Kubernetes 设计的目的是满足在大规模集群环境下对容器的调度和部署的需求。Kubernetes 是 OpenShift 的重要组件，OpenShift 平台上的许多对象和概念都是衍生自 Kubernetes，如 Pod、Namespace、Replication、Controller 等。

4. PaaS 服务层

Docker 和 Kubernetes 为 OpenShift 提供了一个良好的基础，但是只有容器引擎和容器编排工具并不能大幅度提高生产效率，形成真正的生产力。Kubernetes 关注的核心是容器应用的编排和部署，它并不是一个完整的 PaaS 解决方案。容器平台最终的目的是向上层应用服务提供支持，加速应用开发、部署和运维的速度和效率。OpenShift 在 PaaS 服务层默认提供了丰富的开发语言、开发框架、数据库及中间件的支持。用户可以在 OpenShift 这个平台上快速部署和获取一个数据库、分布式缓存或者业务规则引擎的服务。

5. 界面及工具层

云平台一个很重要的特点是强调用户的自助服务，从而降低运维成本，提高服务效率。OpenShift 提供了自动化流程 Source to Image，帮助用户容器化用各种编程语言开发的应用源代码。OpenShift 提供了多种用户的接入渠道：Web 控制台、命令行、IDE 集成及 REST 编程接口。OpenShift 提供了性能度量采集、日志聚合模块及运维管理套件，帮助运维用户完成日常的应用及集群运维任务。

在容器的引擎层和编排层中，OpenShift 主要包含：Master 节点、Node 节点、持久存储、Registry 等组件，如图 6-37 所示。

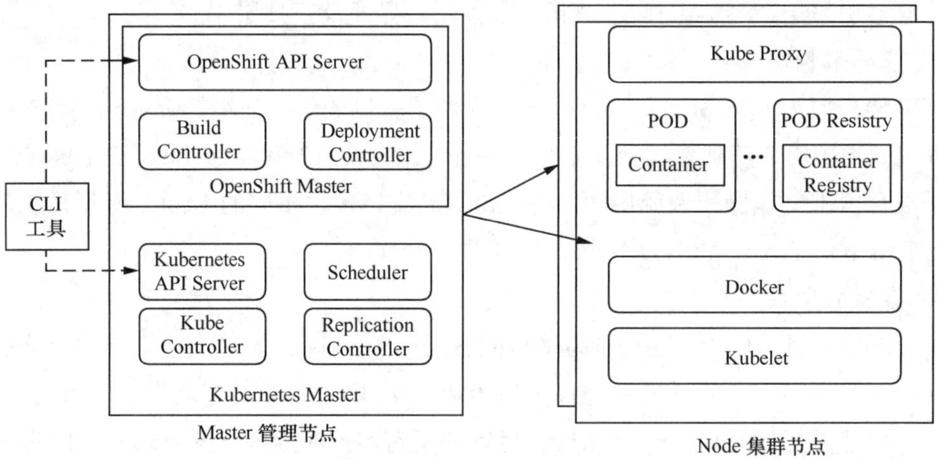

图 6-37　OpenShift 架构

Master 是 OpenShift 集群的管理节点，它包含管理组件，如提供认证、授权、访问控制等的 API Server、负责资源调度的 Scheduler、负责维护集群状态的 Controller 和 Kubernetes，Master 节点通过 Node 节点上的服务管理 Node 节点，在生产环境中，通常至少部署 3 个 Master 节点。

Node 节点提供容器的运行环境，每个 Node 节点都被 Master 管理，Node 节点是安装了 RHEL（Red Hat Enterprise Linux）的物理机或虚拟机，甚至可以是云环境，其中 Registry 是企业内部镜像库。

简单地说，Master 节点负责管理，Node 节点提供运行容器所依赖的资源。

在 OpenShift 中，一个 Pod 包含一个或者多个容器，它是最小的管理单元，一个 Node 节点可以包含多个 Pod，多个 Pod 可以组成一个应用提供对外服务，共同拥有一个 Service IP。

综上所述，新一代 PaaS 以 Docker 容器为基础，面向未来云化、微服务场景结合大数据、人工智能（Artificial Intelligence，AI）、机器学习（Machine Learning，ML）、深度学习（Deep Learning，DL）等多种计算服务，集成开发测试部署流水线，成为一个一站式的应用开发运行平台。

6.12　超融合

企业数据中心为了快速响应新的业务需求，必须对企业的核心基础设施进行转型，使其要变得更加敏捷，并且能够按需、实时、具备弹性、自动化的提供各种服务。

在这个过程中，需要通过软件对计算、存储、网络、以及其他硬件进行抽象的定义，实现基于云计算形态的高度整合与对所有资源进行融合，从而增加数据共享、提升资源利用率、减少运营成本，同时实现弹性的、自服务的、自动化的、按需分配的现代化的企业数据中心私有云平台。

为了满足这些需求提供了软件定义数据中心的云平台解决方案超融合基础架构。

超融合基础架构（Hyper-Converged Infrastructure，HCI）也称为超融合架构，是指在同一套单元设备（X86 架构的服务器）中不仅仅具备计算、网络、存储和服务器虚拟化等资源和技术，而且还包括缓存加速、重复数据删除、在线数据压缩、备份软件、快照技术等元素，而多节点可以通过网络聚合起来，实现模块化的无缝横向扩展（Scale-Out），形成统一的资源池，对外提供统一的企业级云服务。

超融合是私有云发展的一种趋势，将计算、存储、网络集于一身，在企业的数据中心中形成一套小而精的硬件基础架构资源池。广义上，除了计算和存储，超融合架构还可以整合网络以及其他更多的平台和服务。当前业界普遍的共识是：软件定义的分布式存储层和计算虚拟化是超融合架构的最小集。HCI 是实现“软件定义数据中心（SDDC）”的终极技术途径。HCI 类似 Google、Facebook 后台的大规模基础架构模式，可以为数据中心带来最优的效率、灵活性、规模、成本和数据保护。

在超融合市场，产品主要为两类：一类是以 Nutanix、Simplivity 为代表的超融合系统研发新兴公司，这类企业总体上保持了较强的增长势头；另一类则是以 VMware 为代表的传统虚拟化厂商，其凭借自身在虚拟化及软件定义网络、存储等领域的优势，在企业级市场上不断攻城略地。

习题

一、选择题

1．虚拟化的本质包括（多选）（　　）

A．分区　　B．隔离　　C．封装　　D．相对硬件独立

2．以下四种服务器虚拟化实现方式，有别于其他三家的是（　　）

A．VMware Workstations　　B．VMware vSphere

C．Citrix XenServer　　D．FusionSphere

3．内存复用是一种集群控制策略，在开启状态下可以对内存进行超分配。以下哪几种是实现内存复用的技术（　　）

A．内存共享/写时复制　　B．内存置换

C. 内存气泡　　D. 内存溢出

4. 网络虚拟化中，实现虚拟交换技术的有以下哪几种（多选）（　　）

A. 网络路由器　　B. 物理网卡实现

C. 物理交换机实现　　D. CPU 实现

5. 以下哪几种是常见的对于存储虚拟化的实现方式（多选）（　　）

A. 裸设备+逻辑卷　　B. 存储设备虚拟化

C. 主机存储虚拟化+文件系统　　D. 存储资源映射

二、判断题（T or F）

1. 对于 X86 处理器来说，其保护模式下一共有 4 个不同优先级，分别从 Ring0 到 Ring3。这些 Ring 的优先级随其所执行功能的不同也有所不同。其中 Ring3 用于操作系统内核，优先级最高，拥有最高的“特权”。（　　）

2. 内存虚拟化的核心，在于引入一层新的地址空间——客户机物理地址空间，客户机以为自己运行在真实的物理地址空间中，实际上它是通过 VMM 访问真实的物理地址的。在 VMM 中保存客户机地址空间和物理机地址空间之间的映射表。（　　）

3. 华为的虚拟化平台 UVP 是基于开源的 Xen 演变而来，其在功能实现的时候比较大的特点是在进行 I/O 处理的时候需要 Domain0 的参与。（　　）

4. VXLAN 是一种新型的大二层网络实现方式，通过它，可以实现跨越三层网路进行二层网络信息的传递或者跨越三层的迁移。（　　）

三、填空题

1. 解决经典虚拟化弊端的方法有________、________、________。

2. CPU 个数为 3，CPU 核数为 2，CPU 线程数为 4（支持超线程技术），vCPU 个数为________。

3. I/O 虚拟化工作原理________。

第二部分小结

本部分围绕分布式系统，硬件资源的原理和相应的虚拟化技术进行详细的介绍，分布式文件系统，分布式计算和分布式存储是分布式云平台的基础理论架构和实践指导。学习分布式系统的原理和应用，对设计和实现云平台的底层架构起到借鉴作用。学习掌握基本的硬件知识和虚拟化原理，通过虚拟化技术整合硬件资源，形成可随时分配的资源池，并按照用户需求进行分配，提高硬件资源的利用率，降低企业运营成本。随着硬件技术不断更新迭代，新的技术不断涌现，硬件将向着速度更快、体积更小、更智能、更普遍的方式向前发展，为云平台不断提供新的动力。同时虚拟化技术也在不断地演变，已经由传统的虚拟化整个世界，向着虚拟更轻、更小的操作系统方向发展，Docker 的出现必将对虚拟化技术产生巨大的影响。

在面对高吞吐、高并发、低延迟和负载均衡的应用服务时，无论服务器硬件配置有多高，已经不可能由单台服务器完成。必须要考虑如何使用多台服务器共同完成，从而达到高吞吐的性能要求，而在多台服务器的协作中，如何才能有效地利用这些服务器，不至于其中某一部分服务器成为瓶颈，从而影响整个系统的处理能力，如何让每台服务器都能尽其所能地工作，而不是出现无谓的消耗和等待的情况，如果需要在大量用户访问的时候，也能很快地返回计算结果，并且让更多的服务器来响应用户的请求，这些都需要分布式系统来解决上述问题；此外，由于互联网业务的用户来自全世界，因此在物理空间上可能来自各种不同延迟的网络和线路，在时间上也可能来自不同的时区，所以需要使用分布式系统中的负载均衡把多个服务器部署在不同的空间来提供服务，有效地让多个不同服务器承载用户访问的压力。

随着虚拟化技术的不断发展，通过软件定义硬件的方式实现整个架构的虚拟化正变得越来越受到关注。在虚拟化的定义和划分上，有很多种分类，但都可以把它们归纳划分为两类：一类是具体的硬件或设备的虚拟化技术；另一类是更加抽象的对整个系统使用软件的方式进行定义，利用现有的资源进行分布式的应用，对整个系统进行高度抽象来实现对系统架构的虚拟化，如软件定义数据中心、软件定义网络、软件定义存储等，它们对传统的虚拟化技术有着本质的区别。如存储虚拟化和虚拟化存储，从本质上是有区别的，存储虚拟化是对具体的硬件或磁盘进行虚拟化的技术阐述；而虚拟化存储，是对整个存储系统的虚拟化抽象，重点表现在软件定义存储，不依赖于存储硬件厂商的产品，而是采用分布式的低端服务器组成的硬件设备，使用软件定义进行各种虚拟化的划分和定义，最终提供给上层应用的虚拟化解决方案。同样网络虚拟化和虚拟化网络从本质上讲也是有区别的，网络虚拟化强调是对硬件设备的虚拟化技术；而虚拟化网络，是通过软件定义网络的方式实现虚拟化的过程，是脱离网络硬件厂商的依赖，通过软件技术实现的虚拟化过程。

虚拟化有很多优点，但并不是所有应用都部署在虚拟机中。有些应用服务部署在物理服务器比部署到虚拟机中更加适合，如 SQL 服务部署到虚拟机虽然能正常工作，但部署到物理服务器将能更好地利用 SQL 的性能。

Docker 改变了虚拟化的方式，方便快捷已经是 Docker 的最大优势，在下一代的 PaaS 中并非一定要操作系统 OS，而是把 RunTime 程序运行时和服务 Service 相结合，提供容器即服务 CaaS（Container as a Service）的架构，把传统的 IaaS 和 PaaS 进行合并，演变为基于 CaaS 的下一代云计算架构，同时解决 Docker 在隔离性、安全性、移动性等方面出现的问题，这将对传统云计算架构产生颠覆性的革命，赋予云计算更强大的生命力，也是下一代云计算的新模式。

第三部分　云平台架构

第7章 OpenStack

OpenStack 是目前最流行的构建云平台的开源项目，是使用 Python 语言编写的云操作系统组件。2010 年 6 月，由美国航空航天局（NASA）和 RackSpace 公司合作研发完成的 OpenStack 是一个灵活的、能够整合多个系统，构建公有云、私有云、混合云的 IaaS 云平台的组件集合，它通过统一的管理接口对云平台中的资源（如存储、虚拟机、网络等）进行管理，使用 OpenStack 能够搭建包括公有云、私有云、混合云的 IaaS 云平台。

本章主要介绍开源的 OpenStack 架构和主要组件的功能，如 Keystone、Nova、Cinder、Neutron、Glance 和 Swift。

学习目标

- 了解 OpenStack 的发展及特点；
- 掌握 OpenStack 各个组件的功能。

7.1 OpenStack 发展过程

2010 年 7 月，RackSpace 和美国国家航空航天局合作，分别贡献出 RackSpace 云文件平台代码和 NASA Nebula 平台代码，OpenStack 由此诞生（Austin 版）。

2011 年 2 月，OpenStack 社区发布了 Bexar 版，新增了 Glance 提供镜像服务。

2011 年 4 月，OpenStack 社区发布了 Cactus 版，没增加任何项目。

2011 年 9 月，OpenStack 发布了第四个版本 Diablo。

2012 年 4 月，OpenStack 发布了第五个版本 Essex，吸收了两个新核心项目——用于用户界面操作的 Horizon 和认证的 Keystone。

2012 年 9 月，OpenStack 将 Nova 项目中的网络模块和块存储模块剥离出来，成立了 Quantum 和 Cinder，并发行了第六个版本 Folsom。

2013 年 4 月，OpenStack 发布了第七个版本 Grizzly。

2013 年 10 月，OpenStack 发布了第八个版本 Havana，首次提出集成项目的概念，并集成了两个新项目——用于监控和计费的 Ceilometer 和用于编配的 Heat。

2014 年 4 月，OpenStack 发布了第九个版本 Icehouse，并加入了 Trove 来提供数据服务。

2014 年 10 月，发布了第十个版本 Juno。

2015 年 4 月，发布了第十一个版本 Kilo。

2015 年 10 月，发布了第十二个版本 Liberty。

2016 年 4 月，发布了第十三个版本 Mikata。

2015 年 OpenStack 与 Docker 合作，专门支持 Kubernetes 在 OpenStack 之上运行管理。这样，OpenStack 不再是一个 IaaS 平台，容器集群的支持和服务编排组件等让 OpenStack 更加贴近 PaaS。

OpenStack 的发展过程如图 7-1 所示。

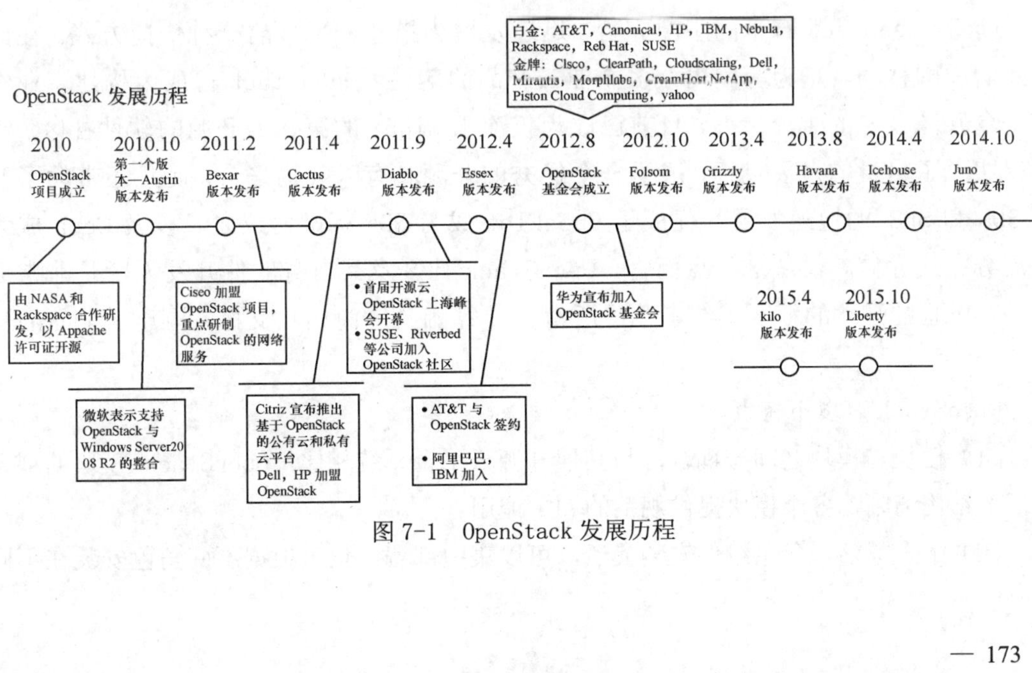

图 7-1　OpenStack 发展历程

7.2 OpenStack 简介及特点

OpenStack 可以理解是一个框架，OpenStack 管理的资源是一个分布式系统，将各类服务器、存储、网络设备等硬件资源组织起来，形成一个完整的云平台，如图 7-2 所示。要构建云计算系统，需要大量组件进行整合，OpenStack 协调并整合各组件所需功能和服务。但 OpenStack 本身不是虚拟化软件，要结合 KVM、XEN 等虚拟化技术的支持，才能对硬件进行虚拟化，由此可见，OpenStack 更像是控制中心，协调指挥其他组件执行具体操作，以完成各项功能和服务。OpenStack 还提供了图像化的管理界面 Horizon，提供一套 API 支持用户开发。

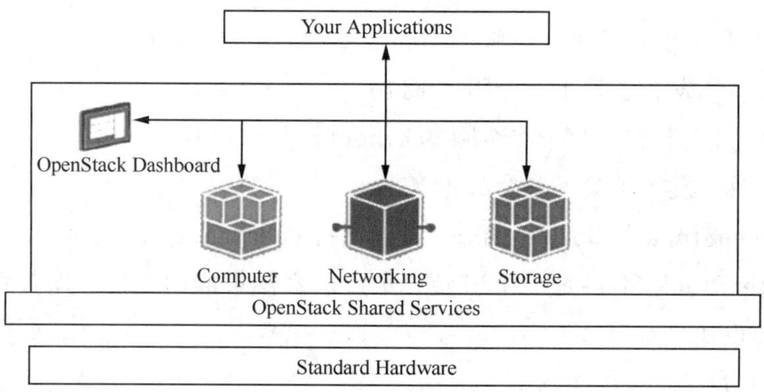

图 7-2　OpenStack 示意

随着 OpenStack 技术的不断完善，迅速发展为搭建云平台的一种快捷方式。在国内随着中国移动、华为等国内众多企业云产品的落地，OpenStack 已成为构建企业级云平台开源技术的主流标准，目前已成为仅次于 Linux 的第二大开源的软件社区。它不仅实现了自身的发展目标，成为一个优秀的开源私有云架构平台，而且还带动了开源 SDN 和 SDS 的快速发展，促成了 OpenFlow 成为 SDN 标准协议之一以及 Ceph 成为主流分布式存储。仅从这几点而言，OpenStack 社区及其自身软件开发无疑是非常成功的，它通过强大的社区集结了几乎所有云计算相关厂商相互支撑，构建了全面的生态系统。

OpenStack 有以下特点。

（1）模块与模块之间松耦合，与其他开源云平台系统相比，OpenStack 模块的耦合度低，结构清晰，各个模块提供规范的 API 调用。

（2）配置灵活，各个组件安装灵活，可以集中部署，也可根据不同角色安装在不同的服务器或虚拟机。

（3）OpenStack 项目作为一个云平台，提供了三种使用方式：① OpenStack 的所有组件均采用 REST API 接口，通过各个 OpenStack 项目提供的 API 来使用各个服务的功能，可以根据自己的需求做二次软件开发，功能实现较为简单。② 通过 Horizon 的 Web 界面使用平台上的功能。③ 通过命令行，使用各个服务的功能（社区目前的发展目标是使用一个单一的 OpenStack 命令替代过去的每个项目一个命令的方式，以后会只存在一个 OpenStack 命令）。

7.3 OpenStack 体系架构

OpenStack 的不同版本中 Folsom 版本更为成熟。它包括 Nova（计算）、Swift（存储）和 Neutron（网络）三大组件。截至 2017 年 2 月，最新的第 15 个发行版本为 OpenStack Ocata。OpenStack 各个组件的层级关系，如图 7-3 所示。

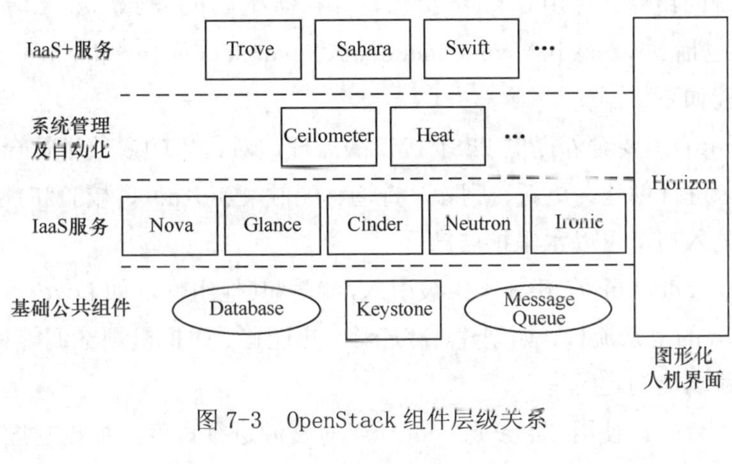

图 7-3 OpenStack 组件层级关系

1. Horizon

Horizon 是图形用户界面，提供统一的管理界面，管理所有组件的状态。

2. Keystone

Keystone 包括 OpenStack 的认证服务和用户信息管理服务。其中认证服务主要负责用户的登录认证和访问控制，用户信息管理主要是对用户、角色、权限、租户等信息管理。

Keystone 的认证过程主要通过用户名，密码认证后，返回一个临时 Token，用户通过临时 Token 查询所属租户，一个用户可以对应多个租户，获得租户信息后，选择其中一个租户并通过用户名，密码认证后，Keystone 返回租户的 Token，使用该 Token 获取各个组件的服务。

用户信息包括用户、Tenant 和角色，用户是访问 OpenStack 各个服务或资源的人或程序。Tenant 即租户，让多个用户或企业能够在同一时刻使用同一个应用服务或资源，并保护用户数据的隐私与安全。用户访问应用服务或资源前，必须与该租户关联，并且指定用户在该租户下的角色。角色是用户拥有的权限，一个角色可以拥有多个权限，用户的 Role 越高，在 OpenStack 中能访问的服务或资源就越多。

Keystone 还包括其他基本信息，如 Service 服务，当用户访问服务时，根据租户下用户的角色确认是否有访问服务的权限，Endpoint 是具体化的 Service，它提供给用户访问服务的端点，Endpoint 一般为 URL，用户通过该 URL，可以访问服务。Endpoint 的 URL 具有 Public、Private 和 Admin 三种权限。其中 Public URL 提供对外访问服务，Private URL 提供对内访问服务，Admin URL 提供管理员访问服务。

3. Nova

Nova 是 OpenStack 的核心，负责处理虚拟机的所有流程，为虚拟机提供自动创建和管理功能，类似于 Amazon EC2 的 Web 服务。Nova 在创建虚拟机时需要一个镜像文件，通常该操作系统的镜像文件由 Glance 提供，并存储在 Cinder 或 Swift 等介质中。

Nova 主要包括 Nova-api、Nova-conductor、Nova-scheduler 和 Nova-compute 模块，它们的主要功能如下。

（1）Nova-api 主要对外提供 REST 接口的处理，对传入的参数进行合法性校验和约束限制，对资源进行创建、更新、删除、查询、配额（Quota）、校验和预留等。它是虚拟机生命周期的入口，可以水平扩展部署。

（2）Nova-conductor 在 G 版本中被引入，解耦其他组件，如 Nova-compute 的数据访问，控制 Nova 的复杂流程，如创建、冷迁移、热迁移、虚拟机规格调整和虚拟机重建，对其他组件心跳功能的定时写入。

（3）在云平台中，使用 Nova-scheduler 对资源进行调度。如创建虚拟机时，指导虚拟机创建在哪台主机上，迁移时指定到哪台主机上等。

（4）Nova-compute 是虚拟机各生命周期操作的真正执行者。底层对接不同虚拟化的平台（KVM、VMware、Xen、FusionCompute、Hyper-V 等）进行虚拟化操作，内置周期性任务，完成资源刷新、虚拟机状态同步等功能。

4. Cinder

OpenStack 从 Folsom 版本开始，将之前 Nova 中的部分持久性块存储功能（Nova-Volume）分离出来，独立为新的组件 Cinder。Cinder 的核心功能是对卷的管理，允许对卷、卷的类型、卷的快照、卷备份进行处理。它为云平台提供统一接口，通过驱动的方式接入不同种类的后端存储（本地存储、网络存储、FCSAN、IPSAN）与 OpenStack 进行整合提供块存储服务（类似于 Amazon EBS 服务）。Cinder 组件主要包括三种服务。

（1）Cinder-API

Cinder 对外接口，负责接受和处理 REST 请求，并将请求放入 RabbitMQ 队列。

（2）Cinder-Scheduler

处理队列中的任务，并根据预定策略选择合适的 Volume Service 节点来执行任务。

（3）Cinder-Volume

负责与后端存储进行对接，通过各厂商提供的 Driver 将 OpenStack 操作转换为存储操作。该服务运行在存储节点上，管理存储空间。每个存储节点都有一个 Volume Service，若干个这样的存储节点联合起来可以构成一个存储资源池。

在 Cinder 整体构架中，如图 7-4 所示，API 是核心部分，连接了内部的授权管理，REST 请求，消息队列和前端的 Cinder 客户端，Nova 客户端。客户端通过 Web 界面显示 Cinder 信息，Nova 端用户可以调用存储在块中的资源。AMQP 是高级消息队列协议，应用于消息队列中。Scheduler 处理消息队列中的任务，任务在 Volume 节点上执行。iSCSI 一端连接存储设备（Volume），一端连接其他主机。用户使用 API 用以请求和使用 Cinder 虚拟化块存储设备池，并且不用了解存储的位置或设备信息。

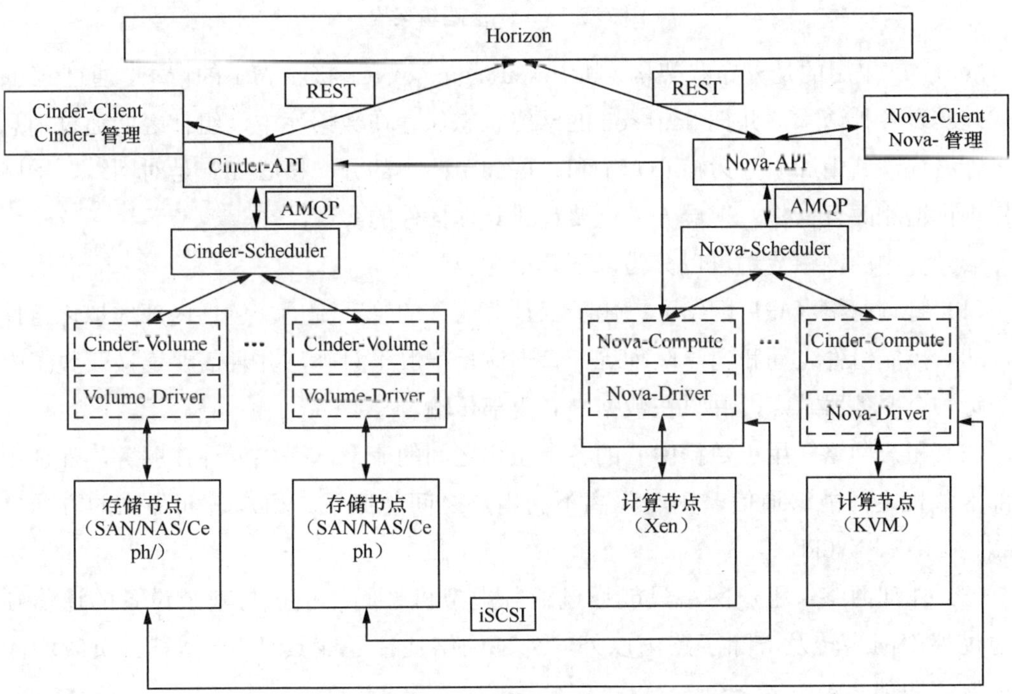

图 7-4　Cinder 存储逻辑架构图

5. Neutron

Neutron 提供不同层次的网络服务，是 OpenStack 核心项目之一。它将网络、子网、端口和路由器抽象化之后启动的虚拟主机就可以连接到这个虚拟网络上。优势是部署或者改变一个 SDN 变得非常简单，并都可在可视化的 Horizon 里实现。

Neutron 主要包括 Neutron-server、插件 plugin、Neutron 数据库、DHCP 代理、二层代理、三层代理和消息队列，如图 7-5 所示。其中 Neutron-server 和插件 plugin 主要接收 REST 请求，通过 Keystone 授权，与数据库交互，对外提供 API 功能。二层代理主要连接网络端口，处理数据包。三层代理为客户机访问外部网络提供三层转发服务。

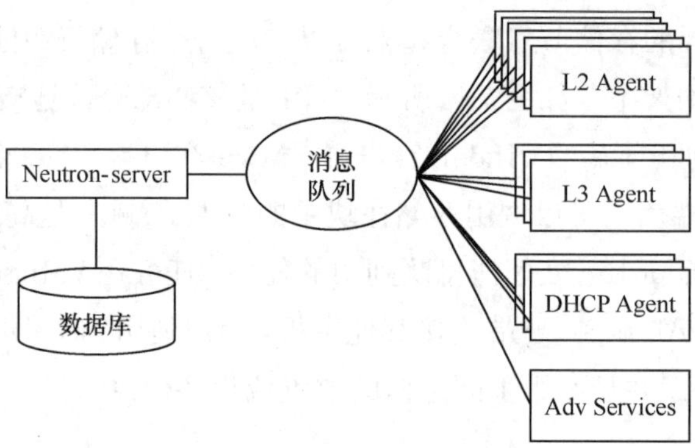

图 7-5　Neutron 逻辑架构

Neutron 采用的是分布式架构，其中 Neutron-server 接收 API 的请求，通过 Plugin 的代理实现各种请求，并把 Neutron 的网络状态保存在数据库中，组件之间通过消息队列进行通信。其中 API 分为核心 API 和扩展 API 两个部分，核心 API 是对网络、子网和端口进行增删改查操作，扩展 API 主要针对具体插件的实现。

云计算中的网络流量可以分为以下几个大类。

（1）管理网络（API 网络）：用于云计算内部的管理流量，包括内部虚拟化组件之间、SDN 控制组件之间和消息队列等。管理流量一般不对外，并且需要连接云数据中心中的每一个服务器节点，并只在数据中心内部传输。

（2）租户网络：用于数据中心的各个租户之间的流量，提供云计算服务，保证用户内部虚拟机之间能够通信，同时隔离不同用户之间的流量。租户之间隔离的方式包括 VLAN、VXLAN、NVGRE 等。

（3）外部网络：租户网络只能通过业务虚拟机之间通信，与其余设备的通信则都要通过外部网络转发。除了路由以外，外部网络往往还兼具 VPN、NAT、负载均衡、防火墙等职能。

（4）存储网络：用于连接计算节点和存储节点，主要是为计算节点中的主机和虚拟机提供存储服务。存储网络也不对外，在内部传输。

OpenStack 的管理网络流量，同样需要连接所有的主机，其上传输的流量包括 Horizon、Nova、Keystone、Glance 等组件的管理服务。它通过管理网络与计算节点、网络节点上的 Agent、Client 通信。

外部网络主要运行的是 Neutron 的各种插件，包括 L2 Agent、L3 Agent、DHCP Agent、VPN Agent、FW Agent 以及配套的各种软件。它为租户提供各种诸如 NAT、路由之类的出口服务。

在 OpenStack 架构中，存储网络普遍采用单独的存储服务器集群向计算节点服务器提供存储服务，且支持块存储、文件存储、对象存储多种类型。

租户网络同样通过二层的 Overlay 技术来对租户的流量进行标记，实现隔离。Neutron 支持的二层设备包括开源虚拟交换机和商用虚拟交换机的插件。

6. Glance

Glance 是一套虚拟机镜像管理系统。它能够以多种形式存储镜像文件：①利用 OpenStack 对象存储机制 Swift 来存储镜像；②利用 Amazon 的简单存储解决方案（简称 S3）直接存储信息；③将 S3 存储与对象存储结合起来，作为 S3 访问的连接器。OpenStack 镜像服务支持多种虚拟机镜像格式，包括 VMware（VMDK）、Amazon 镜像（AKI、ARI、AMI）以及 VirtualBox 所支持的各种磁盘格式。Glance 架构如图 7-6 所示。

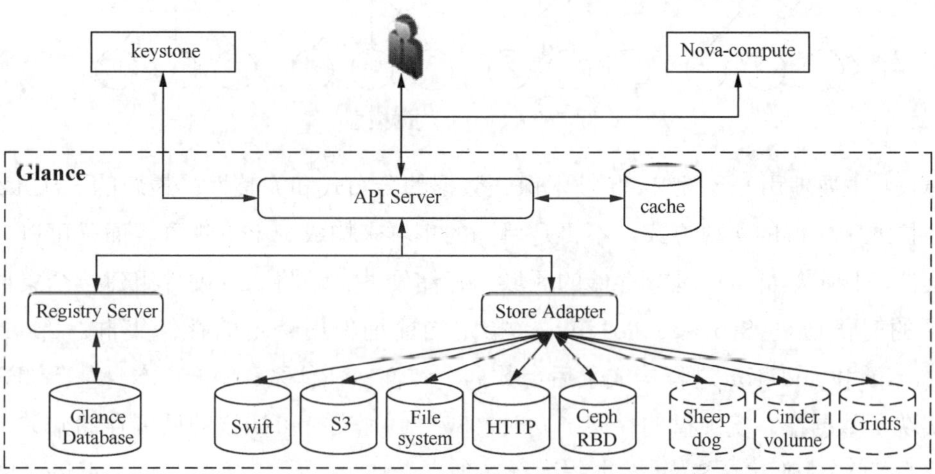

图 7-6 Glance 架构

（1）Glance-API：类似于 Nova-API，接收 REST API 请求，通过 Glance-Registry 模块及 Image store 模块来完成诸如镜像的查找、获取、上传、删除等操作。

（2）Glance-Registry：用于与 MySQL 数据库交互，存储或获取镜像的元数据（metadata）。

（3）Image store：是一个存储的接口层，通过这个接口，Glance 可以获取镜像，Image store 支持的存储有 Amazon 的 S3、OpenStack 本身的 Swift，还有诸如 Ceph、Sheepdog、GlusterFS 等分布式存储。

7. Swift

Swift 是一套用于在大规模可扩展系统中通过内置冗余及容错机制实现对象存储的系统，可提供高可用、分布式、持久性、大文件的对象存储服务，这些对象能够通过 REST API 调用。Swift 采用层次数据模型，共设 Account、Container 和 Object（即账户、容器、对象）三层逻辑结构。每层节点数均没有限制，可以任意扩展。这里的账户和个人账户不是一个概念，可理解为租户，用来做顶层的隔离机制，可以被多个个人账户共同使用；容器代表封装一组对象，类似文件夹或目录；子节点代表对象，由元数据和内容两部分组成，如图 7-7 所示。

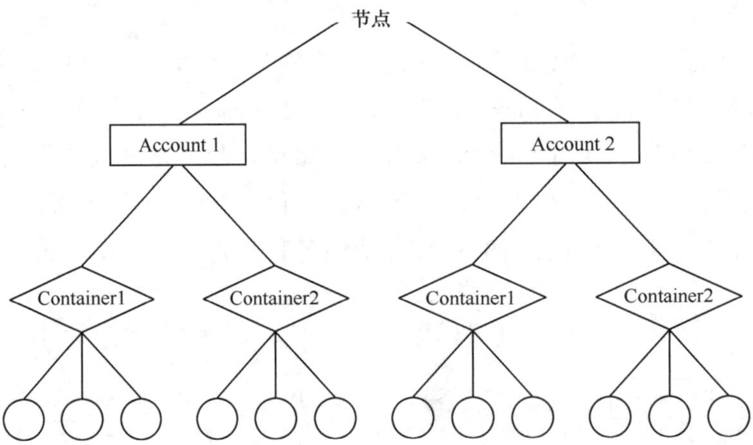

图 7-7　Swift 数据模型

Swift 主要使用一致性 Hash 技术保证数据的分布式和完整性。最新的 Swift2.0 版本已经扩展了集群的实现方式，不再是单一的集群来构成 Swift 集群，而是可以自定义多个集群，特定集群可以区分存储的区域、存储硬件。若将 SSD 硬件组建一个集群，在创建桶的时候通过 Storage Policy 来指定当前桶使用特定的存储集群。Updater、Replicator 和 Auditor 进程构成了后台数据一致性保证体系。Swift 本身基于 XFS 文件系统实现了数据在系统硬盘的存储；同时，Swift 也支持可插拔的后端存储介质，甚至可以将 Swift 的 Object Server 进程运行在独立介质上，如 IP 硬盘上面。Object Server 后端通过“可插拔”的软件接口实现对接 IP 硬盘等存储介质，前端保持与 Swift 内部的接口交互。

7.4 OpenStack 应用案例

使用 OpenStack 的多个组件搭建企业私有云，其中 Nova 提供计算虚拟化服务，是 OpenStack 的核心，负责管理和创建虚拟机。它方便扩展，支持多种虚拟化技术，并且可以部署在标准硬件上。Swift 提供对象存储服务，是一个分布式、可扩展、多副本的存储系统。Cinder 提供块存储服务，为 OpenStack 的虚拟机提供持久的块级存储设备。Neutron 提供网络虚拟化服务，是一个可拔插、可扩展、API 驱动的服务。Horizon 提供图形控制服务，可使用户方便地访问、使用和维护 OpenStack 中的资源。Glance 提供镜像服务，它旨在发现、注册和交付虚拟机磁盘和镜像，支持多种后端。Ceilometer 提供用量统计服务，通过它可以方便地实现 OpenStack 计费功能。Heat 整合了 OpenStack 中的众多组件，类似 AWS 中的 CloudFormation，让用户能够通过模板来管理资源。Trove 基于 OpenStack 构建 database-as-a-service。

从实施的效果来看，基于 OpenStack 研发的私有云平台提高了公司基础设施资源利用率，降低了硬件成本。私有云平台将物理服务器 CPU 的利用率从不到 10%提升到 50%，提高了基础设施资源管理与运维自动化水平，降低了运维成本。自助式的资源申请和分配方式以及云平台自动部署服务，使运维人员减少了 50%。利用虚拟化技术将物理基础设施进行池化，通过合理规划以及按需使用，提高了基础设施资源的弹性，增强了业务访问的弹性需求。

习题

简答题

1. OpenStack 包含哪些主要版本？最新的版本包含哪些主要组件？
2. 简要阐述 OpenStack 的 Nova、Swift、Neutron、Glance 组件的主要功能。
3. 简要阐述 OpenStack 的安装过程。

第8章 FusionSphere

本章主要介绍华为FusionSphere的特点和体系结构。作为一款为多行业客户推出的云解决方案，整个FusionSphere系统专门为云设计和优化提供强大的虚拟化功能和资源池管理、丰富的云基础服务组件和工具、开放的API接口等，可以帮助客户水平整合数据中心物理和虚拟资源，垂直优化业务平台，让企业的云计算建设和使用更加简捷。

华为FusionSphere深度融合了OpenStack架构，提供了更完整的软件定义数据中心能力和更强的管理自动化能力，能帮助客户按需部署服务器虚拟化、私有云、公有云以及混合云业务。

学习目标

- 掌握FusionSphere的架构和各个组件的功能；
- 掌握FusionCompute的架构和主要组件功能；
- 掌握FusionManager的主要功能；
- 理解租户、VDC、VPC的概念。

8.1 FusionSphere架构

在云计算领域推出基于OpenStack核心架构的企业混合云平台，FusionSphere OpenStack是开放式云服务和云管理平台，是华为面向行业客户推出的SOA云操作系统，提供基于OpenStack混合云的OpenStack API接口，帮助企业整合数据中心各种不同的资源，提供强大的计算、存储、网络、管理等基础云服务功能。帮助客户实现：（1）降低 IT 开销，节约成本；（2）降低部署的周期和运维难度，让 IT 更简单；（3）实现“敏捷式”的 IT 交付，与用户业务快速融合。

华为在为 OpenStack 社区做出巨大贡献的同时，借助 OpenStack 和 KVM 社区，使得华为云平台获得了更多软硬件 IT 厂商的广泛支持。混合云是企业未来云计算的趋势，华为将借助在 OpenStack 社区中的贡献和 FusionSphere 私有云架构，帮助企业实现混合云服务提供有力的技术保障。

华为云计算主要包括以下组件，如图 8-1 所示。

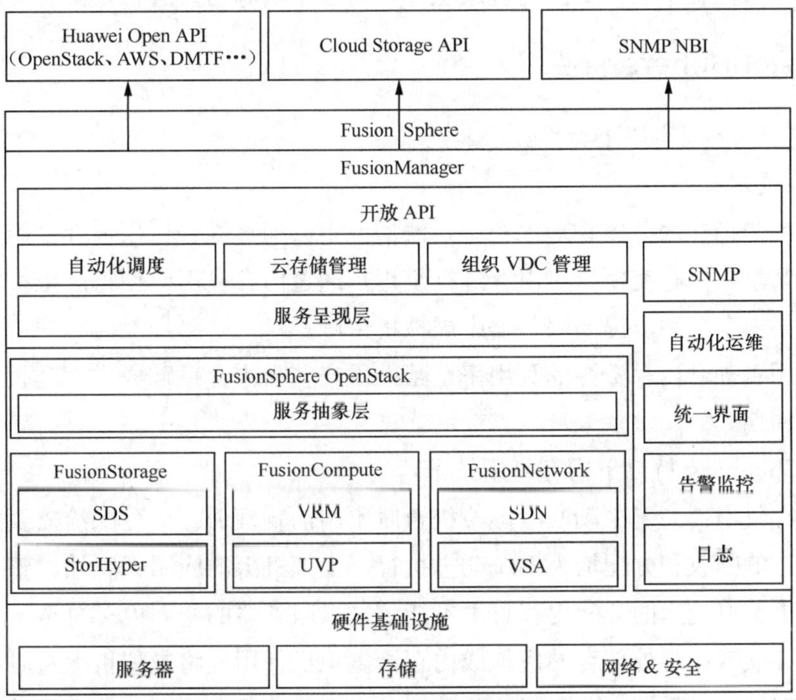

图 8-1 华为云计算主要组件

（1）FusionCompute 计算虚拟化

在 FusionSphere 云平台操作系统中，FusionCompute 的主要功能是将物理服务器、存储、网络等硬件资源整合为虚拟云计算资源池。以便在云计算中更合理地使用和分配 IT 的硬件资源。它提供虚拟机快照、虚拟机在线迁移、网络流量的控制、分布式虚拟交换机等功能。

（2）FusionStorage 存储虚拟化

用于分布式块存储软件，可将服务器本地 HDD、SSD 等硬件磁盘组成逻辑的大规模弹性存储资源池，实现分布式虚拟 SAN 存储。它提供 SSD 缓存和自动分层，支持数据同步镜像、备份和恢复、数据快照、链接克隆，提供标准的 SCSI 和 iSCSI 接口等功能。

（3）FusionSphere OpenStack 异构系统统一管理

用于将各种不同的虚拟化引擎平台整合在一起，进行计算的资源再次分配、管理及使用等功能。它提供简单易用的图像化界面和安装部署工具，支持 PEX 批量安装主机操作系统，一键式自动部署服务，增强易用性，同时提供监控、报警、定时备份数据等功能。

（4）FusionManager 统一资源管理及监控

用于统一的资源云管理平台，提供自动化管理和资源智能运维，为用户提供简单、高效的云管理中心平台。提供前端的负载均衡，对虚拟机根据业务需求弹性地伸缩进行管理和配置，监控各个硬件资源的健康状态，对各个资源访问进行权限管理。

8.1.1 FusionSphere 特性

FusionSphere 具有以下特性。

1. 内存复用

内存复用是指在服务器物理内存一定的情况下，通过综合运用内存复用技术（内存气泡、内存共享、内存交换）对内存进行复用。通过内存复用，使得虚拟机内存总和大于服务器规格内存总和，提高服务器中虚拟机密度。

内存复用可提升内存资源的利用率，帮助用户节省内存采购成本，延长物理服务器升级内存的周期。

FusionSphere 支持以下内存复用技术。

（1）内存气泡：系统主动回收虚拟机暂时不用的物理内存，分配给需要复用内存的虚拟机。内存的回收和分配均为系统动态执行，虚拟机上的应用无感知。整个物理服务器上的所有虚拟机使用的分配内存总量不能超过该服务器的物理内存总量。

（2）内存交换：将外部存储虚拟成内存给虚拟机使用，将虚拟机上暂时不用的数据存放到外部存储上。系统需要使用这些数据时，再与预留在内存上的数据进行交换。

（3）内存共享：多台虚拟机共享数据内容为零的内存页。

打开内存复用功能后，由内存复用策略接管物理内存的分配，在内存不紧张时虚拟机可以使用全部物理内存。当出现竞争时，由内存复用策略为虚拟机实时调度内存资源，综合运用内存复用技术释放虚拟机的空闲内存，为其他虚拟机的内存需求提供条件。

通过内存复用技术，可降低运营商的成本。当计算节点的内存数量固定时，可以提高计算节点的虚拟机密度。当计算节点的虚拟机密度固定时，可以节省计算节点的内存数量。

2. 分布式虚拟交换机

分布式虚拟交换管理，即实现系统管理员对一至多台 CNA 服务器上的虚拟交换机的物理端口和虚拟端口进行配置/维护。分布式虚拟交换机的模型如图 8-2 所示。

分布式虚拟交换机统一管理所有 CNA 节点的虚拟网络，大大减轻了管理虚拟基础设施的负担。较少的管理任务意味着更少的错误和更多的运行时间。此外，分布式虚拟交换机还提供了可视化的网络管理能力，可以较好的呈现虚拟网络的拓扑、流量信息，可以较大提高网络系统的可维护性。分布式虚拟交换机模型具有如下 4 个基本特征。

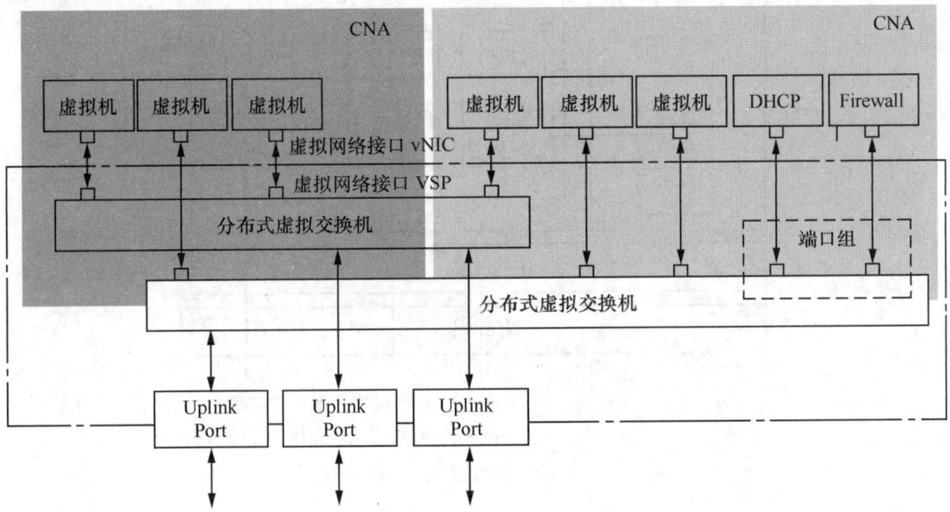

图 8-2　分布式虚拟交换机

（1）用户可以配置多个分布式交换机，每个分布式交换机可以覆盖集群中的多个 CNA 节点。

（2）每个分布式交换机具有多个分布式的虚拟端口 VSP（Virtual Switch Port），每个 VSP 具有各自的属性（速率、统计和 ACL 等），为了管理方便采用端口组管理相同属性的一组端口，相同端口组的 VLAN（Virtual Local Area Network）相同。

（3）每个分布式交换机可以配置一个 Uplink 或一个 Uplink 聚合组，用于虚拟机对外的通信，Uplink 聚合组可以包含多个物理网卡，这些物理网卡可以配置负载均衡策略。

（4）每个虚拟机可以具有多个 vNIC（Virtual Network Interface Card）接口，vNIC 可以和交换机的 VSP 一一对接。

3. 分布式共享存储

FusionStorage 是一种分布式存储系统，采用独特的并行架构、创新的缓存算法、自适应的数据分布算法，既消除了数据热点也提高了性能，并且能够以超快的重建时间实现自动化自修复，提供卓越的可用性和可靠性。

4. 智能网卡

智能网卡特性指通过使用 iNIC（Intelligent Network Interface Card）作为物理网卡，将虚拟交换的完整功能（交换、安全、QoS 等功能）从服务器 CPU 上卸载并移至网卡上，可实现用户层面的真正交换。iNIC 采用多核多线程的网络处理器架构，主要用于对网络中的数据报文进行分析，并对接收到的数据报文进行快速、高效的高性能处理。智能网卡特性应用于网络流量要求高的场景，如企业培训网站、面向电视台的媒资管理平台、数据库集群等。智能网卡特性支持 VMDQ 的直通和前后端两种报文转发方式，如

图 8-3 所示。

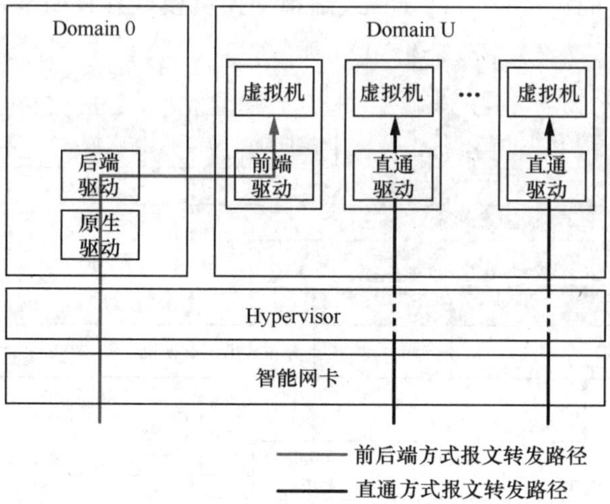

图 8-3 智能网卡特性报文转发方式

（1）直通方式。智能网卡在虚拟化应用模式下使用。报文经由网卡直接分发到 Domain U 的虚拟机缓冲区，不经过 Hypervisor 和 Domain0。这种方式性能高，能避免报文绕行 Domain0 带来的性能开销和瓶颈。但直通方式与内存复用特性中的内存交换机制存在冲突。

（2）前后端方式。智能网卡作为普通网卡，在普通应用模式下使用。报文收发经由 Domain0，采用前后端通信方式。这种方式完全兼容当前的前后端方案，不与其他特性冲突，但受限于前后端通信机制，性能受 Domain0 的 CPU 性能制约。

5. 基于 VXLAN 的虚拟化网络

FusionSphere 解决方案提供基于 VXLAN 技术的虚拟化网络。VXLAN 技术解决 VLAN 网络下虚拟网络数量不足的问题，可支持 1600 万个虚拟网络，以满足多租户环境下的大规模网络部署。同时其可利用 VXLAN 的组播功能，限制虚拟网络的广播域，从而提升网络性能。

6. 自动精简配置

存储自动精简配置（Thin Provisioning）可以为客户虚拟出比实际物理存储更大的虚拟存储空间，为用户提供存储超分配的能力。只有写入数据的虚拟存储空间才能真正分配到物理存储，未写入的虚拟存储空间不占用物理存储资源。FusionSphere 解决方案的存储自动精简配置不依赖于存储设备。

存储自动精简配置的应用场景主要针对虚拟机的用户数据卷。当用户使用的实际存储空间小于运营商分配的空间时，运营商可以将此部分剩余空间提供给其他用户使用，可通过存储自动精简配置帮助企业或运营商大幅降低存储的初始投资成本。

7. 动态资源调度

动态资源调度 DRS（Dynamic Resource Scheduler）指采用智能负载均衡调度算法，

并结合动态电源管理功能，通过周期性检查同一集群资源内各个主机的负载情况，在不同的主机间迁移虚拟机，从而实现同一集群内不同主机间的负载均衡，并最大程度降低系统的功耗。系统轻载时，将迁移部分虚拟机，并将其集中在部分物理主机，随即将空闲主机关机。系统重载时，将启动部分物理主机，并将虚拟机均衡分布在各主机中，以保证资源的供应和用户的体验。通过计划任务，可根据系统运行的情况，分时段采取不同的资源调度策略，以满足不同场景的用户需求。

8. 虚拟化防病毒

为了对主机中所有虚拟机进行病毒防护，若采用传统防病毒产品，则需要在每台虚拟机本地安装防病毒产品，这样不仅会占用较多资源，而且在全盘扫描、病毒更新等场景下会造成杀毒风暴。为了解决该问题，FusionSphere 提供了防病毒所需 API，防病毒厂家可基于 API 进行二次开发，提供虚拟化防病毒解决方案，做到在一台特殊的安全虚拟机中部署防病毒引擎或在用户虚拟机本地安装轻量级驱动即可完成杀毒。

9. 多数据中心管理

当企业有多个数据中心分布在不同地区时，FusionSphere 支持在每个数据中心的本地部署一套 FusionManager，负责本地数据中心的管理，该 FusionManager 称为 Local FusionManager；同时再部署一套 FusionManager 负责全局资源管理和统一申请入口，这个 FusionManager 称为 Top FusionManager。Top FusionManager 接受用户对资源的请求，选择合适的数据中心进行资源分配。管理员可以在 Top FusionManager 上统一维护多个数据中心已经分配的资源，监控各数据中心的资源容量。

10. 云基础服务

云基础服务特性为：基于 FusionManager，提供弹性计算、虚拟私有云、弹性负载均衡等服务。

（1）VPC 服务。VPC 是一种在公有云中构建的具有私有网络的云服务，能够与用户的网络互通。企业可以在公有云平台上申请虚拟私有云，在虚拟私有云中，企业可以划分不同的子网和设置独立的 IP 地址空间，借助物理防火墙 ACL 规则，实现 VPC 内不同子网、子网和外部网络的完全隔离。

企业用户可以使用 VPN 网关将虚拟私有云和自己企业的网络连通，然后像使用自己的 IT 设施一样使用虚拟私有云中的虚拟机。

（2）安全组服务。在 VPC 内，用户可根据虚拟机安全需求申请安全组，并为安全组设置访问规则。当虚拟机加入安全组后，即受到该访问规则组的保护，以实现对虚拟机的安全隔离和访问控制，增强虚拟机的安全性。

（3）负载均衡服务。FusionManager 支持软件和硬件负载均衡，根据用户设定的负载均衡策略，将业务请求均匀分发到与之关联的主机上，保证业务的稳定性和可靠性。同时，FusionManager 支持生成负载均衡器流量话单，运营系统可基于流量话单自定义计费策略。

（4）弹性 IP 服务。弹性 IP 地址是一个公网 IP 地址，该 IP 地址可以与 VPC 内任何一个路由网络中的内部 IP 地址绑定。这个内部地址可以是虚拟机的 IP 地址，VLB 的虚拟 IP 地址，或者是浮动 IP 地址。如为 VPC 内的 Web 服务器绑定弹性 IP 后，公网用户通过访问弹性 IP 地址使用 Web 服务。

（5）计费服务。FusionManager 可以对虚拟机、磁盘、弹性 IP、VLAN、VPC、安全组、虚拟机快照等业务资源的使用情况生成计费单据，并通过 FTP 定时发送给计费中心，计费中心根据原始计费单据中的信息生成详细的用户账单。

11. 应用部署自动化

应用部署自动化是指通过应用模板自动部署应用，包括自动完成创建虚拟机，安装 OS、创建网络、安装应用等一系列过程。应用自动部署包括虚拟机模板管理、应用模板管理与应用实例管理。

（1）虚拟机模板管理。虚拟机模板生命周期管理，可以创建、删除、编辑虚拟机模板。

（2）应用模板管理。应用模板生命周期管理，图形化界面可以方便系统管理员通过拖拽的方式自定义应用模板。

（3）应用实例管理：业务管理员通过虚拟机模板，应用模板发布（创建）应用，停止应用，维护应用等。

12. 一体化监控

FusionSphere 解决方案提供统一的操作维护界面，减少界面切换和重复维护操作，方便用户了解、使用和维护整个系统。

（1）综合所有的告警信息，提供统一的告警信息呈现。

（2）综合计算、存储和网络资源的监控信息，提供统一的监控信息呈现。

（3）提供基于应用业务进程级别的数据监控，增强用户对应用服务状态的判断并及时对应用进行修复。

（4）提供清晰的场景和业务流程。

8.1.2 FusionSphere 商业价值

华为 FusionSphere 已服务于全球 100 多个国家和地区，政府及公共事业、电信、能源、金融、交通、医疗、教育、媒资、制造等各行业客户均使用该解决方案来整合和优化现有数据中心和业务平台，提升业务系统可靠性和 IT 运营效率。

1. 架构开放兼容

FusionSphere 基于 OpenStack 的开放性架构和广泛的软硬件兼容性，支持第三方厂商的计算、存储、网络和虚拟化软件产品。在云服务层面，FusionSphere 在 OpenStack 的基础上提供备份与容灾、热迁移、跨数据中心的资源调度、电信云定制化扩展、业务弹性调度、智能管道调度、分布式引擎、物理资源池等扩展服务，满足企业按需部署私有云、公有云和混合云业务的需要。

2. 性能业界领先

FusionSphere 采用裸金属架构的虚拟化引擎，使物理 CPU 资源的损耗小于 5%，显著提升服务器资源利用率高达 80%，减少 30%以上 IT 部署成本。在业界虚拟化标准 SPECvirt 测试中，FusionSphere 的性能业界领先。同时，FusionSphere 能满足运营商业务中基站控制器对虚拟化引入的时延小于 20us 的极高要求，远低于业界主流虚拟化引入的时延水平。分布式存储虚拟化软件性能业界领先，1TB 数据重构时间小于 30 分钟，多盘并发能力可带来 IOPS 性能十倍提升。

3. 业务安全可靠

运行在 FusionSphere 云平台上的 IT 业务，可以利用云平台构建高可靠性的容灾备份数据中心，实现业务的容灾和备份，而无需对所有业务具有容灾备份的能力，帮助企业降低业务容灾的成本；热迁移功能实现不中断业务的系统升级和例行维护，健康检查工具和系统运行记录仪功能可以实现完备的故障预警和意外出现后的故障快速定位；可信计算、数据磁盘加密功能保证业务数据的安全，预防数据被非法获取。

4. 运营敏捷高效

一个云操作系统的效率能否发挥到最优，取决于如何来运营它。华为 FusionSphere 能够让客户利用可视化模板来实现 10 分钟创建虚拟数据中心，实现一键式应用部署和高效运维，使云计算在企业内部的使用变得非常简捷高效。

企业关键业务能否云化取决于云平台是否能够保障业务安全，华为 FusionSphere 提供端到端的容灾和备份方案，支持主机复制、存储复制、VIS 双活容灾，为企业构筑高可靠的云平台。同时采用软硬一体化的融合 SDN 方案，构建业务感知的网络，将虚拟和物理网络通过自动化、智能化的统一管理，支撑 IT 服务精细化运营。

8.2 FusionCompute

8.2.1 FusionCompute 定位

FusionCompute 是资源分配和管理平台，主要负责硬件资源的虚拟化，以及对虚拟资源、业务资源和用户资源的集中管理。它采用虚拟计算、虚拟存储、虚拟网络等技术，完成计算资源、存储资源、网络资源的虚拟化。同时通过统一的接口，对这些虚拟资源进行集中调度和管理，从而降低业务的运行成本，保证系统的安全性和可靠性，协助运营商和企业构筑安全、绿色、节能的云数据中心能力。FusionCompute 在云解决方案中的位置如图 8-4 所示。

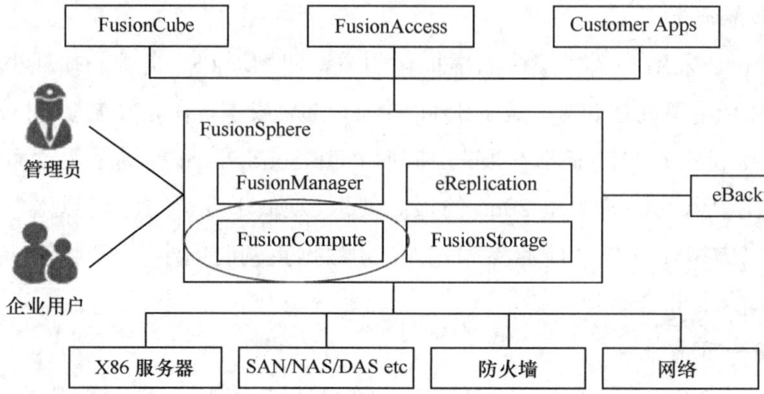

图 8-4　FusionCompute 在云解决方案中的位置

8.2.2　FusionCompute 系统架构

FusionCompute 组件的逻辑架构如图 8-5 所示。FusionCompute 主要由 VRM 和 CNA 模块组成。CNA 主要提供虚拟计算功能，管理计算节点上的虚拟机和计算节点上的计算、存储、网络资源。VRM 主要提供管理集群内的块存储资源，管理集群内的计算节点，将物理的计算资源映射成虚拟的计算资源；管理集群内的网络资源（IP/VLAN/DHCP），为虚拟机分配 IP 地址；管理集群内虚拟机的生命周期以及虚拟机在计算节点上的分布和迁移；管理集群内资源的动态调整；通过对虚拟资源、用户数据的统一管理，对外提供弹性计算、存储、IP 等服务；通过提供统一的操作维护管理接口，操作维护人员可通过 WebUI 远程访问 FusionCompute 整个系统，并对其进行操作维护，包含资源管理、资源监控、资源报表等。

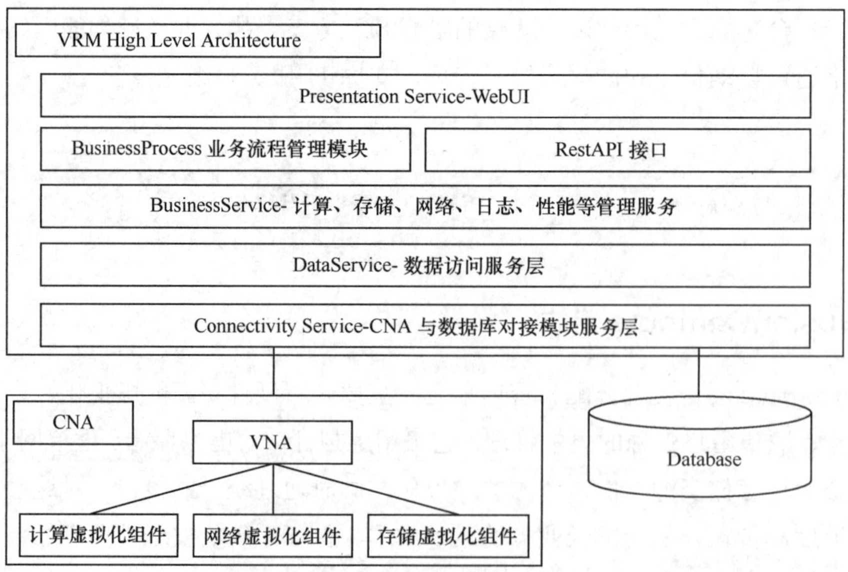

图 8-5　FusionCompute 组件

8.3 FusionCompute 的功能特性

8.3.1 计算虚拟化

1. 服务器虚拟化

FusionCompute 的 Hypervisor 使用裸金属架构，直接在硬件上安装虚拟化软件，将硬件资源虚拟化。由于使用了裸金属架构，FusionCompute 可为用户提供接近服务器性能、高可靠和可扩展的虚拟机。

FusionCompute 将物理服务器的 CPU 虚拟成虚拟 CPU（vCPU），供虚拟机运行时使用。当多个 vCPU 运行时，FusionCompute 会在各 vCPU 间动态调度物理 CPU。每个虚拟机最大支持 64 个 vCPU。

FusionCompute 支持内存硬件辅助虚拟化技术，降低内存虚拟化开销，提升约 30% 的内存访问性能。同时，FusionCompute 支持内存复用策略，自动优化组合各种内存复用策略，实现内存的高复用率。每个虚拟机最大支持 1TB 虚拟内存。FusionCompute 支持内存气泡、内存交换、内存共享的内存复用技术。

FusionCompute 支持将物理服务器上的 GPU（Graphic Processing Unit）直接关联给特定的虚拟机，来提升虚拟机的图形视频处理能力，以满足客户对图像、视频等高性能处理能力的要求。

FusionCompute 支持将物理服务器上的 iNIC 网卡虚拟化后关联给多个虚拟机，以满足用户对网络带宽的高要求。关联了 iNIC 网卡的虚拟机仅支持在同一集群内使用 iNIC 网卡的主机上手动迁移。

FusionCompute 支持将物理服务器上的 USB 设备直接关联给特定的虚拟机，以满足用户在虚拟化场景下对 USB 设备的使用需求。

2. 虚拟资源管理

客户可以通过自定义方式或基于模板创建虚拟机，并对集群资源进行管理，包括资源自行动态调度（负载均衡和动态节能）、虚拟机管理（创建、删除、启动、关闭、重启、休眠、唤醒虚拟机等）、存储资源管理（普通磁盘和共享磁盘的管理）、虚拟机安全管理（自定义 VLAN 等），此外，还可以根据业务负载灵活调整虚拟机的 QoS（CPU QoS 和内存 QoS）。

3. 虚拟机资源动态调整

FusionCompute 支持虚拟机资源动态调整，用户可以根据业务负载动态调整资源的使用。虚拟机资源调整包括 vCPU 数目、内存大小、网卡、虚拟磁盘的调整。

4. 分布式资源调度和电源管理

FusionCompute 提供各种虚拟化资源池，包括计算资源池、存储资源池和虚拟网络。资源调度是指这些虚拟化资源根据不同的负载进行智能调度，以达到系统各种资源的负载均衡，从而在保证整个系统高可靠性、高可用性和良好的用户体验的同时，有效提高数据中心资源的利用率。FusionCompute 支持以下两种调度。

（1）负载均衡

在一个集群内，对计算服务器和虚拟机运行状态进行监控的过程中，如果发现集群内各计算服务器的业务负载高低不同并超过设置的阈值时，系统根据管理员预先制定的负载均衡策略进行虚拟机迁移，使各计算服务器 CPU、内存等资源利用率相对均衡。

（2）动态节能调度

动态节能调度和负载均衡配合使用，动态节能调度功能仅在负载均衡调度打开之后才能使用。在对一个集群内的计算服务器和虚拟机运行状态进行监控的过程中，如果发现集群内业务量减少，系统会将业务集中到少数计算服务器上，并自动将剩余的计算服务器关机；如果发现集群内业务量增加，系统将自动唤醒计算服务器并分担业务。

5. 虚拟机热迁移

FusionCompute 支持在同一共享存储的主机之间自由迁移虚拟机。在虚拟机迁移期间，用户业务不受影响。该功能可避免因服务器维护造成的业务中断。

8.3.2 网络虚拟化

FusionCompute 的网络虚拟化功能包括虚拟网卡、网络 I/O 控制、虚拟交换等。

1. 虚拟网卡

虚拟网卡均有自己的 IP 地址和 MAC 地址，从网络角度来看，虚拟网卡与物理网卡一致。FusionCompute 支持智能网卡，可实现多队列、虚拟交换、QoS、上行链路聚合功能，提升虚拟网卡的 I/O 性能。

2. 网络 I/O 控制

网络 QoS 策略提供带宽配置控制能力，包含以下方面。

（1）基于网络平面发送方向的带宽控制。

（2）提供基于管理平面、存储平面和业务平面的带宽控制功能，分配一定配额的带宽，保证各个平面的流量拥塞也不影响其他平面。

（3）基于端口组成员接口发送方向与接收方向的带宽控制。

（4）基于端口组的每个成员接口提供流量控制和带宽优先级控制。

（5）QoS 功能不支持同一主机上虚拟机之间的流量限制。

3. 分布式虚拟交换机

分布式虚拟交换机的功能类似于普通的物理交换机，每台主机都连接到分布式虚拟交换机中。分布式虚拟交换机的一端是与虚拟机相连的虚拟端口，另一端是与虚拟机所在主机上的物理以太网适配器相连的上行链路。通过分布式虚拟交换机可以连接主机和虚拟机，实现系统网络互通。另外，分布式虚拟交换机在所有关联主机之间作为单个虚拟交换机使用。此功能可使虚拟机在跨主机迁移时确保其网络配置保持一致。

4. 虚拟化网络支持 IPv6

系统支持业务平面虚拟机配置和使用 IPv6 地址相互通信。虚拟机可以支持 IPv6 单栈、IPv4 单栈和 IPv4 与 IPv6 双栈。

在 RFC4213 中，双栈定义是指在终端设备和网络节点上既安装 IPv4 又安装 IPv6 的协议栈，从而实现与 IPv4 或 IPv6 节点间的信息互通。具有 IPv4/IPv6 双协议栈的节点简称“双栈节点”，这些节点既可以收发 IPv4 报文，也可以收发 IPv6 报文。它们可以使用 IPv4 与 IPv4 节点互通，也可以使用 IPv6 与 IPv6 节点互通。

配置为双栈的设备接口可以配置一个 IPv4 地址或一个 IPv6 地址，或同时配置两者。

虚拟机的 IPv6 地址分配方式支持使用第三方 DHCPv6 服务器分配 IPv6 地址，使用硬件网关进行无状态地址自动配置或静态 IP 地址注入。

8.3.3 存储虚拟化

存储虚拟化功能包括虚拟存储管理、虚拟存储精简置备、虚拟机快照和存储热迁移等内容。

1. 虚拟存储管理

存储虚拟化是将存储设备抽象为数据存储，虚拟机在数据存储中作为一组文件存储在自己的目录中。数据存储是逻辑容器，类似于文件系统，它将各个存储设备的特性隐藏起来，并提供一个统一的模型来存储虚拟机文件。存储虚拟化技术可以更好地管理虚拟基础架构的存储资源，可大幅提升存储资源利用率和灵活性，提高应用的正常运行时间。

能够封装为数据存储的存储单元包括以下 5 种。

（1）SAN（Storage Area Network）存储（包括 iSCSI 或光纤通道的 SAN 存储）上划分的 LUN（Logical Unit Number）。

（2）NAS（Network Attached Storage）存储上划分的文件系统。

（3）FusionStorage 上的存储池。

（4）主机的本地硬盘。

（5）主机的本地内存。

数据存储可支持以下文件系统格式。

（1）虚拟镜像管理系统（VIMS）：为存储虚拟机而优化的高性能文件系统。主机可以将虚拟镜像管理系统数据存储部署于任何基于 SCSI 的本地或联网存储设备上，包括光纤通道、以太网光纤通道和 iSCSI SAN 设备。

（2）网络文件系统（NFS）：NAS 设备上的文件系统。FusionSphere 支持 NFS V3 协议，可以访问位于 NFS 服务器上制定的 NFS 磁盘，挂载该磁盘并满足任何存储需求。

（3）ext4：是 Linux 系统的文件系统，ext3 文件系统的后继版本。

2. 虚拟存储精简置备

虚拟存储精简置备是一种通过灵活按需分配存储空间来优化存储利用率的方法。精简置备可以为用户虚拟出比实际物理存储更大的虚拟存储空间，只有写入数据的虚拟存储空间才会被分配物理存储，未写入的虚拟存储空间不占用物理存储资源，这样可提高存储利用率。

虚拟存储精简配置基于磁盘提供，管理员可以按“普通”格式或“精简”格式分配虚拟磁盘文件。

（1）存储无关。虚拟存储精简配置与操作系统、硬件完全无关，因此只要使用虚拟镜像管理系统，就能提供虚拟存储精简配置功能。

（2）容量监控。提供数据存储容量预警，可以设置阈值，当存储容量超过阈值时产生告警。

（3）空间回收。提供虚拟磁盘空间监控和回收功能。当前支持 NTFS 格式的虚拟机磁盘回收。

3. 虚拟机快照

虚拟机快照功能是指把某一时刻的虚拟机状态像照片一样保存下来，在需要的时候用快照把虚拟机恢复到快照时的状态。该功能可配合 eBackup、eReplication 等系统应用于数据备份和容灾场景，提高系统运行的安全性和可靠性。

4. 存储热迁移

虚拟机正常运行时，管理员可通过手动操作，将虚拟机的磁盘迁移至其他存储单元。存储热迁移可在存储虚拟化管理下的同一个存储设备内、不同存储设备之间进行迁移。热迁移使客户在业务无损的情况下动态调整虚拟机存储资源，以实现设备维护、升级等操作。

8.3.4 高可用性

FusionCompute 支持虚拟热迁移和 HA 的功能，保证虚拟机的高可用。

1. 虚拟机热迁移

FusionCompute 支持跨计算集群内自由迁移虚拟机。在虚拟机迁移期间，用户业务不受影响。如果迁移失败，目的端的虚拟机将销毁，而用户仍可以使用源端虚拟机。该功能可避免因服务器维护造成的业务中断。

2. 虚拟机故障迁移

该功能支持虚拟机故障后自动重启。用户创建虚拟机时，可以选择是否支持故障重启，即是否支持 HA 功能，当物理服务器故障引起虚拟机故障时，系统会将虚拟机迁移到其他物理服务器重新启动，保证虚拟机能够快速恢复。重新启动的虚拟机，会像物理机一样重新开始引导，加载操作系统，因此发生故障时未保存的内容将丢失。

目前系统能够检测到的引起虚拟机故障的原因包括物理硬件故障和系统软件故障。

8.3.5 安全性

FusionCompute 通过 VLAN、PortGroup、ACL 等网络隔离技术保障虚拟机之间的访问安全。

1. 虚拟网络访问控制

（1）通过设置虚拟网卡的 VLAN ID 划分虚拟机所属的网络范围，同时提供 DHCP 安全隔离功能。

（2）通过动态修改虚拟网卡所属 PortGroup，实现虚拟网卡 VLAN ID 的动态修改。

（3）通过设置虚拟网卡所属 PortGroup 的 DHCP 隔离开关，实现 DHCP 隔离功能的开启和关闭。

动态修改虚拟网卡的 VLAN ID，不再通过添加新网卡，重新绑定 VLAN 实现 VLAN 的修改。

2. 网络平面安全隔离

系统提供在不同网络平面创建逻辑接口的能力，并通过 ACL 实现逻辑接口和开放端口的绑定，从而在主机内实现不同的网络平面安全隔离。

8.4　FusionStorage

华为 FusionStorage 是一个分布式存储软件，在通用 X86 架构的服务器上部署该软件把所有服务器的本地硬盘组织成一个虚拟存储资源池，提供块存储功能。FusionStorage 分布式存储软件系统具有如下特点。

（1）领先的分布式架构。FusionStorage 存储软件采用全分布式的架构：分布式管理集群，分布式哈希数据路由算法，分布式无状态机头、分布式智能 Cache 等，这种架构使得整个存储系统没有单点故障。

（2）高性能和高可靠性。FusionStorage 存储软件在所有磁盘中实现负载的均衡，数据打散存放，不会出现热点，高效的路由算法和分布式 Cache 技术保证了高性能。FusionStorage 支持多个数据副本，每个副本分配在不同服务器/不同磁盘上，单个硬件设备的故障不影响业务。同时 FusionStorage 的强一致性复制技术确保各个数据副本的一致性，一个副本写入，多个副本读取。

（3）并行快速故障重建。数据分片在资源池内打散，硬盘故障后，可在全资源池范围内自动并行重建，重建效率高。

（4）易扩展和超大容量。FusionStorage 的分布式无状态机头可横向扩展，存储与计算同步平滑扩容，支持非烟囱式超大容量扩展。

（5）计算存储深度融合。FusionStorage 存储软件部署在挂载本地硬盘的服务器上，把各服务器的本地硬盘组织成一个虚拟的资源池，替代外置的存储设备，天然支持计算和存储设备的高度融合。

8.4.1 关键特性

1. FusionStorage 数据路由

FusionStorage 数据路由采取分层处理方式。

（1）VBS 通过计算确定数据存放在哪个服务器的哪块硬盘上。

（2）OSD 通过计算确定数据存放在硬盘的具体位置，如图 8-6 所示。

系统初始化时，FusionStorage 将哈希空间（0～2^{32}）划分为 N 等份，每 1 等份是 1 个分区（Partition），这 N 等份按照硬盘数量进行均分。例如：二副本场景下，分区数量 N 默认为 3600，假设当前系统有 36 块硬盘，则每块硬盘承载 100 个分区。上述“分区—硬盘”的映射关系在系统初始化时会分配好，后续会随着系统中硬盘数量的变化会进行调整。该映射表所需要的空间很小，FusionStorage 系统中的节点会在内存中保存该映射关系，用于进行快速路由。

FusionStorage 会对每个 LUN 在逻辑上按照 1MB 大小进行切片，例如 1GB 的 LUN 则会被切成 1024×1MB 分片。当应用访问 FusionStorage 时，在 SCSI 命令中会带上 LUN ID 和 LBA ID 以及读写的数据内容，OS 转发该消息到本节点 VBS 模块，VBS 根据 LUN ID 和 LBA ID 组成一个 key，该 key 会包含 LBA ID 对 1MB 的取整计算信息。通过 DHT Hash 计算出一个整数(范围在 0～2^{32} 内)，并落在指定 Partition 中；根据内存中记录的“分区—硬盘”映射关系确定具体硬盘，VBS 将 I/O 操作转发到该硬盘所属的 OSD 模块。

每个 OSD 管理一个硬盘，系统初始化时，OSD 按照 1MB 为单位对硬盘进行分片管理，并在硬盘的元数据管理区域记录每个 1MB 分片的分配信息。OSD 接收到 VBS 发送的 I/O 操作后，根据 key 查找该数据在硬盘上的具体分片信息，获取数据后返回给 VBS。从而完成整个数据路由过程。

举例说明：应用需要访问 LUN1+LBA1 地址起始的 4KB 长度的数据，首先构造

key=LUN1+LBA1/1M，对该key进行HASH计算得到哈希值，并对N取模，得到partition号，根据内存中记录的"分区—硬盘"映射表可得知数据所属的硬盘。

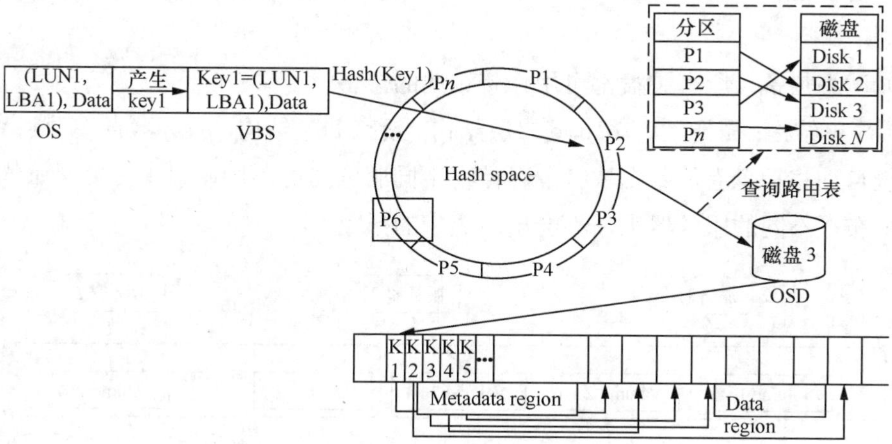

图8-6　分布式块存储DHT数据路由

2. 数据副本

FusionStorage针对系统中的每一个卷，默认按照1MB进行分片，分片后的数据按照DHT算法保存在集群节点上。如对于服务器Server1的磁盘Disk1上的数据块A1，它的数据备份为服务器Server2的磁盘Disk2上A1'，A1和A1'构成了同一个数据块的两个副本。当A1所在的硬盘故障时，A1'可以继续提供存储服务。数据分片分配算法保证了主用副本和备用副本在不同服务器和不同硬盘上的均匀分布，即每块硬盘上的主用副本和备副本数量是均匀的。扩容节点或者故障减容节点时，数据恢复重建算法保证了重建后系统中各节点负载的均衡性。

3. Cache机制

（1）FusionStorage Cache写机制

OSD在收到VBS发送的写I/O操作时，会将写I/O缓存在SSD Cache后完成本节点写操作，OSD会周期将缓存在SSD Cache中的写I/O数据批量写入到硬盘，写Cache有一个水位值，未到刷盘周期超过设定水位值也会将Cache中数据写入到硬盘中，FusionStorage支持大块直通，按缺省配置大于256KB的块直接落盘不写Cache。

（2）FusionStorage Cache读机制

FusionStorage的读缓存采用分层机制，第一层为内存Cache，内存Cache采用LRU机制缓存数据，第二层为SSD Cache，SSD Cache采用热点读机制，系统会统计每个读取的数据，并统计热点访问因子，当达到阈值时，系统会自动缓存数据到SSD中，同时会将长时间未被访问的数据移出SSD，FusionStorage预读机制，统计读数据的相关性，读取某块数据时自动将相关性高的块读出并缓存到SSD中。

4. 资源池

类似于 SAN 的 RAID 组概念，与 RAID 相比，如图 8-7 所示，其优点是。

（1）条带宽度：最大 96 块盘（2 份拷贝），提升超大存储空间，避免高 IO 应用导致热点瓶颈。

（2）动态热备：所有硬盘都可用作资源池的热备盘。

（3）简单结构：资源池、Volume 二层结构，没有 LUN 结构，服务器直接看到 Volume。

系统自动将每个卷的数据块打散存储在不同服务器的不同硬盘上，冷热不均的数据会均匀分布在不同的服务器上，不会出现集中的热点。

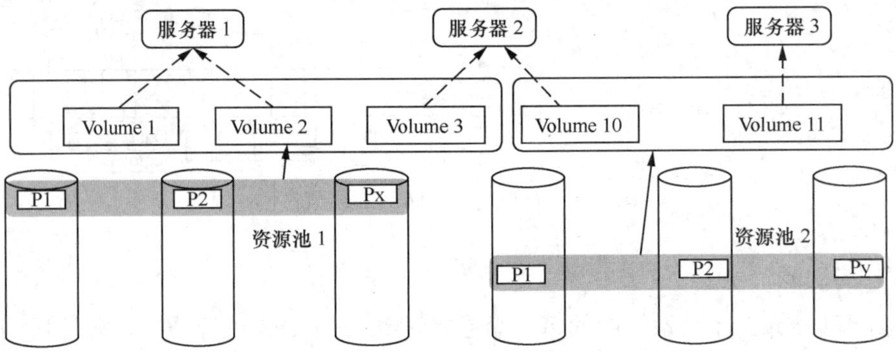

图 8-7　FusionStorage 的资源池

8.4.2 主要功能

（1）FusionStorage 提供了精简配置功能，为应用提供比实际物理存储更多的虚拟存储资源。相比直接分配物理存储资源，可以显著提高存储空间利用率。采用 DHT 路由技术，系统无需使用专门的集中元数据来记录卷的精简分配情况，和传统 SAN 相比，不会带来性能下降。

（2）FusionStorage 提供了快照机制，将用户的卷数据在某个时间点的状态保存下来，后续可以作为导出数据、恢复数据之用。FusionStorage 快照数据在存储时采用 ROW（Redirect-On-Write）机制，快照不会引起原卷性能下降。

（3）FusionStorage 提供链接克隆机制，支持基于一个卷快照创建出多个克隆卷，各个克隆卷刚创建出来时的数据内容与卷快照中的数据内容一致，后续对于克隆卷的修改不会影响到原始的快照和其他克隆卷。

（4）FusionStorage 通过 VBS 提供 SCSI 或 iSCSI 接口，SCSI 方式是指安装 VBS 的物理部署、FusionSphere 或 KVM 提供的存储访问方式。iSCSI 方式是指安装 VBS 以外的虚拟机或主机提供的存储访问方式，如 VMware、MS SQL Server 集群采用 iSCSI 模式。

（5）跨资源池的卷进行冷迁移，把卷从源资源池迁移到目的资源池，整个的实现迁移过程中，源卷不能有写数据的操作，所以叫做“冷”迁移。

8.4.3 软件部署

FusionStorage 软件需要部署在≥3 台服务器环境中，下面对各个模块的部署进行描述。

（1）虚拟块存储管理组件/对象存储设备服务（VBS/OSD）部署。

VBS/OSD 支持计算、存储融合部署（指的是将 VBS 和 OSD 部署在同一台服务器中，虚拟化应用推荐采用融合部署的方式部署），也支持计算、存储分离部署（指的是将 VBS 和 OSD 分别部署在不同的服务器中，高性能数据库应用则推荐采用分离部署的方式）。OSD 至少需要部署在 3 台服务器中，VBS 不受限制，可以根据业务要求进行部署，下面以 FusionSphere 统一虚拟化平台 UVP 环境中部署 FusionStorage 为例，如图 8-8 所示。

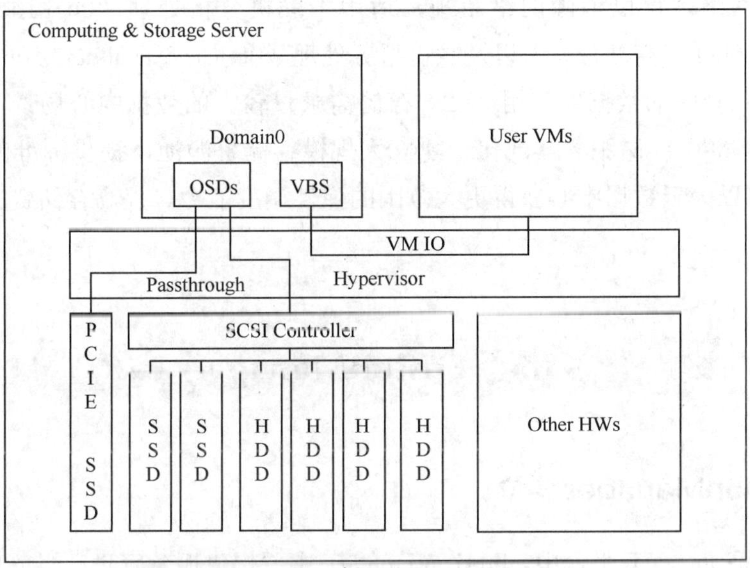

图 8-8 FusionStorage 软件部署

OSD 和 VBS 模块部署在 Domain0 中，Domain0 中的 OSD 通过 PassThrough 技术直接对服务器的 PCIE SSD 硬盘、SCSI Controller 下的普通硬盘或 SSD 硬盘进行管理，本节点 Domain0 VM 中 VBS 为节点内的用户 VM 提供存储服务。Huawei UVP 和 Domain0 可以选择安装在 SCSI Controller 下挂的某 1～2 个硬盘上，也可以选择安装在有独立通道的介质设备。

（2）元数据控制（MDC）部署：MDC 默认部署在 3 台服务器中，也可以根据需求部署 5 台服务器。MDC 需要部署在 OSD 所在的服务器中，其中的 ZooKeeper 需要使用服务器的本地存储。

（3）FusionStorage Manager 部署：FusionStorage Manager 以虚拟机方式部署，

支持部署在 VMware、FusionSphere 和 KVM 虚拟化环境中。它需要部署在 2 个 VM 中，采用主备工作方式。

（4）FusionStorage Agent 部署：部署在各节点上，实现各节点与 FusionStorage Manager 的通信。

FusionStorage 分布式存储软件适用于：（1）高每秒读写操作的次数（Input/Output Operations Per Second，IOPS）、高带宽的数据库场景，如传统 SAN 和小型机组合的系统存在集中式机头瓶颈、无法提供更高的 I/O 带宽和扩展能力。而 FusionStorage 采用 P2P 无阻塞交换技术，无集中式机头性能瓶颈，彻底消除计算与存储间带宽瓶颈。FusionStorage 采用分布式设计，所有 I/O 均可以并行处理，无集中式性能瓶颈。FusionStorage 支持分布式 Cache，相比集中式 SAN 机头的 Cache 容量增加 N 倍以上，从而带来热点数据访问命中率与读写效率提升。FusionStorage 支持高速低时延的 Infiniband 网络，可以消除网络瓶颈，适用于联机分析处理（On-Line Analytical Processing，OLAP）需高带宽、以及联机事务处理（On-Line Transaction Processing，OLTP）需要高 IOPS 的数据库应用。（2）存储需求量较大的数据中心场景，如在数据中心中，将通用 X86 存储服务器池化，建立大规模存储资源池，提供标准的块存储数据访问接口，可以为云数据中心获得更大范围的弹性调度能力，提高存储资源利用率、简化管理。

8.5 FusionManager

8.5.1 FusionManager 定位

在 FusionSphere 云平台中，FusionManager 主要提供服务管理、服务自动化、资源和服务保证等功能，具体来说其主要有以下作用。

（1）异构虚拟化管理：如管理华为的 FusionCompute 虚拟化平台和 VMware 的 vCenter 虚拟化平台。

（2）物理设备监控：如监控物理服务器的 CPU 温度和风扇，以及查看服务器告警。

（3）提供虚拟资源分配：如将虚拟化资源分配给企业中的不同部门。

（4）多数据中心统一管理：如管理多数据中心（如客户在深圳、西安等具有独立的数据中心）的虚拟化平台。

FusionManager 在 FusionSphere 解决方案中的定位如图 8-9 所示。从底层接入来看，FusionManager 可以接入物理资源、华为和第三方的虚拟化软件、桌面云、云存储和各种云服务。其中物理资源包括计算设备、存储设备和网络设备。从上层提供的功能来看，

FusionManager 为用户提供 IaaS 多样化的功能和体验；从 FusionManager 本身提供的功能来看，FusionManager 提供了虚拟和物理资源接入、资源自动化管理及资源的可用性和安全性保障等。因此，FusionManager 的定位是以云服务自动化管理和资源智能运维为核心，为用户带来“敏捷、精简”的云数据中心管理体验。

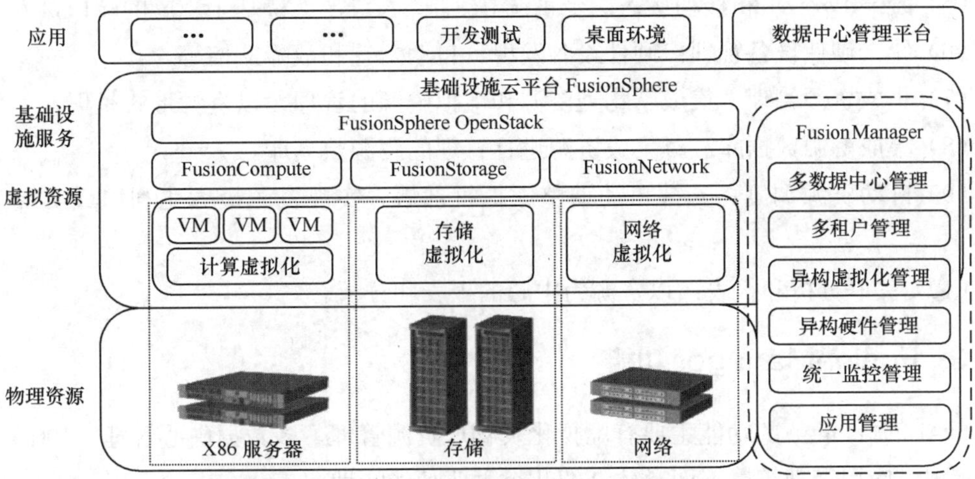

图 8-9 FusionManager 的定位和周边产品之间的关系

8.5.2 FusionManager 的架构

FusionManager 采用 SOA 架构开发，整体架构如图 8-10 所示。主要部件的功能介绍如下。

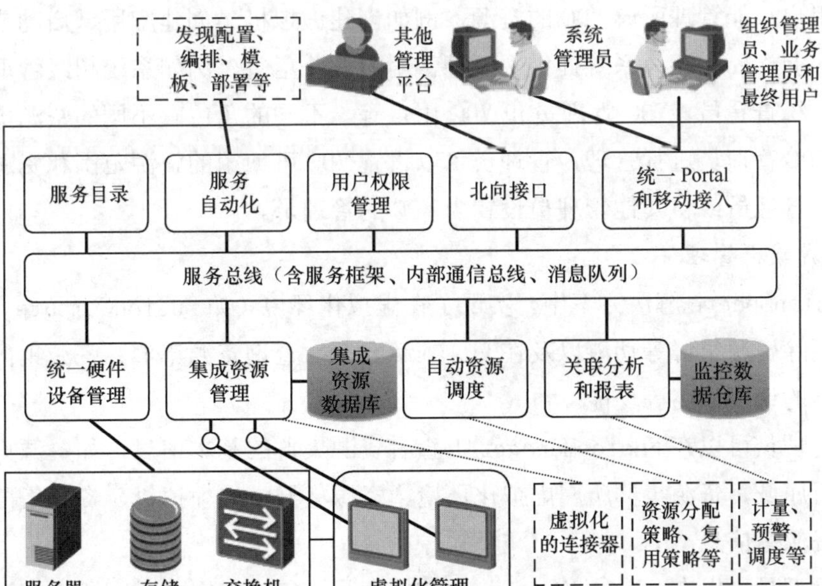

图 8-10 FusionManager 体系架构

（1）公共服务：包括服务部分和开发框架。

（2）自动运维：核心功能，通过自动化引擎实现服务在虚拟机上的自动化部署。

（3）用户权限管理：包括用户管理、角色管理、角色授权、登录认证、鉴权等功能。

（4）北向接口：可以灵活获取云计算的各种资源。

（5）统一 Portal 和移动接入：全系统 UI 唯一入口，支持基于 IOS 的端口接入。

（6）统一硬件设备管理：硬件设备发现、自动配置和故障监控等。

（7）集成资源管理：集成了物理资源和虚拟资源的管理，以资源形式呈现。

（8）集成资源数据库：对集成资源进行管理的资源数据库。

（9）自动资源调度：支持自动调整虚拟机部署，实现资源最大化利用或实现节能目标。

（10）关联分析和报表：以资源为中心的报表和分析。

8.5.3 FusionManager 功能

FusionManager 的功能主要有虚拟化及物理资源管理、多数据中心管理、VDC 管理、VPC 管理、应用管理等，下面具体介绍几个主要功能特性。

1. 基于角色的访问控制

基于角色的访问控制是指为管理员在不同域和 VDC 上分配不同的角色，从而实现对管理员的权限控制。管理员可以通过用户、角色、域和 VDC 的管理，使不同用户操作权限相互独立，实现数据隔离。

FusionManager 将用户分为系统管理员和租户，系统管理员可以对系统所有资源进行管理；租户只能管理所属 VDC 的资源，例如创建虚拟机、创建应用、启动或停止虚拟机。FusionManager 还为系统提供了几种常用的默认角色，例如系统超级管理员、系统操作员、系统查看员、VDC 管理员和 VDC 用户等。不同的角色有不同的资源操作权限。如 VDC 由 VDC 管理员进行管理，管理员可以设置 VDC 可使用的资源范围和资源配额，可以新建 VDC 管理员或将其他管理员设置为 VDC 的管理员。

2. 资源集群管理

在 FusionSphere 解决方案中，实现了在虚拟化环境（如 FusionCompute）上创建资源集群、删除资源集群等功能以及在 FusionManager 查询资源集群、资源集群性能监控和资源集群的调度策略等功能。

（1）管理员可以在 FusionManager 上查看资源集群的基本信息，如资源集群名称、资源集群所属域、资源集群所属虚拟化环境、资源集群中的虚拟机、资源集群中主机资源和存储资源等信息。

（2）管理员可以在 FusionManager 上按周、月、年或自定义时间段查询资源集群性能监控详情。监控指标包括平均 CPU 占用率、平均内存占用率、平均网络流速、TOP CPU

占用主机等信息。

（3）管理员可以在FusionManager上设置、查看和处理资源调度策略。资源调度是指通过检查资源集群内各个主机的负载情况，从而在系统发现部分主机负载较重时，自动在不同的主机之间迁移虚拟机（系统自动迁移）或者给出虚拟机迁移建议（需要手动迁移），以达到同一资源集群内的不同主机间的负载均衡。

3. 虚拟机管理

虚拟机管理主要指对虚拟机的生命周期和资源的管理。管理员可以根据业务负载调整资源的使用情况。虚拟机资源调整包括：配置虚拟机的QoS、调整虚拟机CPU数量、调整内存大小、增加或修改虚拟磁盘、删除虚拟磁盘、增加或修改网卡、删除网卡等。

4. 物理资源管理

FusionManager 系统支持机框、服务器、存储设备和交换机等物理设备的管理。在FusionSphere解决方案中，物理设备需用手工方式导入FusionManager系统。

FusionMananger支持使用简单网络管理协议（SNMP）和智能平台管理接口（IPMI）协议接入刀片或机架服务器。使用SNMP接入设备时，可以设置SNMP Trap告警并获取部分监控信息，如风扇、电源状态等，同时，使用 SNMP 将服务器的告警接入到FusionManager。IPMI用于对服务器中CPU、内存等硬件信息的监控及上下电等操作。

FusionManager可以使用HTTP\HTTPS\SMI-S接入SAN存储和FsuionStorage，提供查看存储设备的名称、管理IP地址、型号、状态等存储设备的配置信息。

FusionManager也支持交换机、防火墙、负载均衡器的接入，可以使用SNMP、SSH、HTTPS协议。同时还可以通过SNMP获取交换机端口状态速率等监控信息。防火墙使用SSH和SNMP接入到FusionManager。负载均衡器使用HTTPS接入到FusionManager。

5. 虚拟机模板管理

FusionManager 为管理员提供虚拟机模板、虚拟机逻辑模板、软件包、脚本、虚拟机规格和应用模板的管理。

虚拟机模板是虚拟机的副本，包含操作系统、应用软件和虚拟机规格配置。

管理员创建虚拟机模板的用途主要有两个，一是便于发放虚拟机。使用虚拟机模板创建虚拟机，能够大幅节省配置新虚拟机和安装操作系统的时间。二是发放应用实例，使用应用模板发放应用实例时，选择使用的虚拟机模板，实现批量创建虚拟机的功能。

当FusionManager作为服务端，为上层其他管理平台提供虚拟机模板时，采用虚拟机逻辑模板的方式提供。不同虚拟化环境中相同规格的虚拟机模板关联在一个虚拟机逻辑模板中，提供给上层管理平台时，能够消除各虚拟化环境中虚拟机模板的差异，使得上层管理平台无需辨识虚拟化环境。

FusionManager 可以管理应用所需要的软件包。软件包是安装在虚拟机中的应用软件。包含软件安装文件以及其相关命令和脚本。将本地的软件包上传至 FusionManager

中，一是用于软件自动安装。使用应用模板发放应用实例时，若虚拟机模板中带有软件包模块，则可选择使用软件包，应用软件会自动安装在对应的应用实例虚拟机中。二是可以实现软件分发。选定应用软件包，并指定分发的目的虚拟机，可自动将该应用软件安装至虚拟机中。

FusionManager 还可以管理应用模板。应用模板是将虚拟机、软件包、脚本、网络等逻辑组件按照特定的关系组合而成的业务模型，可提供批量创建虚拟机，一键式部署应用实例的功能。

6. 租户

在应用程序架构中一个租户（Tenant）就是一个用户，但在云计算架构中，租户是指在系统中指定用户可以识别的一切数据，包括用户在系统中创建的各种数据，以及用户本身自定义创建的各种应用环境等。在云计算中应用服务可以同时提供给多个用户或企业同时使用，但需要保护用户数据的隐私与安全。这种多租户的隔离架构，要在设计时就将其考虑在内。

租户是云计算中的一种商业模式，云资源以租用的方式获取，根据不同的服务模式，租户的商业模式是多样的，它的划分也是多样的。

应用程序是提供给用户使用的，对于应用程序来说，用户就是它的租户。IaaS、PaaS 提供的服务是给应用开发商使用的，对于它们来说，应用开发商就是它们的租户。SaaS 提供的服务直接面对企业、组织或家庭，对于 SaaS 来说，企业、组织或家庭就是它的租户。下面介绍多租户技术。

多租户是从系统架构的角度引发出的一种概念，之所以强调它属于架构层面，是由于要实现它必须在设计系统架构时就对其进行考虑。

在传统客户端应用程序中，应用程序提供给每个用户使用，为了区别其他用户的信息，需要在业务设计中增加 Userid 字段以对不同的用户进行增加、删除、修改等业务操作，其中用户可以被理解为应用程序的租户。

而在云计算架构中，资源需要高度共享，用户的管理也要高度统一，服务应在同一时刻提供给多个用户或企业同时使用，并且保证面对成千上万的用户时，提供的服务都是一致的。服务的开发仅关注该服务的业务逻辑如何实现即可，不必考虑用户的自定义需求，用户不可能修改云服务代码以适应自己的需求，而云计算环境也不可能为每一个用户提供一个单独的服务。为了提高资源利用率，降低单位资源成本，同时还能保护用户数据的隐私与安全，在架构中需要采用多租户的隔离技术。

云计算架构中的服务是一个系统、一个整体，从底层基础设施到上层的应用都需要隔离，这种隔离不是简单在业务逻辑层面进行隔离，而是需要一整套的解决方案从 IaaS 层、PaaS 层到 SaaS 层逐层镜像隔离，因此不能单单为每个表加一个字段来区分不同用户的概念，这种隔离的技术实现称为多租户隔离。

多租户隔离主要由以下两部分实现，应用程序环境的隔离和数据的隔离，以保证不同租户间应用程序的独立性，同时保证数据不被泄露。

（1）应用程序部分：通过进程或支持多应用程序同时运行的应用程序池来做进程间的隔离。

（2）数据部分：通过对数据进行分库、分表、分字段等机制将不同租户的数据进行隔离。

7. VDC

（1）什么是 VDC

虚拟数据中心（Virtual Data Center，VDC）是将云计算技术应用在物理数据中心的技术，其通过云计算技术将传统数据中心的资源变成一种云服务提供给租户。VDC 可以对云数据中心内的 CPU、内存资源、存储和网络进行管理，向最终用户提供一个虚拟的所见即所得的数据中心，如图 8-11 所示。

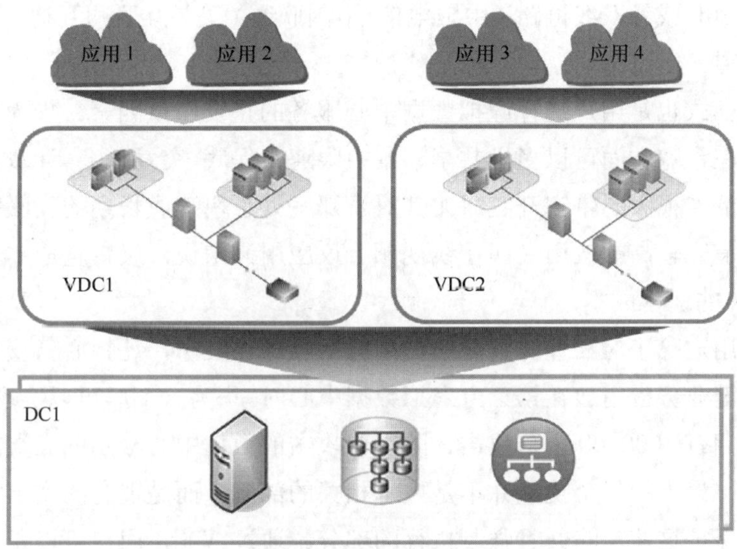

图 8-11　VDC 逻辑图

从用户角度而言，VDC 可以为用户带来不一样的使用体验和新的价值。用户可以在 VDC 中搭建私有云平台，从中获得弹性计算能力、存储能力和应用访问能力，无需任何硬件采购和设备维护。通过物理资源的共享，每个用户可以以较少的费用获得与独立硬件性能相当的资源。通过自助式的服务门户，用户可以随时快速获得所需资源，并只需要按需付费即可；从业务角度，虚拟化数据中心的统一集中建设能实现业务的全网统一调度和管理，有效改变现在各分公司独自发展的情况，避免重复建设，避免异构平台的产生。

（2）VDC 的优势

与传统 IDC 相比，VDC 使用一系列新技术将基础设施以服务的方式提供给用户，利用虚拟化技术将物理资源池化并整合，提升系统效率，同时通过动态资源分配与调度提升资源利用率，加强服务可靠性。除此之外，其自动化的服务开通能力可以降低运维成本并优化用户体验。华为云 VDC 主要由设备节点、云硬盘、镜像、弹性带宽、IP 地址与 VLAN 等构成，可以实现一站式购买。

通过华为云服务官方门户网站，管理员即可创建虚拟数据中心。在“开通业务”的购买页面中，可以输入虚拟数据中心名称，选择云服务区、设备规模与数量以及网络带宽的链路类型、保底带宽、公网 IP 与 VLAN 的个数，还能找到具体的购买时长。这些多样性的选项方便用户根据自身情况而定。

要支撑虚拟数据中心的正常运作，网络的作用功不可没。虚拟化催生了网络的变革，对底层网络基础设施与架构提出了更高的要求。对于租赁或自建虚拟数据中心的最终用户来说，网络必须拥有高性能、可靠性、可扩展性与经济性。华为云服务在全国设置了多个云服务区、部署了多个云计算中心资源池，分布在华北、华东、华南等地区。每个云服务区通过 BGP 或者双线链路（中国电信+中国联通）等与互联网互通，保证应用网络环境的互联互通。

带宽计费模式也是用户选择虚拟数据中心服务的重要考量因素。华为云 VDC 可以实现独立组网，在带宽方面可以多机共享、集中限速、保底+突发、95 计费，这样的组合带宽能为用户节省很大的带宽开支，尤其对于那些处于快速成长期的互联网创业公司以及那些带宽峰值比较高的应用（如在线视频会议应用）来说，仅带宽成本一项每个月就可以节省近50%的运营成本。

诸多企业用户除了对云计算资源的使用灵活性存在疑虑，还担心云安全。尤其是企业将自己的关键业务应用放在第三方虚拟数据中心时。华为云 VDC 可以实现网络的二层、三层隔离，并拥有 100G DDoS 防攻击、防入侵攻击的数据中心级别的高端防火墙。实际上，虚拟环境中最大的安全挑战并不是技术相关的部分，而是现有的安全策略，具体来说，就是用于保护这些策略并且强制执行的部分。通过 VDC，用户可以租赁物理防火墙来划分安全区域和定义安全策略。

在管理方面，使用简洁清晰的可视化 Web 界面可以实时查看每台虚拟机的运行状态与资源使用情况，用户可以通过互联网或专网访问提供的资源。在灵活度方面，华为云 VDC 可以实现混合扩展。用户既可以租用虚拟机，也可以租用或者托管服务器、存储、防火墙与交换机等物理设备。

相比传统运维模式，华为云 VDC 通过虚拟化与物理设备产品的灵活组合，按照以租代买，按需扩容方式，降低综合运维成本，提升采购资源池的利用率，大幅度降低首次 IT 基础设施的投入成本，并持续性地降低 IT 基础设施的阶段性投入成本。

通过 VDC，华为云率先在业界提供用户自定义虚拟化需求公有云服务。未来，华为云服务将在数据中心级网络安全解决方案基础上，提供基于硬件设备虚拟防火墙的虚拟私有云（Virtual Private Cloud，VPC）网络解决方案，构建更高安全的业务网络环境。同时，华为云提出备份、恢复与多数据副本等多种解决方案，保障业务及数据的高可靠性。

8. VPC

用户可通过 FusionManager 在 VDC 中创建自己的虚拟私有云。在 VPC 内，用户可使用多种网络服务，包括路由器、虚拟负载均衡（Virtual Load Balance，VLB）等。在租户 VPC 中可以清晰地看到 VPC 的网络拓扑，便于维护管理。VPC 的安全管理功能是依赖防火墙来完成的。防火墙的实现可以通过硬件防火墙的虚拟化能力，虚拟化出很多个虚拟防火墙来供用户使用，每一个虚拟化防火墙的功能与真实的物理防火墙功能等同，只是性能弱于物理防火墙。VPC 内提供的若干网络功能都等同于物理防火墙（如弹性 IP、NAT、VPN 等）。VPC 的安全管理功能也可以通过软件防火墙实现，功能类似于硬件防火墙，只是采用华为软件网络虚拟化方案实现。每一个软件防火墙运行在一台虚拟机上。

租户如果使用 VDC 中的网络资源，必须配置 VPC。VPC 是 VDC 中的资源逻辑隔离分区，用户可在 VPC 中使用虚拟网络资源，如 IP 地址、子网、网关等资源；用户也可通过 VPC 方便地管理和配置内部网络，如可根据用户的需求，通过 VPC 的安全组来配置安全域的访问规则，提高网络的安全性，还可通过在 VPC 中申请弹性 IP，将内网的云服务器映射到公网等。

要理解 VPC，需要先了解传统企业业务部署存在的问题，如图 8-12 所示。

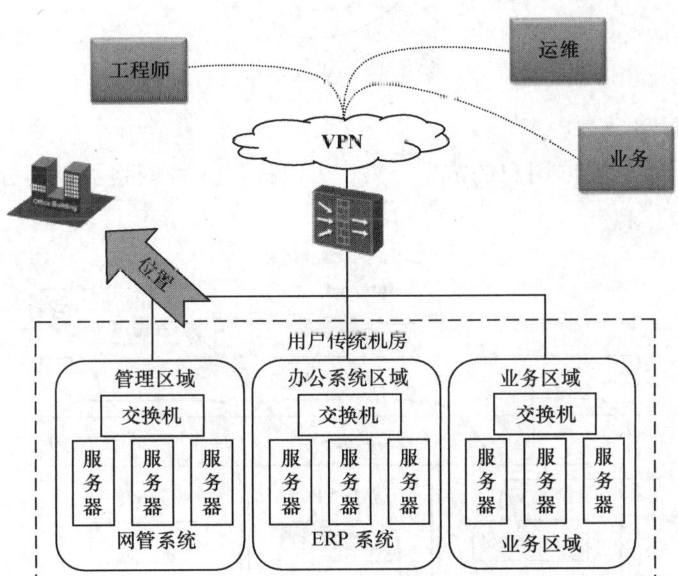

图 8-12　传统企业业务系统部署

传统数据中心被部署在一个机房里面，而机房的设备摆放，被逻辑地划分了区域，区域和区域之间通常会通过防火墙隔离，形成独立的区域，这就是 VPC 的雏形。

如图 8-13 所示，当企业将数据中心业务迁移到云上之后，该区域划分的逻辑依然存在，只不过多了一个概念，称为 VPC。而 VPC 的边界正是通过防火墙来进行区分，每个 VPC 对外的 IP 称为弹性 IP，一般是公网 IP。使用作为服务的映射 NAT 技术，每个 VPC 内部 IP 可以随意分配，即使同一个 VDC 里面两个 VPC 的主机 IP 相同也是可以的，因为 VPC 边界通过虚拟防火墙进行了 NAT（Network Address Translation，网络地址转换），以至于不需要知道里面的 IP 如何。一个组织可以根据需要，基于 VDC 创建一个或多个 VPC。

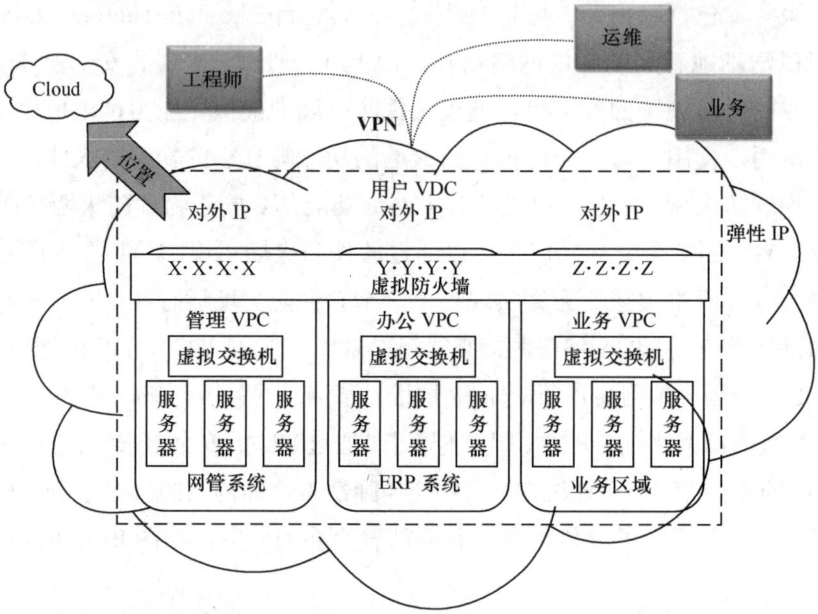

图 8-13 业务云化

（1）VPC 中的网络

如图 8-14 所示，根据用户的需要，VPC 可以提供 3 种网络类型，分别是直连网络、路由网络和内部网络。

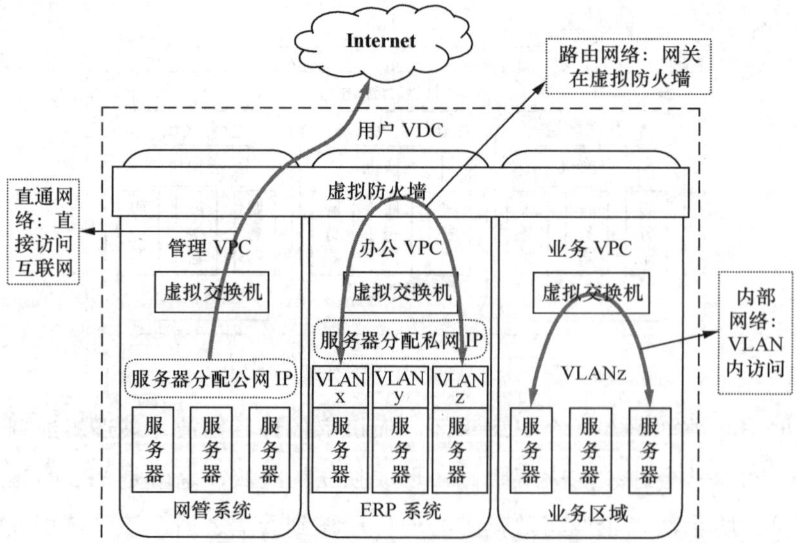

图 8-14 VPC 中的 3 种网络

① 直连网络

直连网络与外部网络相连，其自身不包含任何网络资源。在直连网络中创建虚拟机实际获取的是外部网络中的 IP 地址资源，如图 8-15 所示。外部网络可以是公司现有网络或者公网。

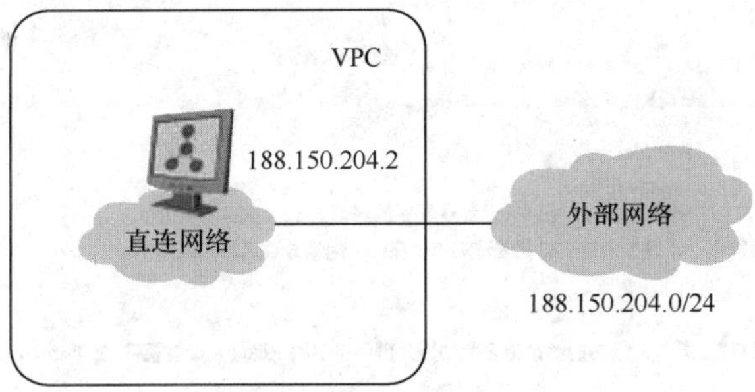

图 8-15 直连网络

② 内部网络

内部网络独享一个 VLAN 或子网资源，与其他网络安全隔离，可用于部署对安全性要求较高的业务。如，将数据库所在服务器部署在内部网络中，以避免来自其他网络的非法访问。

③ 路由网络

路由网络支持多种业务功能和灵活的互通能力，基于 VPC 中的虚拟路由器其能够以弹性 IP 或 NAT 的方式与公网进行通信，或者与 VPC 中的其他路由网络互通，如图 8-16 所示。除了弹性 IP 和 NAT 业务，路由网络还提供 ACL、VPN 等业务，以满足更多的高级网络功能。

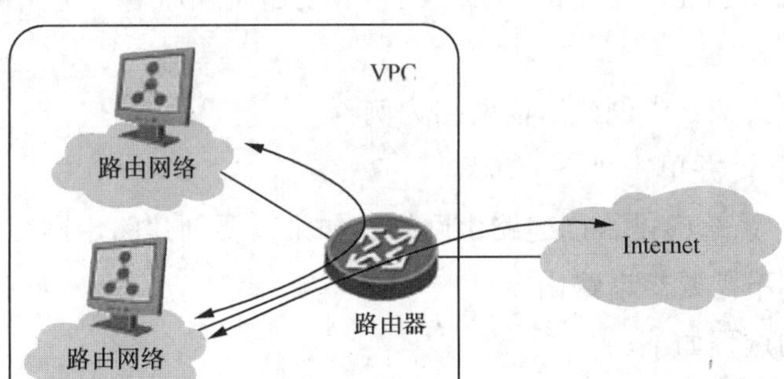

图 8-16 路由网络

在创建路由网络之前，要先为 VPC 申请路由器。路由器的类型分为硬件路由器和软件路由器，硬件路由器是硬件防火墙上提供路由功能的防火墙实例，软件路由器是 FusionManager 中提供路由功能的系统服务虚拟机。

（2）VPC 网络的创建

登录 ServiceCenter 后，在“VPC >我的 VPC”界面，单击“创建 VPC”，配置 VPC 基本信息。并单击“下一步”，进入图 8-17 所示界面，选择“VPC 配置”。

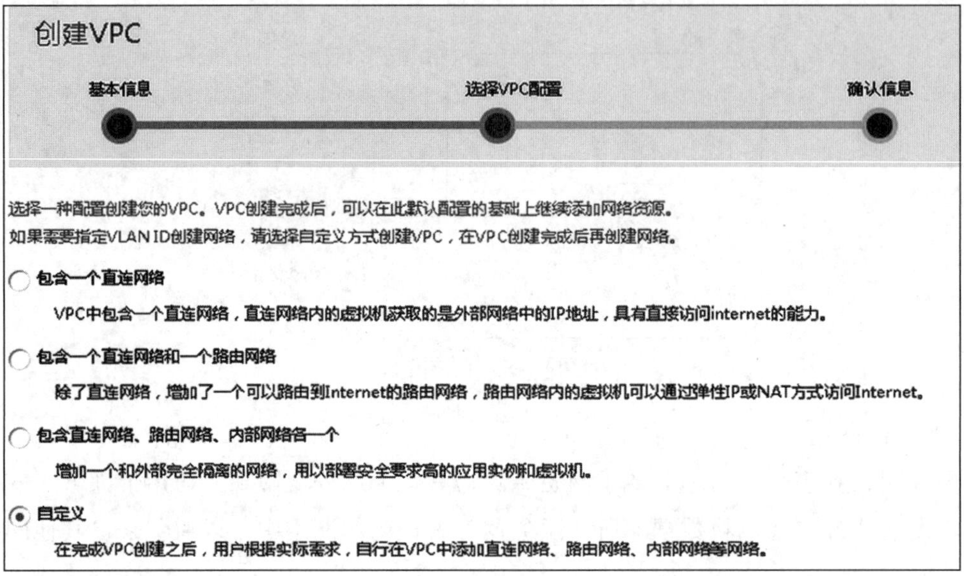

图 8-17　创建 VPC

ServiceCenter 提供了多种默认的 VPC 网络，在这几种 VPC 创建完成后，VPC 中就有了已创建的网络，从而可以在此基础上继续创建更多网络。在此类 VPC 的创建过程中，如果因为资源准备不足或配置错误导致网络创建失败，不影响 VPC 及其他网络的创建。

自定义 VPC 用于创建一个空的 VPC，在 VPC 创建完成后，自定义创建网络以及其他网络资源。

以在已有自定义 VPC 中创建所需网络为例。

选择“自定义”，并单击“下一步”。

单击“创建”，系统问是否创建路由网络？如果需要创建路由网络，那么需要为 VPC 申请路由器，否则不需要申请路由器。

申请路由器的过程如下。

在“控制台> VPC >我的 VPC”界面，选择一个 VPC，在“路由器”界面，单击“申请路由器”。

根据界面提示配置参数，申请路由器。

最后选择创建网络，在“控制台> VPC >我的 VPC”界面，选择一个 VPC，在“网络>网络”界面，单击“创建”。根据界面提示配置参数，创建所需网络。

8.6　FusionSphere 服务

8.6.1　弹性 IP

弹性 IP 是可以独立申请的公网 IP 地址，只能绑定在同一地域内的云主机上，支持动态的绑定和解绑。公网 IP 与云主机关联，弹性 IP 与云账户关联，可以随时申请和释放，如图 8-18 所示。云服务器弹性公网 IP 具有以下功能。

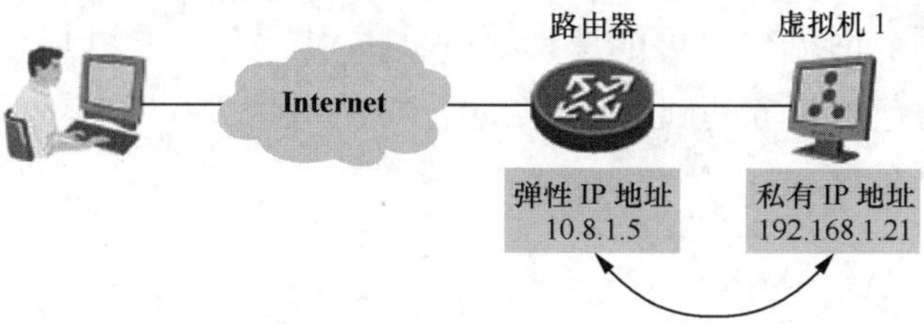

图 8-18　弹性公网 IP 业务

（1）云服务器弹性公网 IP 与账户关联，支持备案。因不是与特定资源关联，所以可以随时更换绑定的资源。弹性公网 IP 与公网 IP 一样，支持部署网站的云主机，与域名绑定后，支持备案。

（2）云服务器弹性公网 IP 随用随买，使用灵活。如超出特定配额，可以通过提工单的方式申请更多配额。

（3）云服务器弹性公网 IP 支持灾备快速切换。弹性公网 IP 支持从公网 IP 转换而来，转换过程不会影响服务；因弹性公网 IP 与账户关联，可随时切换绑定的云主机实例，快速切换云服务器，从而切换灾备设备。

（4）通常云服务弹性 IP 有两种购买方式，第一种是采用包年包月的方式购买，第二种是采用按需付费的方式购买，并按照使用的时间按小时进行收费。购买后，为主机提供公网 IP 给用户使用。

8.6.2　云磁盘

云磁盘是云服务商构建了大规模物理存储之后，对其进行逻辑分卷，然后分配给用户挂载的硬盘，原理上和磁盘卷类似，如图 8-19 所示。

云服务商提供的云硬盘，又分为本地盘和网络盘。本地盘是该云主机的宿主物理服务器直接挂载的物理存储集群，而网络盘是部署在云服务商内部网络上的物理存储集群。

随着网盘市场竞争的日益激烈和存储技术的不断发展，传统的网盘技术已经显得力不从心，传输速度慢、冗灾备份及恢复能力低、安全性差、运营成本高等问题一直困扰着网盘企业。最新应用的云计算存储技术，为网盘行业带来了新的革命，传统的网盘将逐步被云存储取代。云存储是构建在高速分布式存储网络上的数据中心，它将网络中大量不同类型的存储设备通过应用软件（如 FusionStorage、VMware vSAN）集合起来协同工作，形成一个安全的数据存储和访问的系统，满足各大中小型企业与个人用户的数据资料存储、备份、归档等一系列需求。云存储的最大优势在于将单一的存储产品转换为数据存储与服务，在这种技术下，网盘行业可能像金融行业的银行一样，在单一的存储服务基础上衍生出更多的增值服务，只有这种改变才能使云存储迎来蓬勃发展的春天。

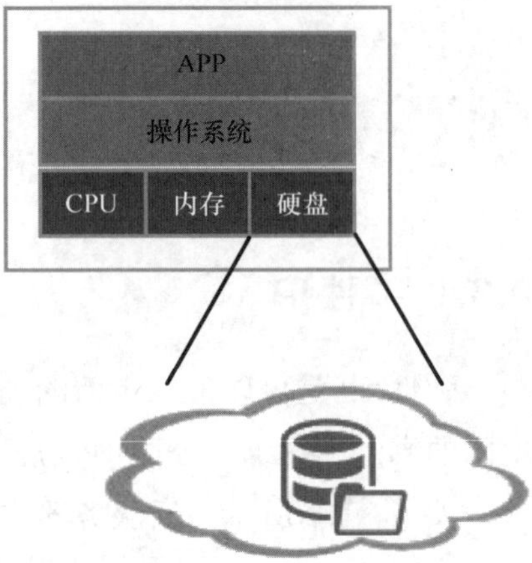

图 8-19　云磁盘

8.6.3　云主机

传统的应用部署，不仅仅是部署在服务器上，还需要机柜、电力、散热、机房和配套管理，因此很大一部分投资都在环境部分，而应用上的投资仅仅是一小部分。云服务商提供的主机服务无需知道物理服务器的样子和位置，也无需关心其运行环境，只需要知道运算资源即可，网络也无需过分担心是否冗余，这种服务称为云主机，如图 8-20 所示。

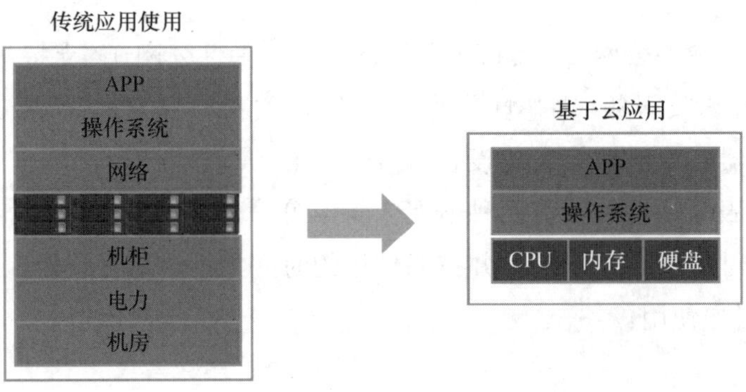

图 8-20　云主机

习题

一、选择题

1. FusionSphere 的核心组件是（多选）（　　）

A. 平台虚拟化软件（FusionCompute） B. 云服务基础套件（FusionStack）

C. 云管理软件（FusionManager） D. 桌面云（FusionAccess）

2. 运行在 FusionSphere 上的用户操作系统（Guest OS）有（多选）（ ）

A. 主流的 Windows 操作系统 B. Mac OS

C. 主流的 Linux 操作系统 D. 国产操作系统如麒麟操作系统

3. 为减少客户的初始投资，FusionSphere 提供了哪些技术（多选）（ ）

A. 内存复用技术 B. 存储精简配置技术

C. 虚拟机热迁移技术 D. 链接克隆技术

4. FusionManager 中管理员可以被赋予两种主要角色：ServiceAdmin 和 Operation Admin，关于这两种角色说法正确的是（多选）（ ）

A. OperationAdmin 着重于业务运营

B. ServiceAdmin 着重于资源池构建、管理和维护

C. ServiceAdmin 着重于业务运营

D. OperationAdmin 着重于资源池构建、管理和维护

5. 华为可以提供从软件到硬件，端到端的云计算解决方案。下面哪些硬件组成部分在华为的云计算解决方案中是可选的（多选）（ ）

A. 服务器 B. 负载均衡设备 C. 防火墙 D. TC 瘦终端

6. 在华为 FusionSphere 解决方案中，如果想要虚拟机在主机宕机后自动进行 HA，切换到另外的主机，下面哪个条件不是必需的（ ）

A. 主机属于同一个集群

B. 主机所属的集群开启 HA

C. 主机连接相同的共享数据存储

D. 主机上需要 HA 的虚拟机均使用同一网段 IP

7. FusionSphere 为了提高资源利用率，采用了哪些措施（多选）（ ）

A. 大集群，减少资源碎片 B. 资源弹性可伸缩

C. 虚拟机容灾 D. 资源复用技术

8. 以下哪个不是 FusionManager 提供的功能（ ）

A. 异构虚拟化平台管理 B. 异构硬件设备监控

C. 多数据中心统一管理 D. 虚拟化服务器

9. VPC 的网络安全隔离功能不依赖以下哪种技术实现（ ）

A. 硬件防火墙 B. 软件防火墙 C. 交换机 D. 弹性 IP

10. FusionCompute 的基本安装流程为（多选）（ ）

A. 安装主机 B. 安装 VRM C. 安装 VSAM D. 安装 PVM

11. 某企业只有一个数据中心，同时部署了 FusionCompute 和 VMware vCenter。针

对这种场景，建议部署下面哪个软件统一管理该数据中心的虚拟化资源（　　）

A. TOP-LOCAL FusionManager　　B. all-in-one FusionManager

C. FusionCompute　　D. FusionManager

12. FusionCompute 可以对哪些资源进行 QoS 控制（多选）（　　）

A. CPU　　B. 内存　　C. 网络　　D. 存储

13. 以下哪种方案用于实现员工办公效率的提升（　　）

A. FusionSphere　　B. FusionCube

C. FusionAccess　　D. FusionManager

14. 业界主要的服务器虚拟化软件有哪几种（多选）（　　）

A. Hadoop　　B. XenServer　　C. VMware ESXi

D. KVM　　E. 微软 Hyper-V

15. 下列哪项技术能够节省存储空间，提升虚拟机的维护管理效率并减少虚拟机的创建时间（　　）

A. 自动精简配置　　B. 链接克隆

C. 存储热迁移　　D. 缓存加速

16. 为了提高客户虚拟机的可靠性，FusionSphere 提供了哪些技术（多选）（　　）

A. 多级别的虚拟机备份　　B. 链接克隆

C. 虚拟机热迁移　　D. 虚拟机容灾

二. 判断题（T or F）

1. 虚拟基础设施系统 FusionCompute 由虚拟化管理（VRM）和虚拟化代理（VNA）两部分组成。（　　）

2. VRM 组件是 FusionCompute 的管理中枢，负责 IT 业务的编排、发放和自动部署，可以进行级联管理。（　　）

3. FusionManager 可以统一管理异构虚拟化产品，如 VMware vCenter 和华为 FusionCompute 等。（　　）

4. FusionCompute 采用多种内存复用技术，其中的内存共享技术，指的是多个虚拟机可以对主机同一段物理内存空间进行读和写操作。（　　）

5. 华为云计算已经成功应用于运营商、医疗、政府、物流、教育等多种行业和众多企业。（　　）

第三部分小结

OpenStack 是目前最流行的云平台架构，基于 OpenStack 架构的 FusionSphere 通过统一的 OpenStack API 支持开放混合云业务，实现从 FusionSphere 私有云扩展到 OpenStack 混合云或公有云，为搭建企业私有云平台，解决私有云和公有云的混合提供技术支撑。解决企业自己建云、上云并用云的实际问题，这个问题的实际意义在于，企业也能以自己的业务开展本行业的公有云服务。随着个性化服务的需求发展，私有云将出现两极分化，行业云将占半壁江山。

以 Docker 为代表的容器技术发展迅猛，而容器技术与 OpenStack 的融合带来了一种新的不一样的部署和应用模式。也许，随着 OpenStack 容器化进程的加速，未来 OpenStack 在企业中的落地速度会得到极大的提升。

最新发布的 FusionSphere 则全面体现了华为对 OpenStack 的支持和推动。FusionSphere 从组件、架构和生态三个维度全面拥抱开源，为客户提供灵活的软件选择。华为遵循开源社区的各项标准和接口，这样，凡是基于 OpenStack 开源社区版本开发的第三方应用，无需改动即可在华为云计算平台 FusionSphere 上运行。其中 FusionCompute 是云操作系统基础软件，主要由虚拟化基础平台和云基础服务平台组成，负责硬件资源 X86 架构的服务器的虚拟化，以及对虚拟资源、业务资源、用户资源的集中管理。FusionManager 是华为云管理系统，通过统一的接口，对计算、网络和存储等虚拟资源进行集中调度和管理，提升运维效率，保证系统的安全性和可靠性。还可帮助企业在数据中心初建时，实现统一管理数据中心内分布式、异构的基础设施，实现统一的硬件抽象和管理。

OpenStack 会成为云时代的 Linux，成为企业基础设施云化整合的一个事实标准。华为云计算基于 FusionSphere、FusionInsight 和 FusionStorage 三大解决方案，采用统一云架构提供私有云、混合云和公有云解决方案。目前，华为正在积极将云计算产品全部切换到 OpenStack 上。

第四部分　云计算应用

第9章 分布式应用开发案例

随着虚拟化技术和云计算技术的不断发展，越来越多的企业需要把业务和云端的应用相结合，使业务变得更快捷、简单、易用。本章主要探讨云平台中开发中间件的应用，即如何使用 Java 开发云平台分布式应用程序。

学习目标

- 了解分布式开发思路及环境；
- 掌握在云平台上如何使用 Java 开发应用程序。

9.1 分布式应用开发思路

大数据的一个关键特点是数据量大，使用传统工具收集或处理这些数据所需要的时间超过了所能容忍的范围，于是就诞生了一些专门用来处理大数据的技术。用户可根据不同的需求选择不同的数据处理技术，如对数据处理时延要求不高的业务（数据周期性的计算，如以小时、天、周等为周期）可以选择批处理技术 Hadoop；对数据处理时延要求较高的业务（数据处理时延需要在秒级甚至是毫秒级）可以选择流处理技术 Storm、Spark Streaming 等。虽然这些技术根据不同的业务场景可分为不同的类别，但是它们的核心思想都是实现分布式计算，让软件开发人员可以方便地使用很多在构建应用时的必要服务，简单开发分布式应用程序。

分布式应用程序开发环境需要多台计算机创建，如要搭建一个由 100 台计算机组成的分布式计算集群，一般情况下需要如下几个步骤：①购买硬件设备（服务器、交换机、机柜等）；②安装服务器的操作系统；③将服务器上架；④搭建网络环境，让服务器之间能够互相通信；⑤为每台服务器配置相应的分布式数据处理软件运行环境并安装分布式数据处理软件；⑥测试环境是否可用；⑦将相应业务部署集群。可以看出，整个过程所需要的时间成本以及经济成本非常高。但有了云计算之后，这个过程就变得十分简单了，可以直接向云服务商申请相应的大数据处理服务，然后将需要处理的数据上传到此平台就可做计算。如果对数据处理平台的要求较高，需要自定义的话，那么直接申请相应数量的云服务器，然后在上面部署自己的软件即可。后期需要扩容或减容也会十分方便，都可在相应的管理界面通过鼠标点击的方式完成。本章节介绍如何编写 MapReduce 程序并使用云平台提供的 MapReduce 服务来处理气象数据。MapReduce 是一个分布式、高可靠、可扩展的并行计算框架。从编写程序角度来说，Map 和 Reduce 都是编程接口。从 MapReduce 作业运行角度来说，Map 和 Reduce 都是计算进程。

9.2　需求说明

给定两份数据集，以下简称数据集 A 和数据集 B。数据集 A 记录的是 2016 年全球不同国家不同地区每天的天气情况，见表 9-1。数据集 B 记录的是不同国家的气象站位置信息，见表 9-2。现有需求：使用 MapReduce 框架从给定的数据集中计算出中国不同地区 2016 年整年哪个月的气温最低，要求输出结果至少需要包含地区、月份、温度三个信息。

表 9-1　　**数据集 A 样本**

	A	B	C	D	E	F	G	H	I	J	K	L	M	N	O	P
1	STN	WBAN	YEARMODA	TEMP	DEWP	SLP	STP	VISIB	WDSP	MXSPD	GUST	MAX	MIN	PRCP	SNDP	FRSHTT
2	742077	3763	20160101	45.1 24	38.7 24	9999.9 0	995.6 20	9.9 24	1.1 24	4.1	999.9	53.4	37.9	0.001	999.9	000000
3	742077	3763	20160102	36.7 24	26.5 24	9999.9 0	996.6 24	10.0 24	1.7 24	7.0	999.9	52.9	24.3	0.001	999.9	000000
4	450320	99999	20161228	56.1 8	37.9 8	1023.8 8	1022.0 8	999.90	6.3 8	9.1	999.9	59.9*	48.4*	0.001	999.9	000000

注：数据集 A 重要字段说明——STN 表示气象站编号（WMO/DATSAV3）；WBAN 表示 NCDC WBAN 编号；YEARMODA 表示年月日；TEMP 表示当天平均气温（摄氏度或华氏度，缺失值使用 9999.9 表示）；MAX 表示当天最高气温（摄氏度或华氏度，缺失值使用 9999.9 表示）；MIN 表示当天最低气温（摄氏度或华氏度，缺失值使用 9999.9 表示）。

表 9-2　　**数据集 B 样本**

	A	B	C	D	E	F	G	H	I	J	K
1	USAF	WBAN	STATION NAME	CTRY	STATE	ICAO	LAT	LON	ELEV(M)	BEGIN	END
2	997797	99999	POINT RETREAT	US	AK		58.4	-134.95	32	200700116	20170428
3	941010	99999	KALUMBURU MISSION	AS			-14.300	126.65	24	19570101	20050325
4	450320	99999	TA KWU LING	CH			22.533	114.15	13	19921204	20170428

注：数据集 B 重要字段说明——USAF 表示 DATSAV3 编号；WBAN 表示 NCDC WBAN 编号；STATION NAME 表示气象站名称；CTRY 表示国家码；LAT 表示纬度；LON 表示经度；BEGIN 表示开始记录日期；END 表示截止记录日期。

9.3 需求分析及实现思路

气象分析的需求是从给定的两份数据集中计算出中国每个地区 2016 年哪个月气温最低。从这句话中能够获取到的信息：中国每个地区（说明只计算中国的气象数据，并且还要知道所计算的每条气象数据是中国哪个地区的数据）、2016 年（说明只计算 2016 年的数据）、哪个月气温最低（说明需要计算每个地区，2016 年每个月的平均气温，并找出最低气温月）。为了实现以上需求，可以分为以下三步。

第一步：找出中国气象记录。

给定的数据集 A 是全球 2016 年的气象数据，数据集 B 是各国气象站数据。那应该如何从全球的数据中找出中国的气象数据呢？

首先观察两份数据，发现数据集 A 中并没有记录任何关于国家的信息，而数据集 B 中虽然记录了关于国家的信息，但是没有记录任何一个国家的天气信息。如果单独计算这两份数据，很难得到最终所需要的结果。所以应该考虑如何将两份数据联合起来进行处理，找到两份数据之间相互联系的“桥梁”，就能够提取出中国的气象记录数据。

仔细观察两份数据，发现他们有一个共有的字段 WBAN。如果大家使用过数据库，那么此时一定会想到要是能够用某种方法，把数据集 A 和数据集 B 做一个 join 操作，join 的条件是数据集 A 的 WBAN 和数据集 B 的 WBAN 相同，并且数据集 B 中的 CTRY 字段必须是 CH（中国国家码）。那么 join 后得到的数据就是中国的气象数据。

注意，如果直接用 WBAN 号做关联，提取出的数据是不准确的。因为数据集 A 和数据集 B 中分别有 83%和 86%的记录的 WBAN 号都是 99999。再次观察数据，发现数据集 A 中 STN 字段的数据可以是 WMO 或 DATSAV3 编号，数据集 B 中 USAF 字段的数据是 DATSAV3 编号，并且重复的编号较少，因此可以考虑使用数据集 A 中的 STN 字段和数据集 B 中的 USAF 字段做关联。

具体实现方法：在 Map 阶段分别将数据集 A 中的 STN、YEARMOD、TEMP 和数据集 B 中的 USAF、STATION NAME、CTR、LAT 和 LON 字段的值提取出来，利用 MapReduce 在 shuffle 阶段会将键相同的记录的值合并的特性，将数据集 A 中提取出的记录和数据集 B 中提取出的记录做关联，在输出的时候将 STN 或 USAF 设置为键，将 YEARMODA、TEMP 或 LON、LAT、STATION NAME 的组合值设置为值，最终得到的结果就是中国的气象数据记录。

第二步：基于上一步的数据，计算出每个月的平均气温。

上一步提取到的数据中包含了 YEARMODA、TEMP、STATION NAME、CTR、LAT、LON 等信息，有了这些数据后就能够计算每个地区每个月的平均气温了。具体实现方法：再次执行一个 MapReduce Job，读入上一步的计算结果，在 Map 阶段提取出每个地区的月份

(MONTH)、当月每天所对应的温度(TEMP)、经度(LON)、纬度(LAT)、气象站名(STATION NAME),并将LON、LAT、STATION、MONTH的组合值设置为Map的输出键,将TEMP作为输出值。在Reduce阶段,Shuffle完成之后,每个地区会对应12个键值对。每个键值对的值所包含的数据就是这个地区某个月的所有气温数据。拿到每个月的气温数据之后,就可以计算出当月的平均气温,最后再将LON、LAT、STATION NAME、MONTH的组合值设置为Reduce的输出键,计算出的平均气温(AVERAGE_TEMP)设置为输出值,最终输出的结果就是每个地区每个月的平均气温。

第三步:基于上一步的数据,找出最低气温月。

上一步计算完成的数据中包含了LON、LAT、STATION NAME、MONTH、AVERAGE_TEMP信息。具体实现方法:执行一个MapReduce Job,在Map阶段读取上一步的输出数据,并将各个字段的值提取出来,然后把每个地区每年的平均气温记录到一个集合里面,记录完成之后再将集合中的数据按照AVERAGE_TEMP升序排序,找到当年的最低气温月,然后将LON、LAT、STATION NAME、MONTH的组合值设置为键,将最低气温设置为值输出。Reduce阶段则直接拉取Map阶段的数据,拉取到之后,把气温从华氏度转为摄氏度并输出。

9.4 开发环境配置

在配置开发环境方面可以使用IntelliJ IDEA开发环境,也可使用Eclipse开发环境。本节以IntelliJ IDEA来配置所需开发环境,使用IDEA创建一个项目的步骤如下。

第一步:在IDEA中创建一个项目。

(1)进入IntelliJ IDEA配置环境,如图9-1所示,单击“Create New Project”按钮。

图9-1 初次打开IntelliJ IDEA界面

（2）如图 9-2 所示新项目界面，选择左边 Maven（Maven 是一个项目管理工具）选项，然后单击“Next”按钮。

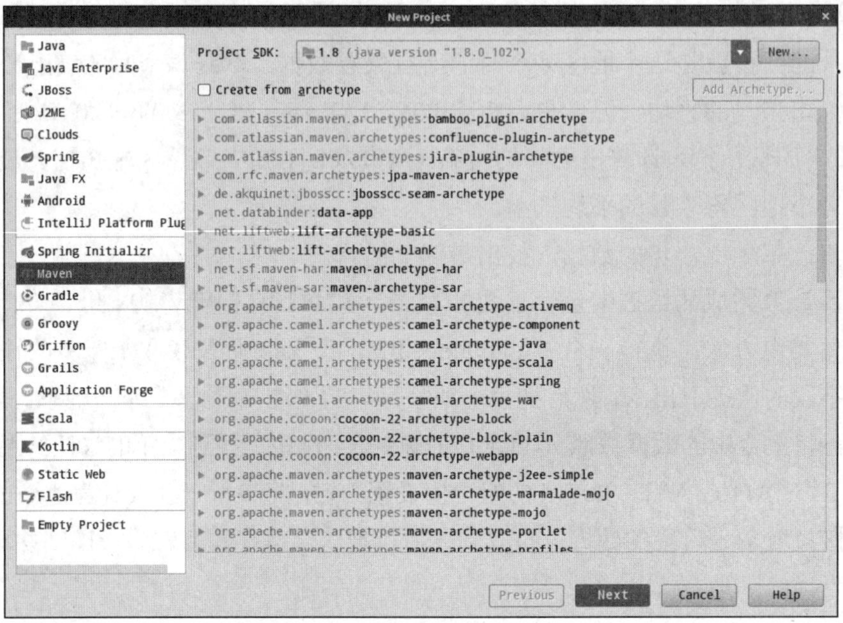

图 9-2　选择项目类型

（3）如图 9-3 所示，在 GroupId 处输入：com.mapreduce.example，ArtifactId 处输入：example-temp，然后单击“Next”。注：这两个值不是固定值，可输入自定义值，GroupId、ArtifactId、Version：分别表示 Maven 项目的组织名、构件名、版本号，它们 3 个合起来就是 Maven 坐标，根据这个坐标可以在 Maven 仓库中对应唯一的 Maven 构件。

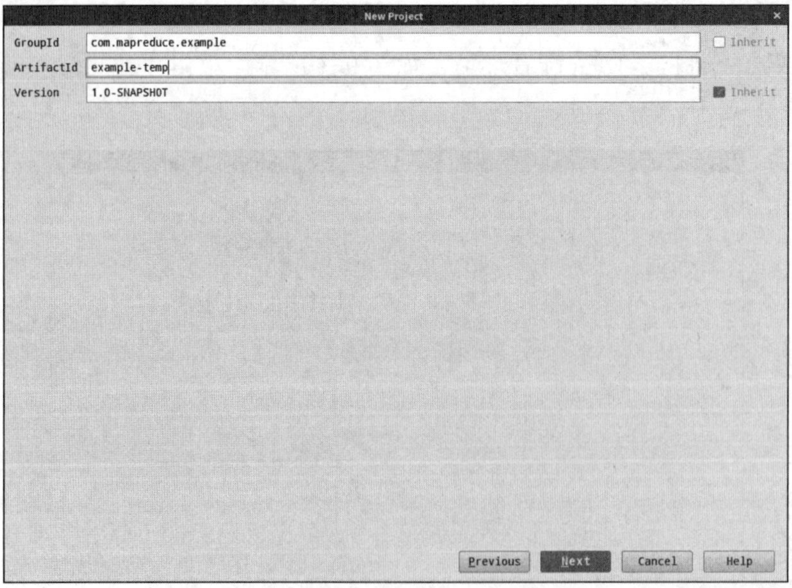

图 9-3　定义坐标信息

（4）如图 9-4 所示，将 Project name 改为：example-temp，改成 example-temp 是为了规范起见，无特殊意义。并选择项目存放的路径，然后单击“Finish”按钮。

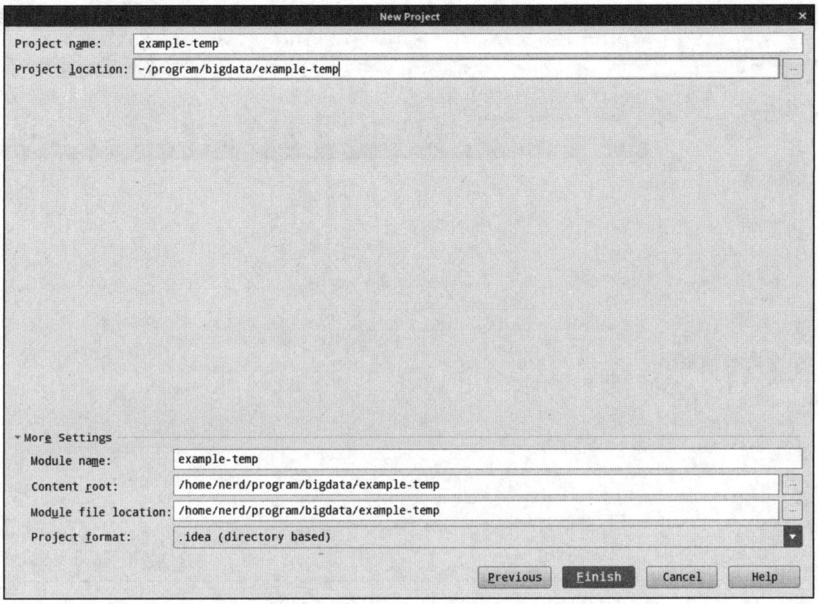

图 9-4　定义项目信息

第二步：配置项目属性。

（1）如图 9-5 所示，单击左上角 File 菜单，并在弹出的菜单中选择“Settings”。

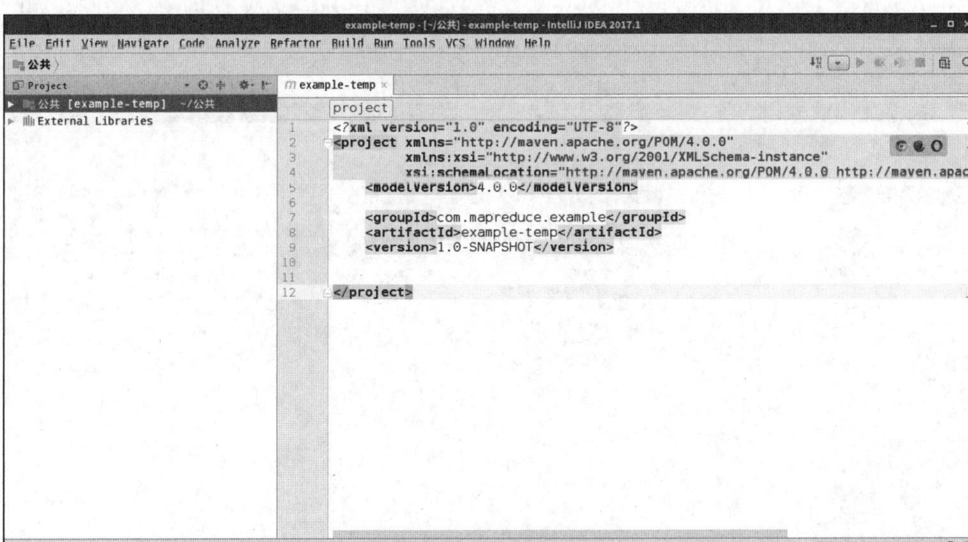

图 9-5　显示项目信息

（2）如图 9-6 所示，依次展开左侧“Build”→“Execution”→“Deployment”→“Compiler”菜单，选择“Java compiler”，然后再将“Project butecode version”和“Target bytecode version”都改为 1.7。将 Java 版本设置为 1.7 主要是为了保证

兼容性，因为后续进行开发的时候，是基于 Java 1.7 环境的，如果 Java 版本不匹配，程序运行过程中会出现错误。然后单击“OK”按钮。

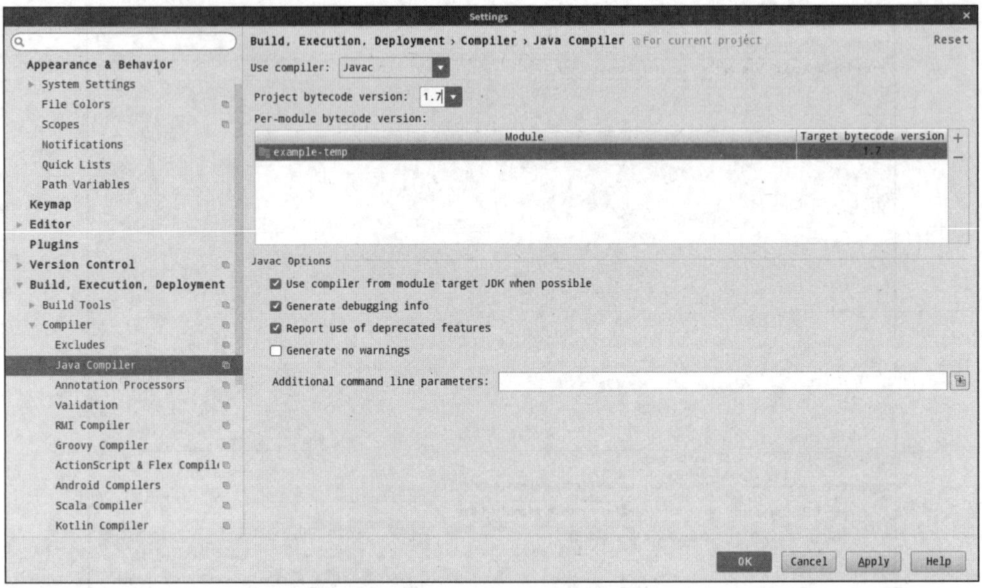

图 9-6　设置 Java 编译版本

（3）回到图 9-5 界面，并按 F4 键，进入到如图 9-7 界面，选择左侧“Modules”，然后将右侧“Language level”改为“7-Diamonds, ARM, multi-catch etc”。此处将语言版本设置为 Java7 主要为了与（2）的设置一致，否则在编译的时候会出现警告。最后单击“Apply”按钮。

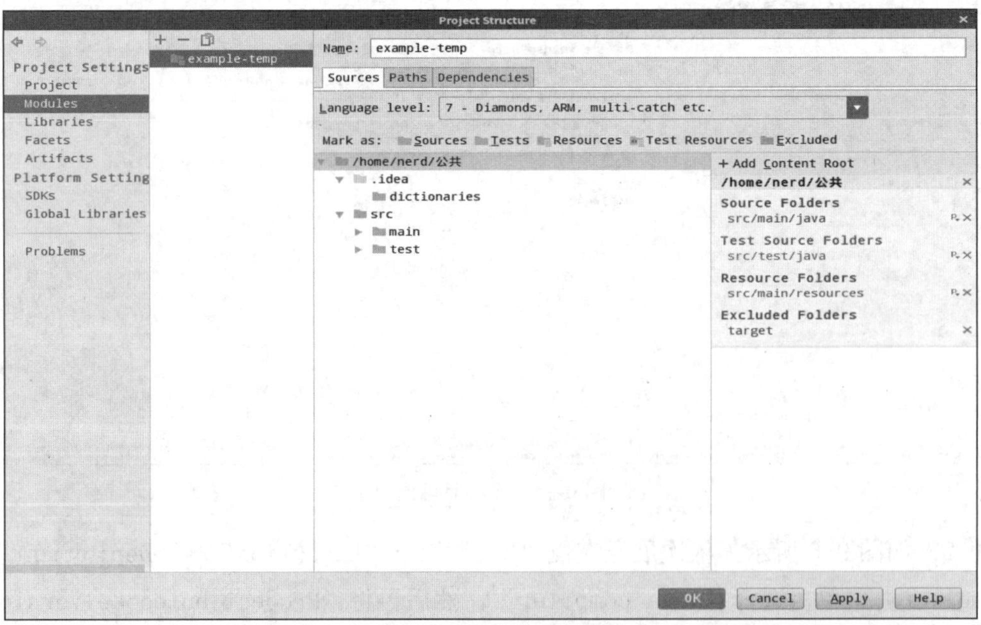

图 9-7　设置模块 Java 版本

（4）如图 9-8 所示，单击“Dependencies”活页夹，然后选择点击右侧的“+”，然后依次选择 JARs or directories...。选择此项后，就可进入到相应目录选择依赖 Jar 包。

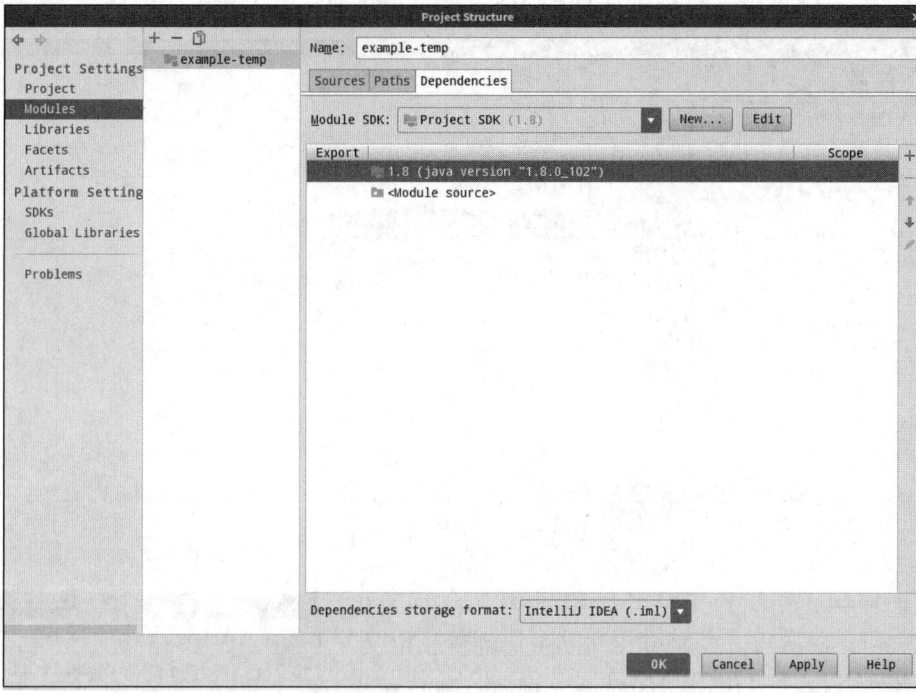

图 9-8　添加依赖 Jar 包

（5）如图 9-9 所示，找到自己存放 hadoop2openme-1.0.jar（需要提前下载，下载地址为 http://repo.aliyun.com/download/hadoop2openmr-1.0.jar）的目录，并选中它，然后单击“OK”按钮。

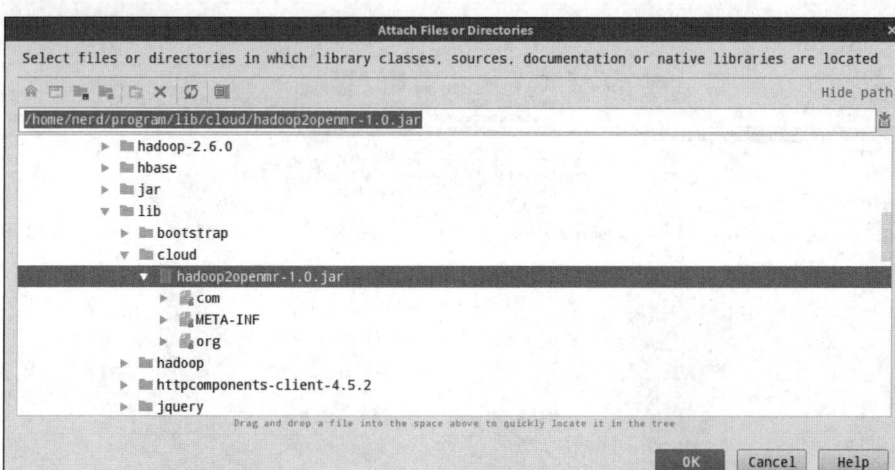

图 9-9　选择 Jar 包

（6）回到图 9-8 界面，单击“OK”按钮。

第三步：创建包和相关 Class 文件。

（1）如图 9-10 所示，依次展开左侧“example-temp”→“src”→“main”目录，选中 Java 并右键单击，然后依次选择 New、Package 创建一个包。

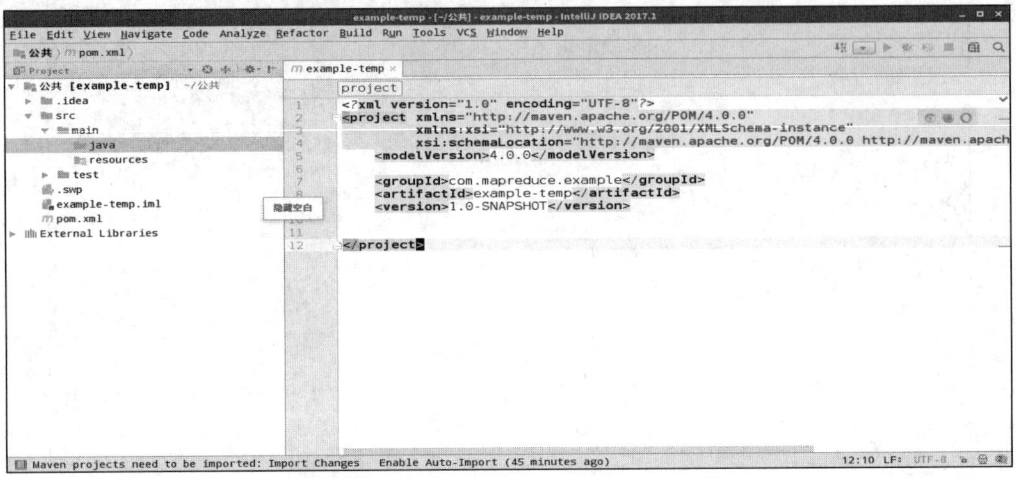

图 9-10　创建 package

（2）如图 9-11 所示，在弹出框中输入包名：com.mapreduce.example。此包名非固定，可自己定义，但需要遵循 Java 与 Maven 的包命名规范，然后单击“OK”按钮。

图 9-11　输入 package 名字

（3）如图 9-12 所示，选中（2）中创建的包，并右键单击，依次选择 New、Java Class。

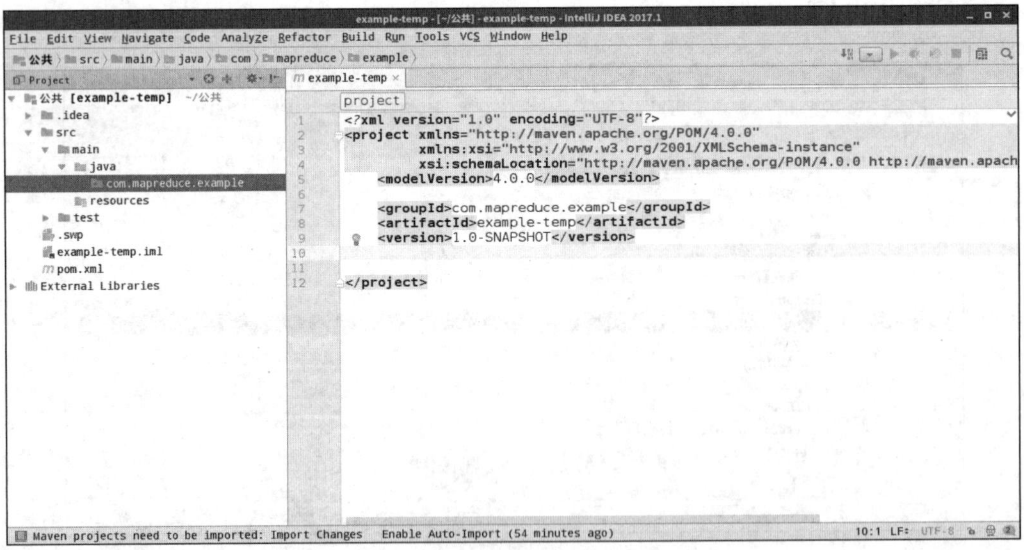

图 9-12　创建类

（4）如图 9-13 所示，在弹出框中输入类名“ExtractChinaRecord”新建一个类，该类名是用来将数据集 A 和数据集 B 做关联操作，并提取出属于中国的数据，单击“OK”按钮。

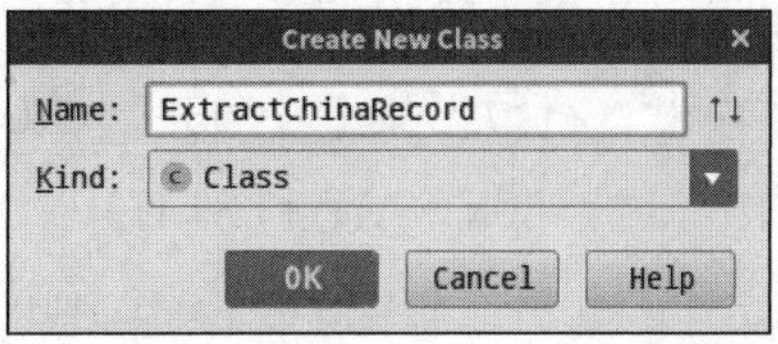

图 9-13 创建 ExtractChinaRecord 类

（5）重复（4）操作，创建名为 ComputeMonthAverageTemp 的 Java Class。

（6）重复（4）操作，创建名为 FindLowestTemp 的 Java Class。

（7）最终结果如图 9-14 所示。

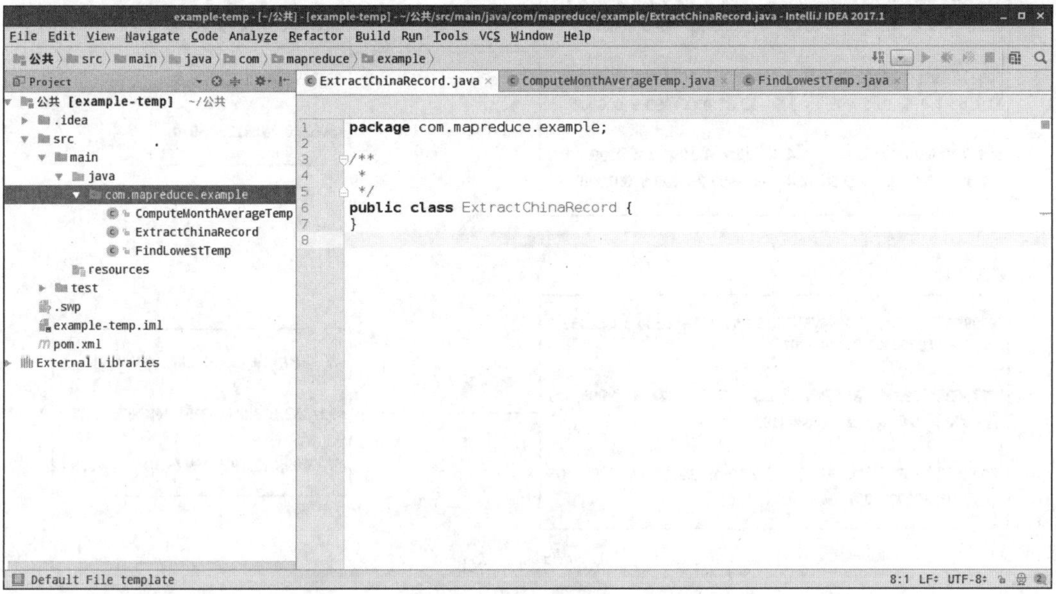

图 9-14 所有类展示

至此，已经使用 IntelliJ IDEA 配置好所需开发的环境。

9.5 代码解读

在 9.4 节中，创建了三个类，ExtractChinaRecord 类是用来将数据集 A 和数据集 B 做关联操作，并提取出属于中国的数据。ComputeMonthAverageTemp 类用来计算中国每个地区每个月的月平均温度，依赖于第一个类提取出的数据。FindLowestTemp 类用来寻找中国每个地区，一年中平均气温最低的月份，依赖于第二个类提取出的数据。

9.5.1 提取记录 Map 阶段

类 ExtractChinaRecord 实现提取中国记录的功能，如图 9-15 所示，它是提取中国

记录 Map 阶段的处理流程。将数据集 A 中的 STN、YEARMODA 和 TEMP 字段的值提取出来，并将 STN 作为输出 key，YEARMODA 和 TEMP 的组合值（中间用“|”连接）作为输出 value 并输出。将数据集 B 中 USAF、STATION NAME、LAT、LON 的值提取出来，并将 USAF 作为输出 key，LON、LAT 和 STATION NAME 的组合值（中间用“|”连接）作为输出 value 并输出。

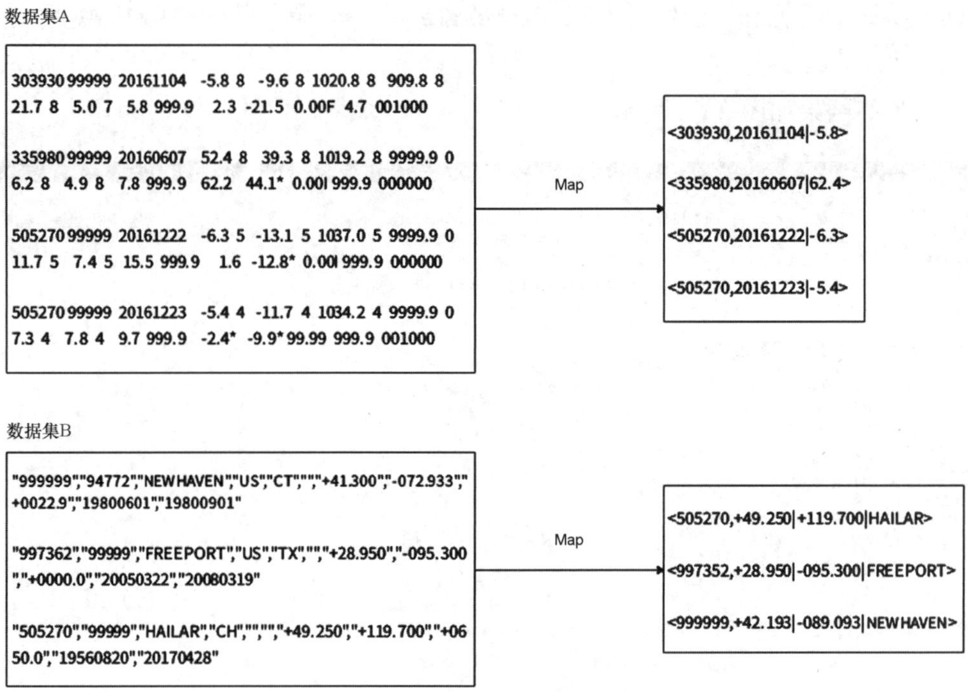

图 9-15　提取中国记录的 Map 阶段

具体的实现代码如下：

ExtractChinaRecordMap 必须继承自 MapReduce API 提供的 Mapper 类，并通过泛型指定数据的输入和输出键值对类型，Mapper<Object,Text,Text,Text>中，第一个参数 Object 表示输入键的类型，默认情况下是以每一行文本偏移量作为输入键。第二个参数 Text 表示输入值的类型，默认情况下是将一个文本文档按\n 分割，然后每一行作为一个值。第三个参数 Text 表示 Map 阶段输出记录中的键类型。第四个参数 Text 表示 Map 阶段输出记录中值的类型。

```
class ExtractChinaRecordMap extends
        Mapper<Object, Text, Text, Text> {
    // STN_OR_USAF 用于存放数据集 A 中的 STN 或者是数据集 B 中的 USAF 值
    private final static Text STN_OR_USAF = new Text();
    // DETAILED_RECORD 用于存放数据集 A 中的 YEARMODA、TEMP 或者是数据集 B 中的 LON、LAT、STATION
NAME 的组合值
    private final static Text DETAILED_RECORD = new Text();

    @Override
```

```
        protected void map(Object key,
                           Text value,
                           Context context) throws IOException,
                InterruptedException {
            int flag = 0;
            /*将输入值转换为 String 类型(因为输入值是 Text 类型，缺失了 java 中 String 数据类型的很多方法，所以先调用 Text 的 toString 方法将输入值先转为 String 类型，方便后续操做)
            */
            String record = value.toString();
            /*截取出 record 中的一段内容，如果截取出的内容恰好是 2016，说明此条数据来自于数据集 A，如果截取到的数据不是 2016 说明此条数据来自于数据集 B。不同数据集的记录，交由不同的处理逻辑处理（其实在原版的 MapReduce 中，可以使用 Context 的 getInputSplit 方法获取到一个 FileSplit 对象，然后调用此对象的 getPath 方法获取此条记录来自于哪个文件，但是使用的云平台暂时不支持 getInoutSplit 方法）
             */
            if (record.substring(14, 18).equals("2016")) {
                // 根据 STN 的位置截取出 STN 的值
                String stn = record.substring(0, 6).trim();
                // 根据 YEARMODA 的位置截取出 YEARMODA 的值
                String date = record.substring(14, 22).trim();
                // 根据 TEMP 的位置截取出 TEMP 的值
                String temp = record.substring(24, 30).trim();
                /*
                将气象文件中包含的字段名以及缺失的气温数据过滤掉,满足过滤条件的条目将会把它的 STN 字段的值设置为 Map 的输出 key,将 YEARMODA 和 TEMP 的组合值作为 Map 的输出 value,最终输出记录形如<742077,20160101|36.7>
                 */
                if (stn.matches("\\d+") && date.matches("\\d+") && !temp.equals("9999.9")) {
                    STN_OR_USAF.set(stn);
                    DETAILED_RECORD.set(date + "|" + temp);
                    // 将 flag 置为 1，标志已经设置了输出 key 和输出 value
                    flag = 1;
                }
            } else {
                // 去除数据集 B 中每个字段的""（数据集 B 为 csv 格式）
                String s = record.replace("\"", "");
                // 按“,”分割每一条记录
                String[] fields = s.split(",");


        /*
         判断此 CTRY 字段记录的是不是中国的数据（如果截取出的值为 CH，说明是中国的数据），如果是，则再次判断此气象站最后的记录时间是否大于等于 2016（防止获取到多年前的不准确的数据）。两个条件都满足，则提取 USAF、STATION NAME、LAT、LON 并将 USAF 设置为 map 的输出 key，LON、LAT、STATION NAME 的组合值设置为 map 的输出 value
        */
                if (fields.length == 11 && fields[3].equals("CH") && Integer.parseInt(fields[10]) >= 2016) {
                    String usaf = fields[0];
                    String lat = fields[6];
                    String lon = fields[7];
                    String stationName = fields[2];
                    // 将 USAF 设置为输出 key
                    STN_OR_USAF.set(usaf);
                    // 将 LAT、LON、STATION NAME 组合起来设置为输出 value
                    DETAILED_RECORD.set(lon + "|" + lat + "|" + stationName);
                    flag = 1;
                }
            }
            /*
```

```
        如果 flag 为 0，说明没有设置输出 key 和 value 或者是输出 key 和 value 还是上一次的值，将输出 key 和输出
value 设置为空字符串
         */
        if (flag == 0) {
            STN_OR_USAF.set("");
            DETAILED_RECORD.set("");
        }
        // 输出记录
        context.write(STN_OR_USAF, DETAILED_RECORD);
    }
}
```

9.5.2 提取记录 Reduce 阶段

在 9.5.1 节中虽然把需要的数据都提取了出来，但是并不能区分出哪些数据是属于中国的数据，要想提取出属于中国的数据，需要借助于 Reduce 阶段的 Shuffle。具体流程如图 9-16 所示，Reduce 不断地拉取 Map 的中间结果，并在拉取的过程中进行 Shuffle 操作，将 key 相同的值做合并。这样一来，数据集 A 中间结果中的<505270,20161222|-6.3>，<505270, 20161223|-5.4>和数据集 B 中间结果中的<505270,+49.250|+119.700|HAILAR>就会合并在一起，形成如<505270,（20161222|-6.3,20161223|-5.4,+49.250|+119.700|HAILAR）>，然后将此键值对以 Reduce 方法处理，Reduce 拿到此键值对之后，经过判断，发现此键值对的内容符合输出要求，然后就将此键值对输出。但如果接收到的键值对类似于<303930,20161104|-5.8>，是不能通过 Reduce 方法中的输出过滤条件的，所以此值不能被输出。当 Reduce 将所有的数据都处理完成后，最后输出的数据就是属于中国的气象数据。

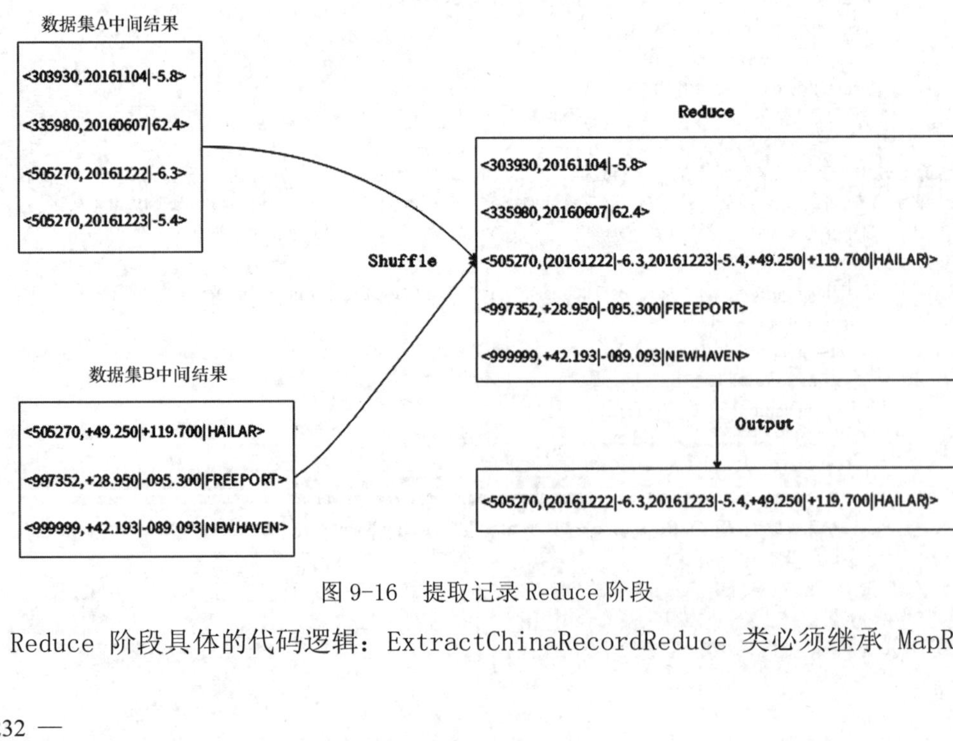

图 9-16 提取记录 Reduce 阶段

Reduce 阶段具体的代码逻辑：ExtractChinaRecordReduce 类必须继承 MapReduce

API 提供的 Reducer 类，并通过泛型指定输入和输出键值对类型。此处需要注意的是，输入键值对类型应该与 Map 中的输出键值对相对应，不可随便定义。输出键值对可以根据自己的需求定义。

```
class ExtractChinaRecordReduce extends
        Reducer<Text, Text, Text, Text> {
    private final static Text STN_OR_USAF = new Text();
    // TEMP_OR_LON_LAT_STATION 用于存放气温或者是 LON、LAT、STATION NAME 的组合值
    private final static Text TEMP_OR_LON_LAT_STATION = new Text();
    // 获取一个 Pattern 对象，用于后续做数据完整性匹配
    private final static Pattern P = Pattern.compile("((\\+|-)\\d+\\.\\d+\\|(\\+|-)\\d+\\.\\d+).*");

    @Override
    protected void reduce(Text key, Iterable<Text> values, Context context) throws IOException, InterruptedException {
        StringBuilder sb = new StringBuilder();
        // 将 Map 的输出 key 直接设置为 Reduce 的输出 key
        STN_OR_USAF.set(key);
        // 获取到 values 的迭代器
        Iterator<Text> it = values.iterator();
        // 遍历每一个值，并在每个遍历到的值的尾部添加制表符，然后将此值添加到 StringBuilder
        while (it.hasNext()) {
            sb.append(it.next().toString() + "\t");
        }
        // 将 StringBuilder 转换为 String 类型
        String result = sb.toString();
        /*
         判断 result 当中是否同时存在 LAT、LON、YEARMODA 字段的值
         形如：<505270,20161222| 6.3,20161223|-5.4,+49.250|+119.700|HAILAR>，
         如果通过过滤条件，则将 result 设置为 reduce 的输出 value，并输出
         */
        Matcher m = P.matcher(result);
        if ((result.matches(".*2016\\d{4}.*")) && m.find()) {
            if (m.group().split("\t").length == 1) {
                TEMP_OR_LON_LAT_STATION.set(result);
                context.write(STN_OR_USAF, TEMP_OR_LON_LAT_STATION);
            }

        }
    }
}
```

到此，已经将提取中国气象数据的关键代码解读完了，但如果要运行代码，还需要做一些配置。具体配置项如下所示。在主类的 main 方法中，配置和提交 Job。

```
public class ExtractChinaRecord {
    public static void main(String[] args) throws Exception {
        // 获取一个配置对象
        Configuration conf = new Configuration();
        // 获取一个 Job 对象，并将 Job 命名为 ExtractChinaRecordJob
        Job job = Job.getInstance(conf, "ExtractChinaRecordJob");
        // 通过 ExtractChinaRecord 类来找到相应的 Jar 包
        job.setJarByClass(ExtractChinaRecord.class);
        // 设置 Map 阶段使用哪个类来处理数据
        job.setMapperClass(ExtractChinaRecordMap.class);
```

```
        // 设置 Reduce 阶段使用哪个类来处理数据
        job.setReducerClass(ExtractChinaRecordReduce.class);
        // 设置 Map 阶段输出的 key 类型
        job.setMapOutputKeyClass(Text.class);
        // 设置 Map 阶段输出的 value 类型
        job.setMapOutputValueClass(Text.class);
        // 设置 Reduce 阶段输出的 key 类型
        job.setOutputKeyClass(Text.class);
        // 设置 Reduce 阶段输出的 value 类型
        job.setOutputValueClass(Text.class);
        // 设置数据源输入路径
        FileInputFormat.addInputPath(job, new Path(args[0]));
        FileInputFormat.addInputPath(job, new Path(args[1]));
        // 设置最终结果输出路径
        FileOutputFormat.setOutputPath(job, new Path(args[2]));
        // 提交 Job 并监控作业运行情况，如果运行成功，则关闭客户端
        System.exit(job.waitForCompletion(true) ? 0 : 1);
    }
}
```

9.5.3 计算平均气温 Map 阶段

经过 ExtractChinaRecord 作业的计算已经将属于中国的所有数据都已经提取出来了，下一步是通过 ComputeMonthAverageTemp 将每个地区每个月的平均气温计算出来。现在先看 ComputeMonthAveragTemp 的 Map 计算过程：如图 9-17 所示，左边是从 ExtractChinaRecord 作业计算结果中截取出来的部分属于中国的记录（505270 是 USAF 编号，20161223|-5.4 是 12 月 23 日的温度，+119.700|+49.250|HAILAR 是气象站的经纬度和气象站名称)，然后 ComputeMonthAverageTemp 的 Map 读取此数据，并按照制表符切分，切分完成之后，将月份、气温、气象站经纬度和名称提取出来，最后将气象站经纬度、名称、月份组合起来，作为 Map 阶段的输出 key，将气温作为输出 value，并输出。

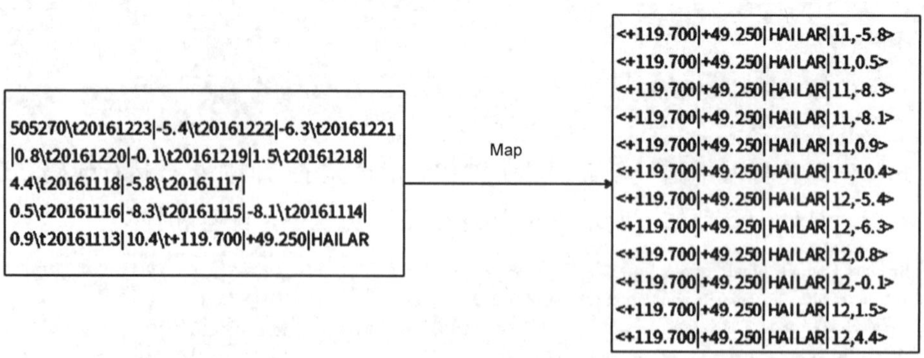

图 9-17 计算每个月平均气温 Map 阶段

Map 阶段的代码逻辑如下。

```
class ComputeMonthAverageTempMap extends
        Mapper<Object,
```

```
                Text,
                Text,
                Text> {
    // TEMP_LIST 是一个 ArrayList 对象，用于保存每个月的气温数据
    private final static List<String> TEMP_LIST = new ArrayList<String>();
    // LON_LAT_STATION_MONTH，用来保存经度、纬度、气象站名称、月份的组合值
    private final static Text LON_LAT_STATION_MONTH = new Text();
    private final static Text TEMP = new Text();

    @Override
    protected void map(Object key, Text value, Context context) throws IOException, InterruptedException {
        // 将 values 转换为 String 类型，并按照制表符（\t）将输入 value 切分
        String[] fields = value.toString().split("\t");
        // 如果切分后的元素个数大于 3，说明此条数据应该拥有所需要的所有字段
        if (fields.length >= 3) {
            // 从数组的第二个元素遍历，依次取出每个 YEARMODA 和 TEMP 的组合值
            for (int i = 1; i < fields.length; i++) {
                // 按|切分拿到的值，将 YEARMODA 和 TEMP 分开
                String[] dateAndTemp = fields[i].split("\\|");
                /*
                 如果切分后的数组长度为 2，并且第一个元素全为数字，那么从 YEARMODA 中提取出月份字段。
并且将 MONTH 和 TEMP 的组合值添加到 TEMP_LIST 里面。否则，遍历 TEMP_LIST,将 LAT、LON、MONTH 组合在一
起，设置为输出 key，将 TEMP 设置为输出 value,并输出
                 */
                if (dateAndTemp.length == 2 && dateAndTemp[0].matches("\\d+")) {
                    // 提取出月份，并将它转换为 int，方便对数据做出判断
                    int month = Integer.parseInt(dateAndTemp[0].substring(4, 6));
                    // 判断此月份是否属于正常值，如果是则将它与 TEMP 的组合值（使用|分割开）添加到
TEMP_LIST 里面

                    if (month > 0 && month <= 12) {
                        TEMP_LIST.add(month + "|" + dateAndTemp[1]);
                    }
                } else {
                    // 获取到经度、纬度、气象站名的组合值
                    String latLonStationName = fields[i];
                    // 遍历保存 TEMP_LIST，将 LON、LAT、STATION NAME、MONTH 的组合值设置为输出
key，将 TEMP 设置为输出 value，并输出
                    for (String mt : TEMP_LIST) {
                        // 按|分割，将 MONTH 和 TEMP 拆分开
                        String[] monthAndTemp = mt.split("\\|");
                        LON_LAT_STATION_MONTH.set(latLonStationName + "|" + monthAndTemp[0]);
                        TEMP.set(monthAndTemp[1]);
                        context.write(LON_LAT_STATION_MONTH, TEMP);
                    }
                    // 清除 TEMP_LIST 中的数据，以便存放下一个月的数据（重要）
                    TEMP_LIST.clear();
                }
            }
        }
    }
}
```

经过 Map 阶段的计算，已经将每个地区每个月的数据区分开了。下面是 Reduce 阶段的处理流程，如图 9-18 所示，Reduce 阶段不断地拉取 Map 阶段产生的数据，并做 Shuffle，将相同 key 的记录的值都合并在一起，因为在 Map 阶段的输出 key 是以经纬度、

气象站名、月份组合起来输出的，所以在 Reduce 阶段经过 Shuffle 之后，每个地区每个月的数据将会单独被合并在一起。然后将此数据交给 Reduce 方法计算，Reduce 方法拿到每条记录之后，会循环获取每个月每天的气温数据，并将他们累加起来，累加完成之后，再除以当月有气温记录的天数，就可以算出每个月的气温平均值，然后再以经纬度、气象站名称、月份的组合值作为 key，平均气温作为 value，并输出。

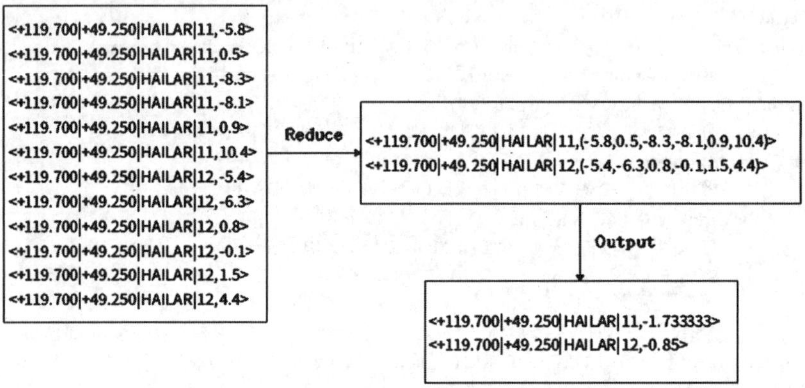

图 9-18　计算每月平均气温 Reduce 阶段

Reduce 阶段的代码逻辑如下。

```
class ComputeMonthAverageTempReduce extends Reducer<Text, Text, Text, Text> {
    private final static Text LON_LAT_STATION_MONTH = new Text();
    // AVERAGE_TEMP 用于存放计算出的平均气温
    private final static Text AVERAGE_TEMP = new Text();

    @Override
    protected void reduce(Text key, Iterable<Text> values, Context context) throws IOException, InterruptedException {
        // 将 LAT_LON_MONTH 直接设置为 Reduce 的输出 key
        LON_LAT_STATION_MONTH.set(key);
        Iterator<Text> it = values.iterator();
        // 初始化一个 float 型变量 sum，用于保存整个月的气温总和
        float sum = 0.0f;
        // 初始化一个 int 型变量 counter，用于保存有气温记录的天数
        int counter = 0;
        // 遍历 values
        while (it.hasNext()) {
            // 将 Text 类型的 TEMP 转为 Float 类型
            Float temp = Float.parseFloat(it.next().toString());
            // 将气温累加
            sum += temp;
            // 将计数器的值加 1
            counter++;
        }
        // 计算每个月的气温平均值
        float average = sum / counter;
        // 将气温平均值设置为输出 value
        AVERAGE_TEMP.set(String.valueOf(average));
        // 将最终结果输出
```

```
            context.write(LON_LAT_STATION_MONTH, AVERAGE_TEMP);
        }
}
```

主类，设置和提交 Job。

```
public class ComputeMonthAverageTemp {
    public static void main(String[] args) throws Exception {
        Configuration config = new Configuration();
        Job job = Job.getInstance(config, "ComputeMonthAverageTempJob");
        job.setJarByClass(ComputeMonthAverageTemp.class);
        job.setMapperClass(ComputeMonthAverageTempMap.class);
        job.setReducerClass(ComputeMonthAverageTempReduce.class);
        job.setMapOutputKeyClass(Text.class);
        job.setMapOutputValueClass(Text.class);
        job.setOutputKeyClass(Text.class);
        job.setOutputValueClass(Text.class);
        FileInputFormat.addInputPath(job, new Path(args[0]));
        FileOutputFormat.setOutputPath(job, new Path(args[1]));
        System.exit(job.waitForCompletion(true) ? 0 : 1);
    }
}
```

9.5.4　计算每个地区最低气温月 Map 阶段

经过 ComputeMonthAverageTemp 作业的计算，已经将每个地区每个月的平均气温数据计算出来了，有了这份数据之后，就可再次运行一个 MapReduce Job，读入此份数据，然后寻找出每个地区每年气温最低的月份。下面来看具体处理流程：如图 9-19 所示，左边的数据为上一步计算出来的每个地区每个月的平均气温，通过 Map 将此数据读入并计算，可以找到每个地区一年之中，哪个月气温最低。找到之后，以最低气温为 value，经纬度、气象站名、月份的组合值作为 key 并输出。

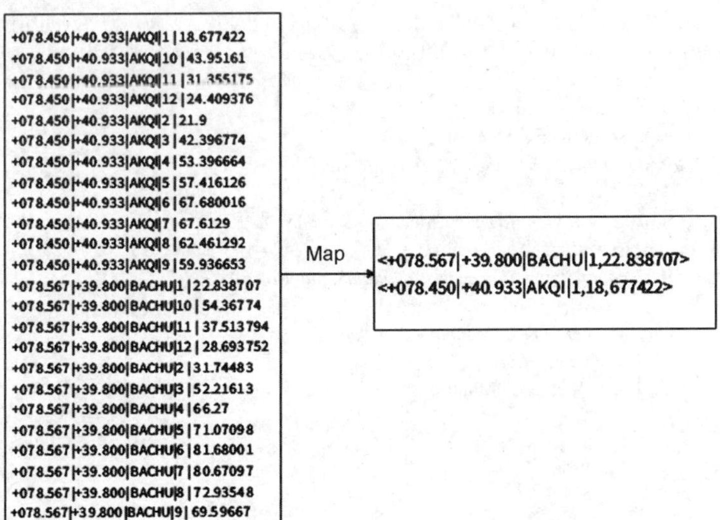

图 9-19　找出每个地区年最低气温月 Map 阶段

Map 阶段具体的代码逻辑如下。

```
class FindLowestTempMap extends
        Mapper<Object,
                Text,
                Text,
                Text> {
    private final static Text LON_LAT_STATION_MONTH = new Text();
    // YEAR_LOWEST_TEMP 用于保存年最低气温
    private final static Text YEAR_LOWEST_TEMP = new Text();
    private static String locationStationFlag = "";
    private static String locatioinStationName = "";
    private static final List<String> tempList = new ArrayList<String>();

    @Override
    protected void map(Object key,
                       Text value,
                       Context context) throws IOException,
            InterruptedException {
        String[] fields = value.toString().split("\t");
        if (fields.length == 2) {
            //分割 LON、LAT、MONTH 的组合值
            String[] latLonMonth = fields[0].split("\\|");
            //取出 LON、LAT、STATION_NAME 的值，并将他们组合在一起
            locatioinStationName = latLonMonth[0] + "," + latLonMonth[1] + "|" + latLonMonth[2];
            //取出月份
            String month = latLonMonth[3];
            //取出平均气温
            String averageTemp = fields[1];
            // 将平均气温和月份组合起来，中间使用|隔开
            String tempAndMonth = averageTemp + "|" + month;
            /*
                如果是第一次计算，则将此月的平均气温和月份组合值直接添加到一个 tempList 中，并将
locationStationFlag 设置为当前的位置加气象站名称的组合值
                如果是第二次或者是更多次计算，则判断此次计算的数据与上一次计算的数据是不是同一个地区的
数据(通过 locationStationFlag 判断)
                如果是，则将此平均气温和月份组合值添加到 tempList 中。否则，调用 write 方法，将 tempList 排序，
取出最低气温，并将纬度、经度、气象站名、月份的组合值设置为输出 key，将气温值设置为输出 value 并输出
             */
            if (locationStationFlag.equals("")) {
                tempList.add(tempAndMonth);
                locationStationFlag = locatioinStationName;

            } else if (locationStationFlag.equals(locatioinStationName)) {
                tempList.add(tempAndMonth);
            } else if (!locationStationFlag.equals(locatioinStationName)) {
                write(context);
                locationStationFlag = locatioinStationName;
                tempList.clear();
                tempList.add(tempAndMonth);
            }


        }
    }

    // 此方法会在 Map 阶段的最后执行，主要目的是输出最后一个地区的记录（如果不调用此方法，在最终的输出
```

```
结果中，会少一个地区的记录）
        @Override
        protected void cleanup(Context context) throws IOException, InterruptedException {
            write(context);
        }

        private void write(Context context) throws IOException, InterruptedException {
            // 调用排序工具类给 List 排序
            TempListSort.sort(tempList);
            // 取出最小值（因为是升序排序，所以第一个值为最小值）
            YEAR_LOWEST_TEMP.set(tempList.get(0).split("\\|")[0]);
            LON_LAT_STATION_MONTH.set(locationStationFlag + "|" + tempList.get(0).split("\\|")[1]);
            context.write(LON_LAT_STATION_MONTH, YEAR_LOWEST_TEMP);
        }
    }
```

9.5.5　计算每个地区最低气温月 Reduce 阶段

经过 Map 的计算，其实已经将每个地区每年的最低气温月都找出来了，最后一步就是让 Reduce 将接收到的 key 作为输出 key，然后将气温由华氏度转为摄氏度，设置为输出 value 并输出，如图 9-20 所示。

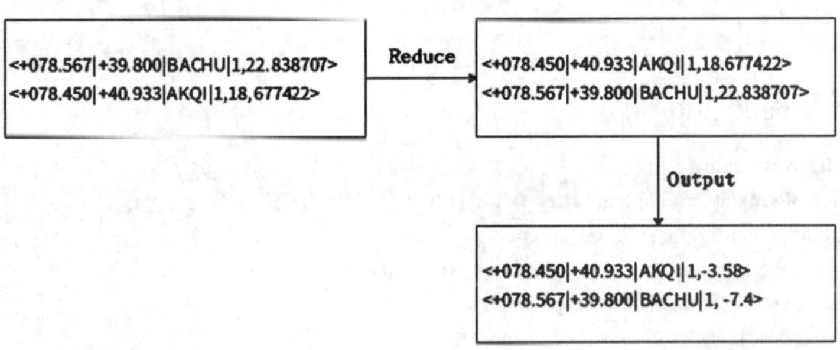

图 9-20　找出每个地区年最低气温月 Reduce 阶段

Reduce 阶段的逻辑如下。

```
    class FindLowestTempReduce extends Reducer<Text, Text, Text, Text> {
        @Override
        protected void reduce(Text key, Iterable<Text> values, Context context) throws IOException, InterruptedException {
            Iterator<Text> it = values.iterator();
            float fTemp = Float.parseFloat(values.iterator().next().toString());
            // 调用转换方法，将华氏度转换为摄氏度，并保留两位小数
            float cTemp = fToC(fTemp);
            context.write(key, new Text(String.valueOf(cTemp)));
        }

        private float fToC(float f) {
            // 按照计算公式将华氏度转换为摄氏度
            float cTemp = (f - 32) * 5 / 9;
            BigDecimal b = BigDecimal.valueOf(f);
            //四舍五入并精确到小数点后两位
            return b.setScale(2, BigDecimal.ROUND_HALF_UP).floatValue();
```

```
        }
    }

    /**
     * 排序工具类，将 List 里面每个元素按照气温进行升序排序
     */
    class TempListSort {

        public static void sort(List<String> tempList) {
            Collections.sort(tempList, new Comparator<String>() {
                @Override
                public int compare(String o1, String o2) {
                    // 按|分割字符串，获取到气温，并将气温转换为 float 类型
                    float f1 = Float.parseFloat(o1.split("\\|")[0]);
                    float f2 = Float.parseFloat(o2.split("\\|")[0]);
                    // 比较两个气温的大小，并返回相应的值
                    if (f1 > f2) {
                        return 1;
                    } else if (f1 < f2) {
                        return -1;
                    } else {
                        return 0;
                    }
                }
            });
        }
    }
```

主类，设置和提交 job。

```
public class FindLowestTemp {
    public static void main(String[] args) throws Exception {
        Configuration config = new Configuration();
        Job job = Job.getInstance(config, "FindLowestTempJob");
        job.setJarByClass(FindLowestTemp.class);
        job.setMapperClass(FindLowestTempMap.class);
        job.setReducerClass(FindLowestTempReduce.class);
        job.setMapOutputKeyClass(Text.class);
        job.setMapOutputValueClass(Text.class);
        job.setOutputKeyClass(Text.class);
        job.setOutputValueClass(Text.class);
        FileInputFormat.setInputPaths(job,
                new Path(args[0]));
        FileOutputFormat.setOutputPath(job,
                new Path(args[1]));
        System.exit(job.waitForCompletion(true) ? 0 : 1);
    }
}
```

9.6 代码提交及运行结果展示

至此，提取中国气象记录，计算月平均气温，寻找年最低气温月的代码都已经编写

完成。接下来，需要打包代码，并将代码提交到云平台运行，其具体操作步骤如下。

9.6.1　将代码打成 Jar 包

第一步：如图 9-21 所示，在此界面按 F4 键。

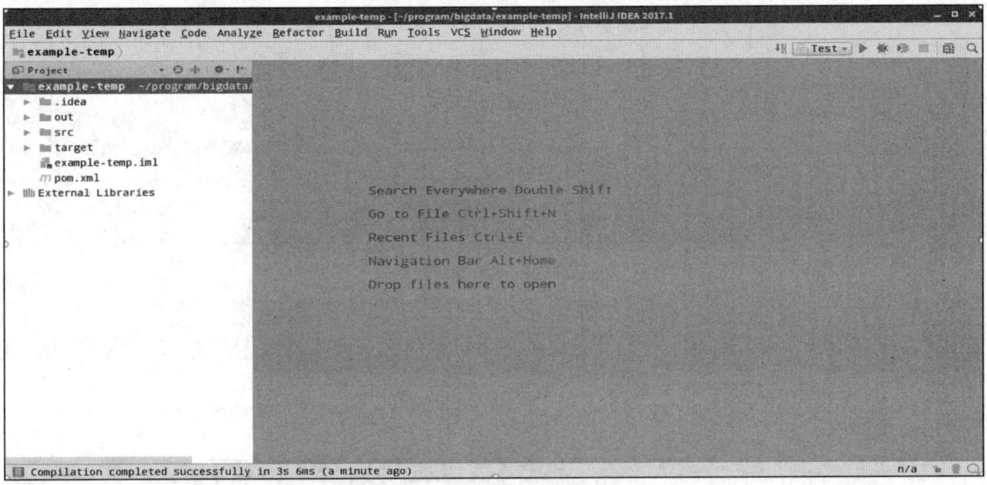

图 9-21　打开打包配置界面

第二步：如图 9-22 所示，选择左侧 Artifacts，并点击“+”，然后依次选择 JAR→From modules with dependencies...（选择需要打包的模块）。

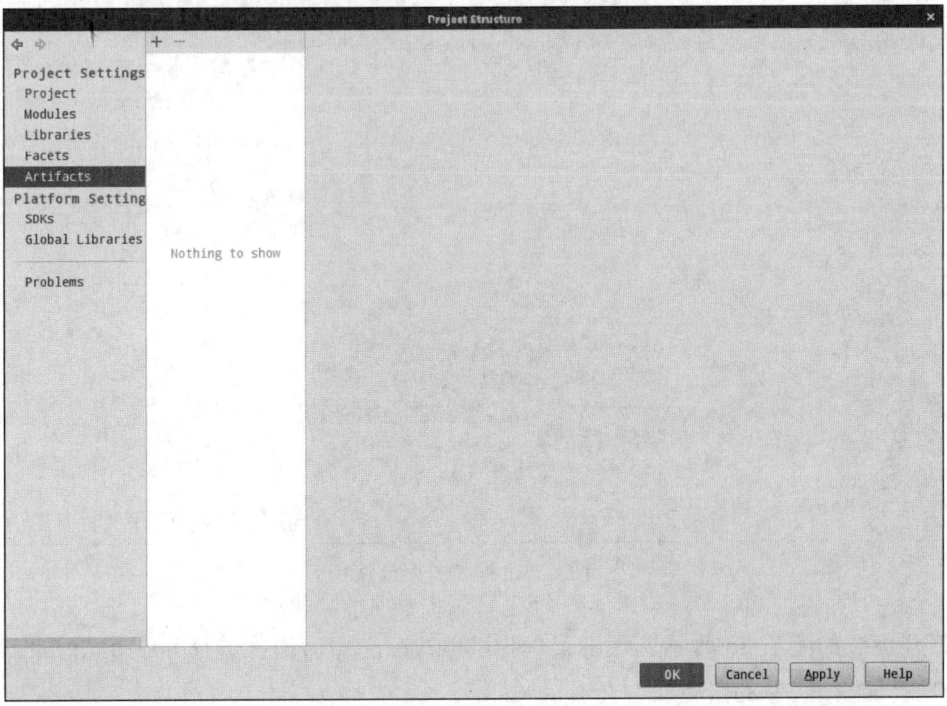

图 9-22　添加 Artifacts

第三步：如图 9-23 所示，单击“OK”按钮。

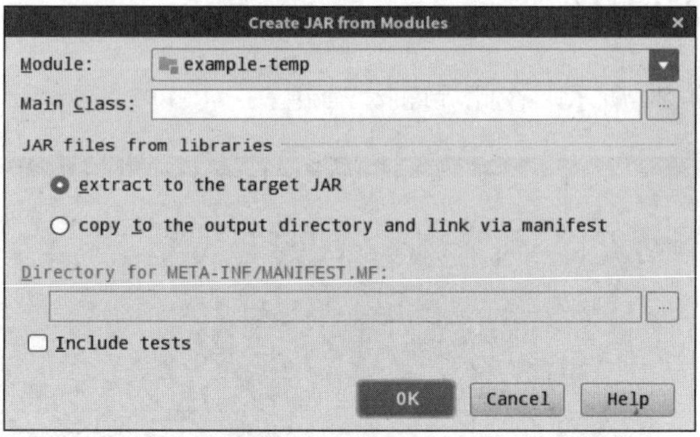

图 9-23　选择模块

第四步：如图 9-24 所示，单击 Output directory 根据自己的需求，选择 jar 包存放的位置（也可使用默认值），并单击“OK”按钮。

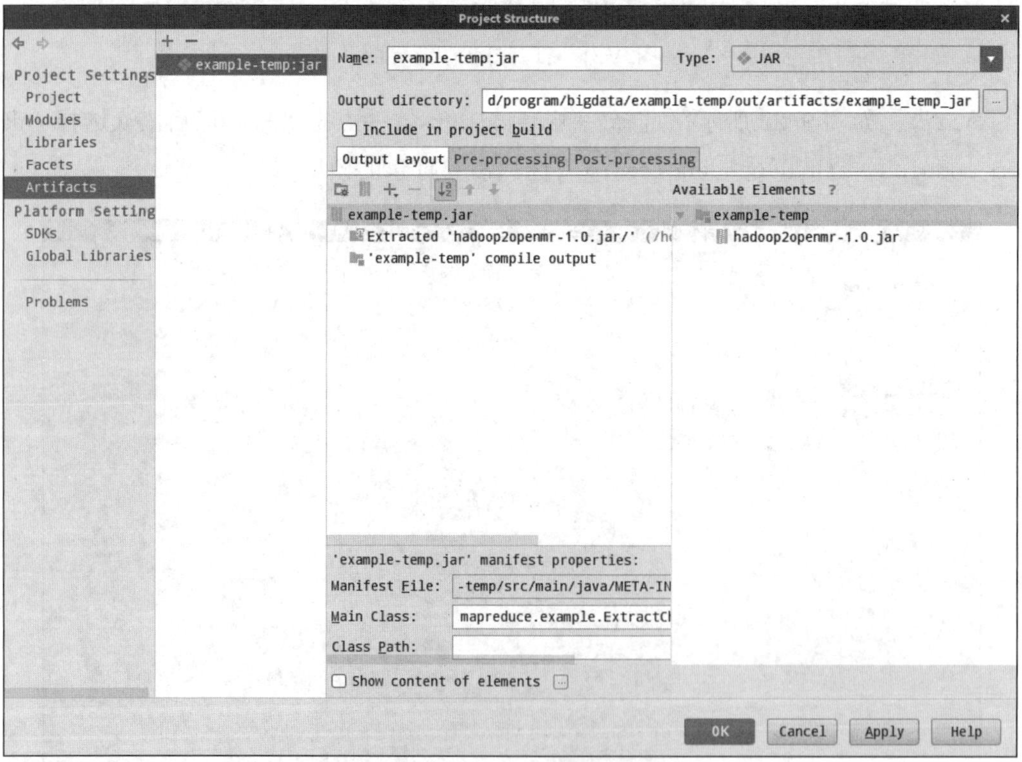

图 9-24　设置 Jar 存放路径

第五步：如图 9-25 所示，点击菜单栏的 Build，然后依次选择 Build Artifacts→example-temp:jar→Build。

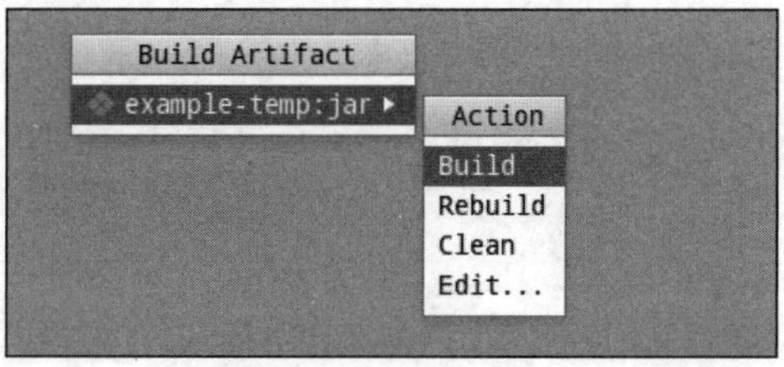

图 9-25　编译代码

至此，已将计算气象数据的所有代码打包完成。

9.6.2　云平台环境配置

第一步：注册云平台账号。

第二步：使用已注册的账号登录云平台，并创建项目，项目名称可自定义，如图 9-26 所示。

图 9-26　公有云平台中创建项目

第三步：下载作业提交客户端（odpscmd_public），并进入到 conf 目录，编辑 odps_config.ini 文件。在 project_name 后面添加自己创建的项目名，在 access_id 后面添加自己的 id，在 access_key 后面添加自己的 key，并保存。

9.6.3　代码提交前准备

第一步：进入作业提交客户端，并创建 5 张表，表名分别为 weather（用于保存数据集 A 的原始数据）、isd_history（用于保存数据集 B 的原始数据）、china_temp（用于保存提取出的中国的气象数据）、month_average_temp（用于保存计算出的月平均气温数据）、lowest_temp（用于保存最后计算出的结果）。创建表语句格式如下所示。创建表完成后，可使用 show tables 查看创建的所有表。

```
create table weather(weather string);
create table isd_history(line string);
create table china_temp(stn string,temp string);
create table month_average_temp(lon_lat_month string,average_temp string);
create table month_average_temp(lon_lat_month string,lowest_temp string);
```

第二步：编辑目录与表映射文件需要 4 个输入目录（因为云平台的大数据服务，在保存数据的时候都是将数据保存在表中，但 MapReduce 读取数据的时候需要从某个目录读取，所以需要将目录和表做一个映射，以便 MapReduce 能够正确地读取到数据），输入目录分别为/weather（映射到的表为 weather）、/isd(映射到的表为 isd_history)、/chinaTemp（映射到的表为 china_temp）、/averageTemp（映射到的表为 month_average_temp），三个输出目录/chinaTempOut（映射到的表为 china_temp）、/averageTempOut（映射到的表为 month_average_temp）、/lowestTempOut（映射到的表为 lowest_temp）。

第三步：将数据集 A 和数据集 B 上传到云平台，数据集 A 上传到 weather 表中，数据集 B 上传到 isd_history 中。

9.6.4 提交代码

1. 提交 ExtractChinaRecord 作业

第一步：使用作业提交客户端提交代码并执行（提交第一个 MapReduce 作业），作业提交命令如下所示：

```
jar -DODPS_HADOOPMR_TABLE_RES_CONF=config --classpnath example-temp.jar com.mapreduce.example.ExtractChina
Record /weather /isd /chinaTempOut;
```

其中：

```
DODPS_HADOOPMR_TABLE_RES_CONF：指定上一步编写好的映射文件。
classpnath：指定打包好的 jar 包。
com.mapreduce.example.ExtractChinaRecord：需要执行的类。
/weather /isd：原始数据输入目录。
/chinaTempOut：提取出的中国气象数据输出目录。
```

如下所示是作业的运行过程：

```
2017-05-07 15:05:28 M1_U1_job0:0/0/2[0%]
        M1_U0_job0:0/0/1[0%]
    R2_1_job0:0/0/1[0%]
2017-05-07 15:05:37 M1_U1_job0:2/0/2[0%]
        M1_U0_job0:0/1/1[100%]
    R2_1_job0:0/0/1[0%]
2017-05-07 15:05:54 M1_U1_job0:0/2/2[100%]
        M1_U0_job0:0/1/1[100%]
         R2_1_job0:0/0/1[0%]
2017-05-07 15:06:11 M1_U1_job0:0/2/2[100%]
      M1_U0_job0:0/1/1[100%]
        R2_1_job0:1/0/1[45%]
...
```

```
...
Inputs:
    isd_history: 29954 (963536 bytes)
    weather: 4306045 (139143696 bytes)
Outputs:
    china_temp: 403 (690360 bytes)
M1_U0_20170507070507901gk0v8bm2_LOT_0_0_0_job0:
    Worker Count:1
    Input Records:
        input: 29954 (min: 29954, max: 29954, avg: 29954)
    Output Records:
        R2_1: 29954 (min: 29954, max: 29954, avg: 29954)
M1_U1_20170507070507901gk0v8bm2_LOT_0_0_0_job0:
    Worker Count:2
    Input Records:
        input: 4306045 (min: 2042932, max: 2263113, avg: 2153022)
    Output Records:
        R2_1: 4306045 (min: 2042932, max: 2263113, avg: 2153022)
R2_1_20170507070507901gk0v8bm2_LOT_0_0_0_job0:
    Worker Count:1
    Input Records:
        input: 4306045 (min: 4306045, max: 4306045, avg: 4306045)
        input#1: 29954 (min: 29954, max: 29954, avg: 29954)
    Output Records:
        R2_1FS_DataSink_11: 403 (min: 403, max: 403, avg: 403)
User defined counters: 0
OK
```

第二步：查看计算结果，使用 select * from china_temp limit 1，图 9-27 是计算结果。

	A	B
1	**STN或USAF号**	**日期 | 气温或经度 | 纬度 | 气象站名**
2	450320	20160131|58.8
3		20160202|47.0
4		20160203|51.9
5		20160204|58.6
6		20160205|57.7
7		20160206|55.4
8		20160207|51.7
9		20160208|52.8
10		20160209|61.6
11		20160210|63.3
12		20160211|67.9
13		20160212|68.3
14		20160213|72.6
15		20160214|65.4
16		20160215|50.8
17		20160216|52.2
18		20160217|51.9
19		……
20		+114.150|+22.533|TA KWU LING
21	**备注：** …… **省略的数据为日期和气温数据**	
22		

图 9-27　提取中国气象数据计算结果

2. 提交 ComputeMonthAverageTemp 作业

第一步：使用作业提交客户端提交第二个作业，使用如下命令：

```
jar -DODPS_HADOOPMR_TABLE_RES_CONF=config  -classpath  example-temp.jar  com.mapreduce.example.ComputeMonthAverageTemp /chinaTemp /averageTempOut;
```

执行完成之后，查看计算结果，使用如下命令：

```
Select * from month_average_temp limit 24;
```

第二步：查看计算结果，图 9-28 是计算结果。

	A	B
1	经度 | 纬度 | 气象站名 | 月份	月平均气温（华氏度）
2	+076.020|+39.543|KASHI|1	23.832258
3	+076.020|+39.543|KASHI|1	56.138706
4	+076.020|+39.543|KASHI|1	40.486202
5	+076.020|+39.543|KASHI|1	31.271875
6	+076.020|+39.543|KASHI|1	32.003452
7	+076.020|+39.543|KASHI|1	52.65162
8	+076.020|+39.543|KASHI|1	64.79
9	+076.020|+39.543|KASHI|1	70.6742
10	+076.020|+39.543|KASHI|1	80.93333
11	+076.020|+39.543|KASHI|1	82.22259
12	+076.020|+39.543|KASHI|1	73.05484
13	+076.020|+39.543|KASHI|1	70.83666
14	+077.267|+38.433|SHACHE|1	25.309679
15	+077.267|+38.433|SHACHE|10	53.425804
16	+077.267|+38.433|SHACHE|11	38.948277
17	+077.267|+38.433|SHACHE|12	30.215622
18	+077.267|+38.433|SHACHE|2	33.51034
19	+077.267|+38.433|SHACHE|3	52.89677
20	+077.267|+38.433|SHACHE|4	65.423325
21	+077.267|+38.433|SHACHE|5	70.56129
22	+077.267|+38.433|SHACHE|6	80.69998
23	+077.267|+38.433|SHACHE|7	80.6516
24	+077.267|+38.433|SHACHE|8	72.59677
25	+077.267|+38.433|SHACHE|9	69.78

图 9-28　每个地区月平均气温计算结果

3. 提交 FindLowestTemp 作业

第一步：使用作业提交客户端计算提交第三个作业，使用如下命令：

```
jar -DODPS_HADOOPMR_TABLE_RES_CONF=config  -classpath  example-temp.jar  com.mapreduce.example.FindLowestTemp /averageTemp /lowestTempOut;
```

执行完成之后，查看作业运行结果，使用如下命令：

```
Select * from lowest_temp limit 10;
```

第二步：查看计算结果，图 9-29 是最终计算结果。

	A	B
1	**经度 | 纬度 | 气象站名 | 月份**	**年最低气温（摄氏度）**
2	+076.020,+39.543|SHACHE|1	-4.54
3	+077.267,+38.433|PISHAN|1	-3.72
4	+078.283,+37.617|AKQI|1	-3.58
5	+078.450,+40.933|BACHU|1	-7.4
6	+078.567,+39.800|HOTAN|1	-5.09
7	+079.933,+37.133|SHIQUANHE|	-1.88
8	+080.083,+32.500|ALAR|1	-9.41
9	+081.050,+40.500|YINING|1	-6.8
10	+081.333,+43.950|JINGHE|1	-4.22
11	+082.817,+44.567|KUQA|2	-15.58

图 9-29　最终计算结果

习题

简答题

1. 简单描述使用 MapReduce 提取中国气温数据的思路。
2. 简单描述使用 MapReduce 计算每个地区每个月平均气温的思路。

第10章
Office 365概述

Office 365是微软公司基于云平台的应用套件，Office 365主要包含4个云服务。其是将Office在线应用（Office Online）、企业级邮件处理（Exchange Online）、文件分享（SharePoint Online）、即时消息和可视网络会议（Skype for Business Online）结合并融为一体，为企业办公提供的SaaS云平台。Office 365同时支持混合部署，将企业的本地资源与微软Office 365中的服务进行集成。

Office 365通过云端互联，协助企业实现移动办公、高效协作、简化IT流程、节约成本，为企业提供坚实的技术支撑。

学习目标

- 了解Office 365各个组件的功能；
- 学习掌握Office 365快速入门。

10.1 Office 365简介及特点

10.1.1 Office 365简介

在云计算环境下，软件产品的最终表现形式更为丰富多样。在云平台上，将软件Word、Excel、PowerPoint、Project、Power BI、OneNote、OneDrive、Exchange、Skype、

SharePoint，转变为提供 SaaS 服务的企业办公云平台的就是 Office 365。它不仅可以在线使用，还可以下载到本地以客户端形式使用，所以它和过去传统意义的 Office 有天壤之别。

Office 365 主要组件包括 Office Online，Exchange Online，SharePoint Online，Skype for Business Online 以及 Office 桌面客户端。即使新手用户也可以轻松使用 Office 365 来完成日常工作当中的文档、邮件、在线会议等。而 Office Online 和 Office 具有统一的界面风格，并且支持在浏览器中阅读、其还可编辑 Office 在线文档，无需安装桌面应用程序，这也大大提高了其易用性。

Office 365 是云平台，而 Office 是客户端软件，其关系可比作：Office 365 是自助餐厅，而 Office 是自助餐厅中的一道美食，顾客可依据自己的喜好，选择喜爱的美食。

与 Azure、阿里云等云服务相比，Office 365 属于 SaaS（软件即服务），是开发好的“应用”，用户只需要一个许可，就可以开始使用。而 Azure 用户仍需部署自己开发的应用程序或者整合云资源来实现商业需求。当然，Office 365 也支持一定程度的用户自定义，非常灵活地满足了个性化的需求。

10.1.2　Office 365 的特点

Office 365 具有以下特点。

（1）Office 365 是为企业现代化办公而打造的 SaaS 云服务平台。Office 365 包括 4 个最主要的云服务，分别是 Office Online、Exchange Online、SharePoint Online 和 Skype for Business Online。用户只需要登录到 Office 365，即可和同事协同办公、收发邮件、远程视频会议、创建企业门户、文档管理、在线编辑文档、在线数据分析、保存文档至云端、随时随地继续工作，还可以在多达 15 台设备上使用并安装时刻保持最新状态的 Office 软件。

（2）每一个 Office 365 的订阅都对应一个图形界面的控制中心。该控制中心可以完成绝大部分日常的 IT 管理任务。管理员无需编写代码就可以批量新建、迁移或编辑用户；管理员可以在控制中心查看各服务的健康状况及各页面的使用情况；管理员可以很方便地管理垃圾邮件规则，调整具体页面被搜索的优先顺序等，无需从复杂的命令行开始，所“改”即所得。

（3）Office 365 易于混合部署。很多企业在云时代到来之前，已经有非常完整的域控、邮件、门户网站和办公软件体系。对于这些企业，步入 Office 365 并不意味着“从头开始”，企业也无需担心需要长时间并行两套系统。Office 365 提供一系列工具和技术支持，协助用户快速迁移至云服务或实现混合部署，最终降低其对硬件和 IT 运维的投入。如针对 AD 的同步，Office 365 提供了“Directory Sync Tool（目录同步工具）”

和详尽的操作向导。

（4）Office 365 具备可靠的数据安全性，从访问、账号登录、功能应用到企业数据与 Office 365 的同步，每个具体的流程除了最基本的 SSL 安全访问外，都结合极其严格的访问审查制度，实现每步都能记录操作人/时间/行为。该方式确保责任到人、落实到岗、合理合规，且保持 99.9%的 SLA 服务等级。

（5）Office 365 有灵活的购买策略。Office 365 有不同的套件，小到仅包含“Exchange Online”等单一功能，大到包含目前所有组件的专业版本。用户可以按需选择，也可以在订阅中随时添加所需要的服务，随时添加订阅席位。“订阅”意味着按周期付费，因此可避免前期的一次性大投入。每一个个体用户，可以分别在 5 台电脑或 Mac、5 个 Pad，以及 5 个手机，总共 15 个设备上安装和使用 Office，同时，用户可以从任何设备、任何地方访问同步到这些设备上的文档。

（6）Office 365 可以进行 APP 的开发。微软对 Office 365 公开了多个 Microsoft Graph API，使用 Azure AD 进行 Microsoft Graph 应用的身份验证，可以对 Office 365 进行二次开发。用户通过 API 对 Office 365 中各个模块的数据进行查询和访问，并通过这个 API，来创建自己的 APP。该 APP 可以在多个终端、多个平台中运行，可以快捷、轻量级地访问 Office 365 中各个模块数据，如在手机中获取最常用的文件，获取重要的邮件和获取组织信息等。

10.2　Office 365 的服务组件

Office 365 的架构中除了应用服务的基本如 SharePoint Online 服务、Exchange Online 服务、Skype for Business Online 服务外还包括 AAD（Azure AD）服务和认证服务等。

（1）Windows Azure Active Directory

AAD 服务是基于微软企业级身份认证和访问控制的 Active Directory（AD）的公有云版本，它提供一整套基于云的身份验证解决方案，并且可以和企业内部的 AD 集成。Windows Azure AD 也是微软的联机服务，为 Windows Azure、Office 365 等提供身份验证解决方案。也可为第三方云服务供应商提供身份验证服务。

（2）登录认证服务

Office 365 提供一个 Portal 门户页面，提供登录 Office 365 的统一接口，进入该页面后，在这个页面中把各个模块组合在一起并提供一个门户管理页面。如同 hao123.com 的主页，把其他各大网站链接放到 hao123.com 的首页中。

（3）SharePoint Online 服务

它是基于微软 SharePoint 的云服务产品，适用于各种规模的企业。任何企业都可以订阅 Office 365 计划或独立的 SharePoint Online 服务，而不用在本地安装和部署 SharePoint Server。SharePoint Online 功能强大，用户可以在其中执行许多操作，包括：企业协同办公，企业搜索，管理文档，管理各种应用程序，管理企业门户网站、工作组网站和自定义网站等，将文件上传到联机文档库 OneDrive for Business，以便从任意位置访问它们，共享网站、库和文档等，向工作组网站添加列表或库以及对文档进行更改的同时保留文档的先前版本。

（4）Exchange Online 服务

Exchange Online 是基于 Microsoft Exchange Server 功能提供消息传递的云服务解决方案。它支持用户从个人电脑、Web 和移动设备上访问电子邮件、日历、联系人和任务。它与 Active Directory 全面集成，支持管理员使用组策略以及其他管理工具来管理整个环境中的 Exchange Online 功能。

Office 365 提供了大型邮箱超大邮件的支持，在联系人列表中提供了强大的全域联络清单及共用联络人，并可建立限定、管控型动态联络群组及共用邮箱。同时，邮件联系人和日历也可以同步传输到相应的移动设备中，保证员工随时查找企业信息时不错过任何一个会议安排，并且在不慎遗失移动设备时，也可以自助地远程删除设备上的数据，以此来保证企业数据的安全。Office 365 中的 Microsoft Exchange Online 提供的日历管理功能，可让用户随时随地在日历中制订约会、事件和会议，并且可以将相关的会议内容、时间、地点和与会者信息写入日历当中，用户不仅可以通过电脑查找联系人和日历，还可选择移动设备平台来同步和管理个人日历与联系人信息。

（5）Skype for Business Online 服务

Skype 会议通过 Internet 提供音频、视频和 Web 会议，可提前安排会议或随时举行会议。最多支持 250 个人使用智能手机、平板电脑、个人电脑和会议室设备参加会议。用户只需轻轻一按或单击一下，就可从日历、会议提醒或 Skype for Business 客户端轻松加入会议。即使相距遥远，用户也可使用集成的实时通信、桌面共享、应用程序共享和 PowerPoint 演示文档功能专注于当前协同处理的作业。

（6）Active Directory

Active Directory 是微软的活动目录，用于处理租户的数据，主要负责从 Azure Active Directory 中同步数据，并保存租户的其他数据。

除了以上的服务外，Office 365 还包括监控、管理等服务，都是以前端和后端分开处理，尤其是管理服务，在所有服务器中都安装客户端管理程序，方便用户管理所有硬件资源。

10.3 Office 365 快速入门

介绍如何快速地使用 Office 365，以及如何在进行简单的配置后，收发 Office 365 的邮件，或使用 Skype for Business 和其他同事进行聊天。如图 10-1 所示是使用 Office 365 的快速入门向导。

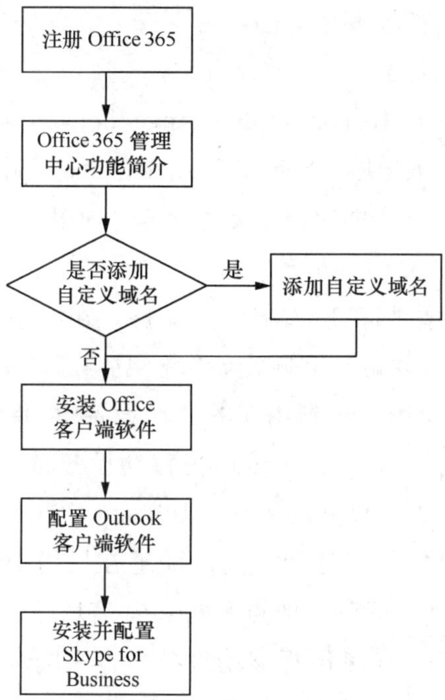

图 10-1 云端 Office 365 用户快速入门向导

10.3.1 登录 Office 365 门户网站

1. 注册

首先输入网址：http://www.21vbluecloud.com/，进入世纪互联蓝云官方网站。然后单击“运营的云产品”，选择“Office 365”。就会进入注册 Office 365 页面，填写相关信息和用户 ID，创建密码并确认密码，验证及完成注册，并登录 Office 365 主页面。进入 Office 365 默认主页，灰色的图标是“正在设置”的服务，蓝色的图标是已经完成的服务设置。完成了租户的注册过程后，使用租户名和密码登录 Office 365 即可。

2. 登录 Office 365

使用 Office 365 管理员账户登录到由世纪互联运营的 Office 365，登录地址为 https://portal.partner.microsoftonline.cn，如图 10-2 所示。然后单击左上角的“导

航栏”，选择“管理员”进入 Office 365 管理中心。

图 10-2 Office 365 登录页面

3. Office 365 添加用户

在 Office 365 管理中心中可以完成各种管理，如添加用户，可通过以下操作实现。单击“用户”，选择“活动用户”，单击“+”，添加用户，并为用户分配许可，新建用户重新登录后，就能使用相关的 Office 365 组件服务，如图 10-3 所示。

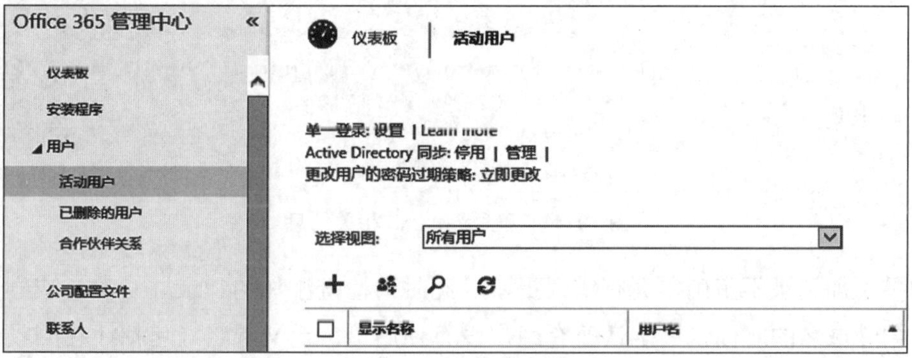

图 10-3 添加用户操作

10.3.2 添加自定义域名

1. 在 Office 365 中添加域的原因

当注册 Office 365 账户时，将获得默认的 Office 365 域名作为电子邮件地址或网站 URL，而用户喜欢使用自己组织的域名作为电子邮件地址或网站 URL，如 techlab. com，以便将更短、更熟悉的电子邮件地址或用户 ID 用于服务，因此需要在 Office 365 中添加该组织的自定义域名。

（1）电子邮件：自定义域名的电子邮件地址更短、更容易记住，电子邮件地址可能不是 Tech@contoso. partner. onmschina. cn，而是 Tech@contoso. com。

（2）网站：如果包含有 SharePoint Online 公共网站的 Office 365 订阅（不能再购买），公共网站附带有以下初始地址：contoso-public. sharepoint. cn。如果企业需要设置网站，则可以使用自定义域名将网站地址重命名为类似于 www. contoso. com 的地址。

（3）即时消息：可以自定义 Skype for Business Online 地址，以便组织中的人员可以在 Skype for Business Online 上使用更容易记住的较短地址（如 tech@contoso. com）相互联系。

2. Office 365 小型企业版添加自定义域名

使用 Office 365 管理员账户登录到由世纪互联运营的 Office 365 管理中心。在“管理您的组织”里，单击“域”下面的“管理您的网站和电子邮件的域”进入管理域页面，在管理域页面单击“+”添加域，单击“我们开始吧”，如图 10-4 所示。

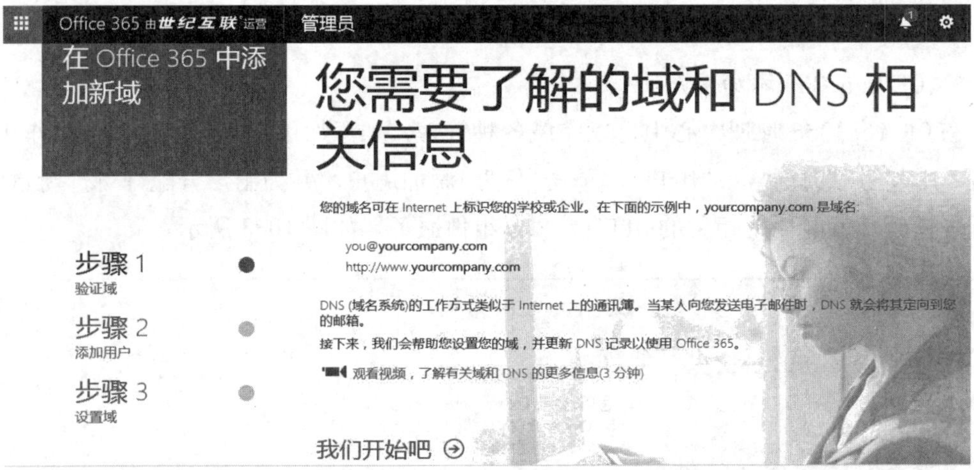

图 10-4　了解域和 DNS 相关信息

如果添加记录不正确，会有错误提示，此时请检查添加的记录并修改，或尝试删除域名。删除域名的时候，请确认所有用户没有使用该自定义域名（包括还在回收站已删除的用户）；确认该自定义域名不是默认域名。

10.3.3　Office 365 客户端软件安装及配置

传统的 Office 软件是以客户端的形式安装并使用的。基于 SaaS 云平台的 Office 365 除了可以在线使用外，还允许用户将 Office 客户端软件下载到电脑上，下面简要介绍如何在电脑上安装和配置 Office 365 ProPlus 客户端软件。

在左侧导航栏中单击“安装状态”，可以看到 Office 365 软件的安装情况，继续单击“Install desktop applications”（安装桌面应用程序），跳转至安装页面，在 Office 365 的安装页面中请选择 Office2016 或 Office2013 进行安装，然后再按实际需求选择语言和版本，之后单击“安装”按钮，如图 10-5 所示。

图 10-5　Office 软件页面

单击“安装”后，页面自动弹出安装步骤以及安装包下载提示栏，请单击下载栏中“运行（Run）”来完成安装包的下载工作，并按照指示一步步完成安装步骤。

完成 Office 客户端的安装后，Office 应用程序的图标即会显示在电脑显示栏中，如没有也可点开 Windows 图标查找已安装好的 Office 应用程序。

1. 自定义域名配置 Outlook 客户端

安装好 Office ProPlus 之后，需要配置 Outlook 才可以进行正常的邮件收发，这里使用的是之前添加好的自定义域名（techlab.com）账号来进行配置，这也是使用自定义域名的一个很大的优势。用户不需要记住冗长的邮件后缀，当添加好自定义域名之后用户可以使用企业自己的域名进行邮件的收发，如果之前企业内部拥有自己的邮件系统，通过这种方式，企业内部的用户可以享有与之前一致的用户体验。

首先在计算机上打开 Outlook，在 Outlook 账户设置页面，输入账户和密码，单击“下一步”按钮，然后重新启动 Outlook，这样 Outlook 就配置完成了。

2. 自定义域名账户登录 Skype for Business

使用自定义域名对应的用户名及密码，登录 Skype for Business，如图 10-6 所示。登录完成

图 10-6　登录 Skype for Business

后即可使用 Skype for Business 和其他人进行视频和音频的会议了。

习题

选择题

1. 下列服务中，哪些是 Office 365 的在线服务（多选）（　　）

A. Exchange Online

B. SharePoint Online

C. Skype Business Online

D. Office Online

E. Lync Online

2. 世纪互联运营的 Office 365 登录的 URL 是（单选）（　　）

A. https://portal.partner.microsoftonline.com

B. https://portal.microsoftonline.com

C. https://portal.partner.microsoftonline.cn

D. https://portal.microsoftonline.cn

3. 对 Office 365 描述正确的是（多选）（　　）

A. Office 365 是企业沟通、办公的 SaaS 云平台

B. Office 365 不是 Office 的客户端软件

C. Office 365 包括 Exchange，SharePoint，Skype 和 Office 客户端软件

D. Office 365 和 Office 没有关系

E. Office 365 是 Office 2016 的网页版本

4. 对 Office 365 自定义域名描述正确的是（多选）（　　）

A. Office 365 不需要自定义域名也能登录

B. Office 365 必须要自定义域名才能登录

C. Office 365 自定义域名需要域名验证

D. Office 365 自定义域名可以方便用户使用

E. Office 365 自定义域名托管有两种方式

5. 对 Office 365 的使用描述正确的是（多选）（　　）

A. 用户可以按需选择，在订阅中随时添加所需要的服务

B. “订阅”意味着按周期付费

C. 根据版本不同，可免费试用一个月

D. 一个个体的用户，可以分别在 5 台电脑上安装 Office 软件

6. 对 Office 365 ProPlus 描述正确的是（多选）(　　)

A. 它是 Office 365 客户端软件

B. 它的版本是最新的 Office 客户端软件

C. 安装后用户不需要升级维护

D. 它包括 Word、Excel、PowerPoint、OneNote、Access、Publisher、Outlook、Skype for Business、OneDrive for Business 客户端软件

第11章 桌面虚拟化

随着信息化技术的不断发展，计算机在企业的生产和经营中发挥着越来越重要的作用，但是随着计算机在数量上不断的增长，包括各种软硬件环境的不同，导致对计算机的管理和维护变得越来越复杂。如计算机的硬盘故障，导致数据损坏，重要资料丢失等问题；随着系统使用周期的延长，运算效率也越来越慢，数据分散在各个计算机的硬盘中，企业数据容易被恶意窃取，给企业的数据造成安全隐患。同时企业在日常维护和管理的过程中，成本高，软硬件系统升级，都需要人员进行维护。系统资源利用率低，应用缺乏灵活性，用户的操作系统单一，只能通过特定的设备访问自己的桌面，在使用过程中缺乏灵活性，可用性差。企业在容灾备份的过程中，需要各种复杂的解决方案支持，出现故障时，不能够迅速地恢复，造成企业业务的中断。

如今，以客户端/服务器模式的传统 IT 架构来管理和提供用户服务已经越来越困难，近年来，随着个人电脑、智能手机、平板电脑等智能设备的不断增长，企业办公的形式和设备也在不断的变化，需要更多的智能设备接入办公网络并通过这些设备实现移动办公的需求，用户需要更好的移动体验，企业需要把业务和云端结合，形成新的 SaaS 应用。

为保护企业数据安全，解决移动办公，提高资源利用率，降低维护和管理成本，传统 IT 的桌面应用，在云时代的背景下迫切需要变革。

学习目标

- 了解桌面虚拟化的分类和概念；
- 掌握 FusionAccess 的架构和主要功能；
- 学习外设重定向和 GPU 的概念。

11.1　虚拟桌面概述

桌面（Desktop）是用户登录计算机之后，计算机系统分配给用户，可执行操作的显示界面。一般而言，桌面是由相应的操作系统提供的。如 Windows 系统就提供了可视化的界面。

桌面虚拟化是将桌面的操作环境与机器运行环境分离，实现在任何地点，通过非特定设备（如不同的台式机、笔记本甚至包括智能手机）都可以实现对桌面的访问与操作。通过在物理服务器上安装虚拟主机系统，由虚拟主机系统模拟出操作系统运行所需要的硬件资源，如 CPU、内存、网卡、存储等，构建虚拟桌面池。操作系统运行在这些虚拟的硬件资源之上，可以达到多个操作系统共享物理服务器的硬件资源，提高资源利用率。用户在客户端通过远程协议高效访问虚拟桌面系统。桌面虚拟化技术是一种基于服务器的计算模型，可以结合服务器虚拟化和应用虚拟化进行，实现虚拟桌面与应用软件虚拟化间的无缝集成。

1. 虚拟桌面技术分类

虚拟化技术经过多年的发展，目前，已经形成了两大解决方案类型：基于服务器计算（Server-Based Computing，SBC）和虚拟桌面基础设施（Virtual Desktop Infrastructure，VDI）。

（1）SBC 技术方案

SBC 桌面虚拟化解决方案的主要原理是用户通过会话的形式访问和操作远程服务器上的应用程序，允许多个用户会话同时登录到一台服务器上，用户之间的会话是彼此隔离的，典型应用是 Windows 操作系统的远程桌面连接功能登录到服务器访问资源，基于 SBC 的桌面虚拟化优点是服务器资源利用效率高，系统建设成本相对较低；缺点是多个用户以会话的形式共享使用一个操作系统和应用软件，用户体验较差，用户的配置信息容易受到其他用户的影响。基于 SBC 的桌面虚拟化适用于应用需求比较简单的内部用户。

（2）VDI 技术方案

VDI 桌面虚拟化解决方案的主要原理是利用服务器虚拟化技术，在服务器上建立多台彼此隔离的虚拟机，每台虚拟机可以独立安装操作系统和各种应用程序，客户端通过 ICA（Independent Computing Architecture）或远程桌面协议（Remote Desktop Protocol，RDP）透明地与服务器端的虚拟机进行通信，用户具有和使用普通物理计算机相同的体验。VDI 的优点是通过为用户单独部署虚拟机，每个用户拥有独立的操作系统，可以让用户在服务器端对资源进行灵活动态地配置和调整，桌面支持多种操作系统和应用程序，满足不同类型用户的需要；缺点是相对于 SBC 方式，VDI 所需的物理资源更多，对服务器和存储的配置要求较高，初期建设投资大，成本更高。基于 VDI 的桌面虚拟化比较适用于对系统需求较高的用户。

2. 虚拟桌面复制类型

虚拟桌面按虚拟机组的方式进行管理，每个虚拟桌面对应的虚拟机都必须归属于一个虚拟机组。虚拟机组的类型有完整复制、链接克隆与全内存桌面，但不仅限于这三种类型。

（1）完整复制桌面

当用户对于桌面要求个性化比较强、安全性比较高的场景下，建议使用完整复制的方式来部署桌面虚拟机，这属于完整复制虚拟机组管理。完整复制桌面是指直接根据源虚拟机（即虚拟机模板）完整拷贝出来一台独立虚拟机，如图 11-1 所示。创建出来的虚拟机与源虚拟机是两个完全独立的实体，对于源虚拟机任何形式的改动、删除都不会影响到复制出来的目标虚拟机。

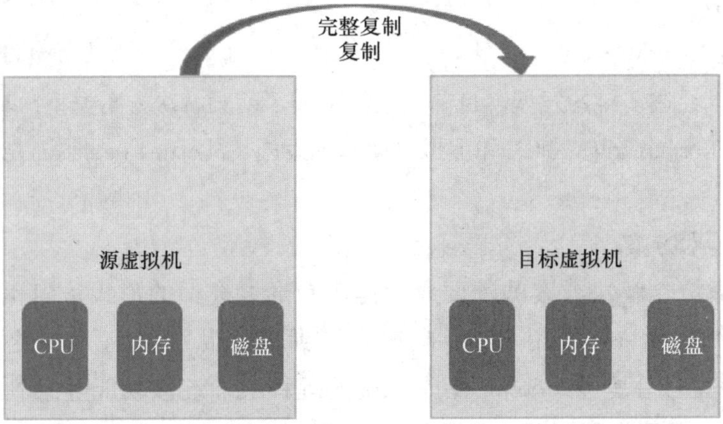

图 11-1　完整复制原理

在完整复制虚拟机组中的虚拟机适用于“专有”的桌面分配方式。即用户与虚拟机之间有固定的分配绑定关系。但是一个用户可以拥有一台或者多台虚拟机，一台虚拟机可以分配给一个或者多个用户。

完整复制桌面的优点是每个虚拟桌面对应的每台虚拟机都是独立的个体，用户对虚拟机上的数据变更都可以保存。不足之处是拷贝出来的虚拟机完整占用独立的系统盘空间；当需要对完整复制虚拟机组中的虚拟机进行软件更新或者补丁升级时，需要逐一进行操作。

（2）链接克隆桌面

当用户对桌面个性化即安全级别要求不高时，可以使用链接克隆桌面。此种方式布置的桌面虚拟机被称为链接克隆虚拟机，归属于链接克隆虚拟机组管理。此种创建方式是根据源虚拟机（即链接克隆虚拟机模板）创建出来一台目标虚拟机。该目标虚拟机必须在源虚拟机存在的情况下才能正常运行。也就是链接克隆虚拟机不是一台完整的虚拟机，它的不完整体现在系统盘（母卷）的共用。通过链接克隆方式部署出来的虚拟机共享一个系统盘，如图 11-2 所示。

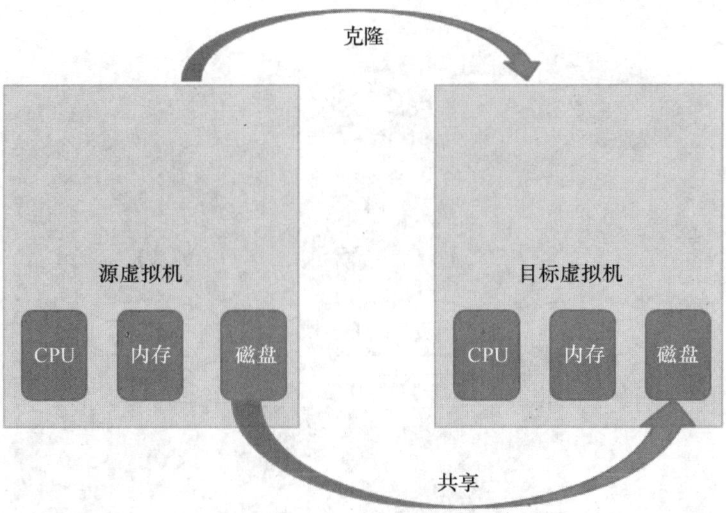

图 11-2　链接克隆原理

但是，链接克隆下部署的虚拟机也是拥有完整操作系统，而不同用户对于系统的使用又是不尽相同的。由此，就有专门的差分卷用于保存用户的个性化数据。然而，差分卷的数据在默认情况下是不持久的，在虚拟机关机之后，差分卷数据会被删除，不做保留。当然可以设置差分卷数据的永久保留，以供后续所用。

此种方式一定程度上减少了磁盘空间的占用，减少了相应的 IT 成本。另外，如果要给虚拟机更新软件或者升级补丁等操作时，只需对源虚拟机执行操作即可，减少了操作重复性工作和操作的复杂度。

（3）全内存桌面

通过链接克隆的原理可以知道，基于一台源虚拟机（母卷）可以创建出许许多多的目标虚拟机。正如上文所述，这些目标虚拟机对于母卷是共享的。显而易见，虚拟机开机的时候是要从这个唯一的母卷上去加载引导文件的。而通过一个母卷部署出来的几十上百台目标虚拟机如果同时开机，同时从母卷上获取引导文件的时候，母卷所在的数据存储能否响应如此之大的 I/O 是个关键问题。

普通的数据存储从本质上来说都是磁盘建立的。磁盘在读取数据的时候是通过盘片的转动以及磁头的寻道，最终反映出来的现象就是磁盘的转速越高，读写的速率也就越大。可是面对这么多虚拟机利用同一系统卷同时开机的场景，普通的磁盘不能很好的满足，就可能会造成虚拟机开机卡顿或者假死的情况，此现象称之为虚拟机的“启动风暴”。

为解决这一问题，需从根源入手，既然传统的磁盘 I/O 受限，何不将母卷移至 I/O 响应更快速的内存中去呢？由此就出现了全内存桌面解决方案。如图 11-3 所示。

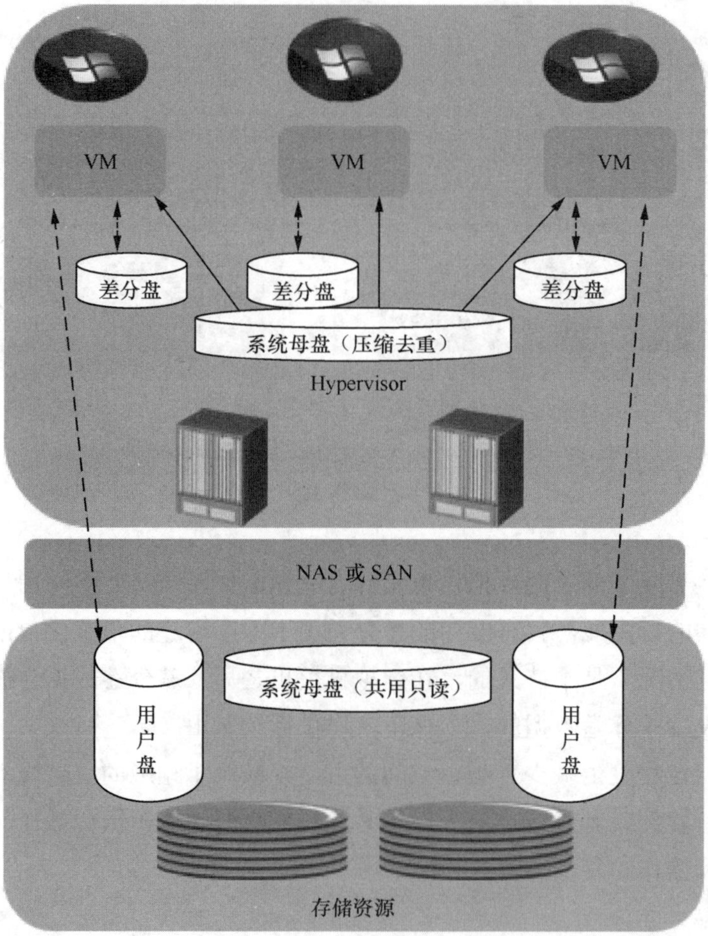

图 11-3　全内存桌面原理

全内存桌面采用内存去重压缩和复用技术，将桌面虚拟机的系统盘全部放到内存中，使得桌面虚拟机对于磁盘的操作转化为对于内存的操作，大幅提升用户体验，提高并发操作。

3. 虚拟桌面分配方式

虚拟桌面在使用的时候，一般都是以域作为基础。使用桌面的用户都是域用户，可以将域用户归于某个用户组中。再通过一系列域控制策略来管理用户对应的权限。

虚拟桌面在分配的过程中按桌面组的方式进行管理。每个桌面都必须归属到某个桌面组。桌面组的类型有专有、静态池和动态池。

（1）专有

此种分配方式只适用于对完整复制虚拟机组中虚拟机提供的桌面进行分配。该分配方式下，每一个用户都会建立与虚拟机的绑定关系，用户可以对分配给自己的虚拟机安装个性化的应用程序，并保存个性化的数据。专有类型下分为：

① 静态单用户：表示一个桌面只能供一个用户使用，是该用户的专有虚拟机。

② 静态多用户：表示一个桌面可以供多个用户使用，多个用户共享一台虚拟机。在该分配方式下，用户盘中保存的资料可以被其他用户访问。

（2）静态池

此种分配方式是将桌面分配给对应的用户（组）使用，一个用户同时只能登录一个桌面。用户初次登录就建立与虚拟机的绑定关系，之后用户的注销操作不影响对用户的分配。即用户 A 初次登录分配的是 VM1，再次登录，获得的依旧是 VM1。

（3）动态池

此种分配方式同样的是将桌面分配给对应的用户（组）使用，一个用户同时只能登录一个桌面。用户登录后不建立与虚拟机的绑定关系，之后用户的注销再登录操作会影响对用户的分配。即用户 A 初次登录分配的是 VM1，注销之后再次登录，重新分配的虚拟机不一定是 VM1 了。

静态池与动态池这两种桌面分配方式适用于对链接克隆虚拟机组中虚拟机提供的桌面进行分配。有时候又将这两种分配方式叫做池化分配。

4. *虚拟桌面接入方式*

终端用户可以通过轻量级的接入设备使用云端桌面。轻量级的接入设备指瘦客户端（Thin Client，TC）。如图 11-4 所示。

图 11-4　瘦客户端

瘦客户端是一种轻量级的主机，它的计算能力一般有限，只提供接入显示云端桌面的能力。瘦客户端通过识别不同桌面接入协议最终向用户呈现该VDI产品所投射的桌面。瘦客户端的功耗非常小，一般都在15W以下。

除此之外，还有另外一种接入方式，就是在普通主机上安装软件客户端（Software Client，SC）。通过在主机上安装软件客户端，使得主机能够承接桌面接入协议，进而最终呈现桌面。此种方式下，可以做到设备的利旧使用。

11.2 桌面虚拟化主流产品及协议

11.2.1 桌面虚拟化主流产品

目前在桌面虚拟化技术应用领域，主要的桌面虚拟化产品有Citrix（思杰）的XenDesktop、VMware公司的VMware Horizon桌面虚拟化和微软的Hyper-V桌面虚拟化。

（1）Citrix的XenDesktop

XenDesktop桌面虚拟化技术采用VDI技术架构，为虚拟机分配独立的资源，支持Windows、Linux等多种操作系统，具有以下特点。①开放的架构，可集成任何虚拟机管理系统、存储设备和第三方管理解决方案。②通过单一实例部署简化应用部署，降低应用管理成本。③支持混合部署，可无缝地从数据中心迁移到公有云中。④采用高效的ICA显示协议、HDX技术和外设重定向等技术，多种类USB外设兼容，VoIP实现，高清视频播放，终端多显示器支持，网络性能良好，具有良好的用户体验。

（2）VMware的Horizon

VMware Horizon7.0是为移动、云计算打造的新一代桌面虚拟化技术，和以往传统的VDI不同，能够以较低的成本为企业提供更简单，快捷和可扩展性的桌面虚拟化应用，利用最新为云时代设计的高性能显示协议Blast Extreme协议，使用更少的带宽，提供更好的用户体验，它支持更多的3D图像应用，更好地适应云时代的需求。Horizon采用全面的工作空间环境管理并针对软件定义的数据中心进行了优化，有助于IT部门按照终端用户期望的速度和业务部门要求的效率，控制、管理和保护终端用户所需的全部Windows资源。新功能特性Horizon可提供最佳移动性和云计算功能，从根本上转变了VDI，从而以更低的成本为企业提供前所未有的简便性、安全性、速度及扩展能力。Horizon 7能够帮助企业提升办公效率，同时降低运营成本。

（3）微软的 Hyper-V

微软桌面虚拟化技术采用 SBC 架构，虚拟机共享物理服务器资源，Windows Server 2012 R2 集成 Microsoft Hyper-V3.0 服务器虚拟化和远程桌面服务，通过在 Windows Server 2012 R2 中提供 RDS 服务器角色，把虚拟化集成到现有的 IT 环境中，虚拟机占用系统资源较少，系统部署简单，建设成本低。

11.2.2 桌面显示协议

桌面显示协议是桌面虚拟化的关键技术之一，当前还没有哪家厂商的虚拟化技术能够适用于所有应用场景，因此必须结合实际需求来部署虚拟桌面解决方案。主要的虚拟化显示协议有 ICA 协议、RDP 协议和 PCoIP 协议。

（1）ICA 协议。它是 Citirx 开发的专有协议，支持不同的客户端操作系统共享同一台主机。对用户的位置、硬件设备或网络带宽要求不高，相对于传统 RDP 协议，ICA 协议稳定性更好，效率要高于 RDP 协议，在音频、视频、Flash 播放、3D 设计等应用上，用户体验流畅。

（2）RDP 协议。它是国际电信联盟（ITU）发布的国际标准的多通道会议 T.120 协议族基础上的一个扩充开发，最早用于 Windows Server 终端服务的访问协议，用户可以远程登录服务器，访问或使用服务器的桌面，实现了 Windows Server 的多用户模式。用户可以自定义初始登录环境，设置显示配置、颜色深度、音频、键盘、本地设备和资源等，使用 128bit 的 RC4 加密算法保护数据安全。

（3）PCoIP 协议。由 VMware 与 Teradici 共同开发，用于高质量的桌面虚拟化用户体验，目前已经成为流行的桌面虚拟化协议和标准。该协议主要特点是支持高分辨率的 3D 图像和音视频多媒体，对 USB 设备有很好的兼容性，用户的会话采用压缩传输，对于用户的操作，只传输变化部分，保证在低带宽下用户的良好体验。各个协议的对比见表 11-1。

表 11-1　　桌面虚拟化协议对比

比较维度	PCoIP	RDP	ICA
传输带宽要求	低	高	低
图像展示体验	高	低	中
双向音频支持	高	中	高
视频播放支持	中	中	中
用户外设支持	中	低	高
传输安全性	高	中	高
支持厂商	VMware	Microsoft| VMware	Citrix

11.3 虚拟桌面的优势

桌面虚拟化与传统的桌面应用进行比较，具有下列优势。

（1）实现对桌面环境的集中管理、统一配置。通过桌面虚拟化技术，客户端用户的各种应用环境在后台的服务器上运行，桌面环境的管理和配置都在数据中心进行。管理员可以通过网络对服务器上的桌面虚拟镜像进行集中统一管理和维护，实现了桌面环境的标准化。

（2）提高数据安全性与合规性，用户操作所产生的数据都存放在数据中心或服务器端，提高企业对数据防泄漏，数据的保护，数据的一致性，数据的审计等数据的安全性和合规性。

（3）提高资源利用率，通过对服务器虚拟化，并组成虚拟机集群，从而将物理资源转化为可按需分配的虚拟机资源池，可根据业务实际需要分配合适的计算和存储资源，而非以物理服务器为单位进行资源分配，使硬件资源充分利用，节约企业 IT 投资成本。

（4）移动办公，虚拟桌面使用场景下，办公人员可以随时随地在任何位置，使用自己的账号登录来获取自己的桌面，进行操作。

11.4 FusionAccess 虚拟桌面架构

虚拟桌面的载体是虚拟机，虚拟机的构建位置是在虚拟化平台之上。而用户使用桌面的位置是任意的。桌面接入系统（桌面云系统）要做的事情，是要将云端的虚拟机桌面发放给到用户使用。而这一过程需要哪些层次的参与呢？如图 11-5 所示。

（1）用户处于“终端接入层”，通过终端接入设备来使用为其分配的桌面。终端接入设备可以是轻量级的主机设备——瘦客户端（TC）、软件实现接入的——软件客户端（SC）。

（2）桌面云系统处在“桌面和会话管理层”。向用户提供桌面或者虚拟应用的分发与管理，向云平台提供虚拟机的创建与管理。

（3）虚拟机最终落在“云操作系统管理层”，这里集合了虚拟化平台与硬件控制平台的云操作系统。

了解了桌面云解决方案架构图之后，下面以华为的桌面云解决方案，FusionAccess

为例，介绍如何通过桌面云接入系统向用户提供高性能、高可靠的桌面云服务。

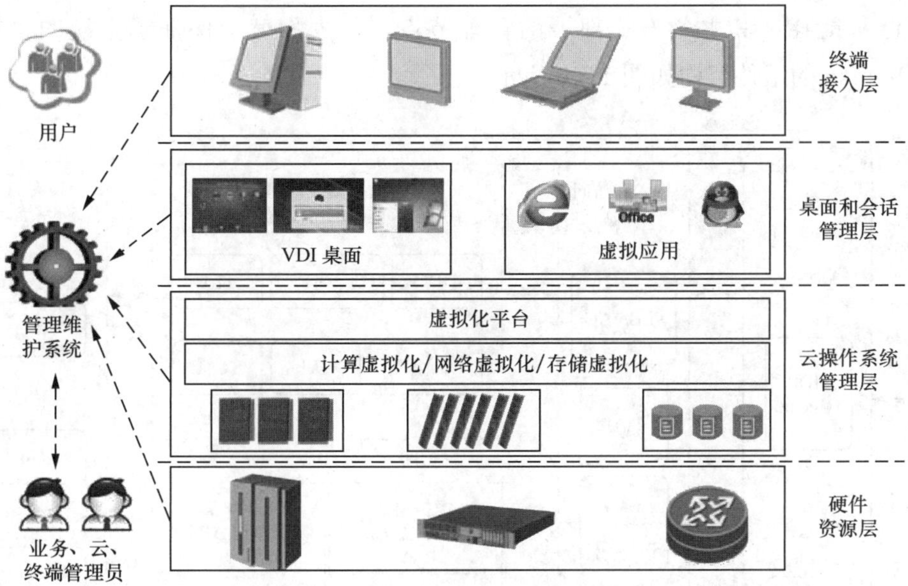

图 11-5　桌面云解决方案架构

FusionAccess 是华为桌面云解决方案的核心、是桌面云中面向虚拟机的管理平台。其主要功能包括桌面管理、用户接入、桌面传送。FusionAccess 为用户在终端接入、外设资源、虚拟机和多媒体方面提供了强大的支持。

（1）用户接入方面，用户可以使用轻巧的瘦客户端接入桌面，瘦客户端本地无磁盘，严格保证了数据的安全性。用户也可以使用软件客户端，软件客户端安装方便、并且可以安装在配置很低的计算机上。

（2）外设支持方面，FusionAccess 可通过端口资源映射的方式，将终端的端口（如 USB 口、串口、并口等）映射到虚拟机上，从而使得虚拟机能够识别并使用这些设备。

（3）虚拟机方面，FusionAccess 支持部署多种操作系统的虚拟机，可提供 Windows XP、Windows7 等 Windows 系统，也可提供 Ubuntu、Redhat 等 Linux 系统，满足不同用户的个性化需求。

（4）多媒体支持方面，FusionAccess 依靠高性能的 HDP 协议支持高清视频播放；支持多种声音设备、麦克风设备，可根据网络带宽的变化自动控制虚拟机与终端之间的控制策略；还支持 Flash 重定向，通过开启 Flash 重定向功能，可以直接将 Flash 文件下载到客户端进行播放，从而降低网络流量，提高响应速度。

FusionAccess 通过其高效布置（如 FusionAccess 基础架构的快速构建）、快速发放、安全保障、低故障率等一系列功能帮助企业减少 IT 成本投入；其灵活的资源调整方案，快速便捷地变更虚拟机资源配置（如内存、磁盘等），最大化地使用 IT 资源；其提供的定时功能，如定时部署、休眠、关机、开机等功能方便了用户使用虚拟机，并且最大限度地降低了能耗；其主备方式部署的管理节点，最大程度上保证了系统的可靠性。FusionAccess 的组件架构如图 11-6 所示。

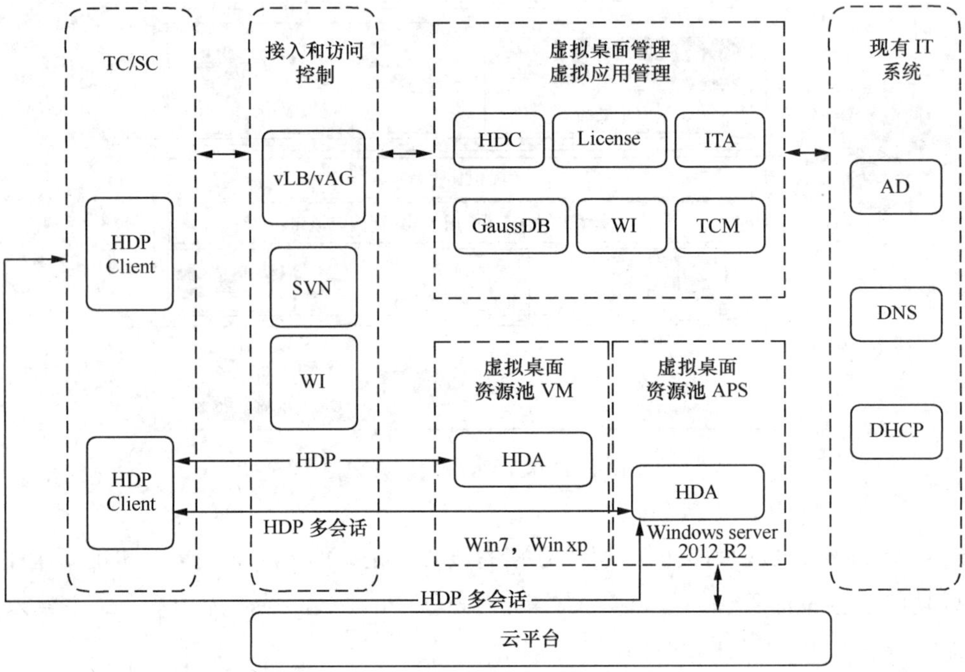

图 11-6　FusionAccess 内部逻辑架构

11.4.1　接入和访问控制

这一层是 FusionAccess 为用户提供访问虚拟机的入口。客户端通过接入层的负载均衡（Load Balance，LB）或者接入网关（Access Gateway，AG）组件，接入到桌面虚拟机中。

（1）LB 和 AG

LB 组件主要作用是用户访问 WI 时进行负载均衡，避免大量用户访问到同一个 WI。其实现方式可以是通过 DNS 轮询来实现将多台 WI 的 IP 地址绑定在一个域名下，当用户输入域名发起请求时，DNS 服务器按照 IP 地址绑定的顺序依次解析 WI 的 IP，同时将用户的登录请求分流到依次解析出 IP 的 WI 上，提高了 WI 的响应速度，保证 WI 服务的可靠性。

Access Gateway 是利用基于策略的 Smart Access 控制来安全交付任何应用的 SSL VPN 设备。用户可以很容易地利用它随时随地来访问工作所需的应用和数据，企业可有效地将数据中心的资源访问扩展到企业的外网，同时，利用丰富 Smart Access 控制策略，可以实现非常好的访问控制，对用户进行认证、设置访问策略、提供安全性连接 NAT 功能。

LB 和 AG 两个组件可以集成部署在同一硬件平台上，物理上两者可以合设在同一硬件平台 SVN 上，逻辑上两者是相互独立的，如图 11-7 所示，SVN 是一台网关设备，执行特定于应用程序的流量分析，从而智能地分配和优化 4～7 层（L4-L7）Web 应用程序网络流量，并确保其安全。此外，LB 与 AG 功能还可通过软件模拟的方式来实现。

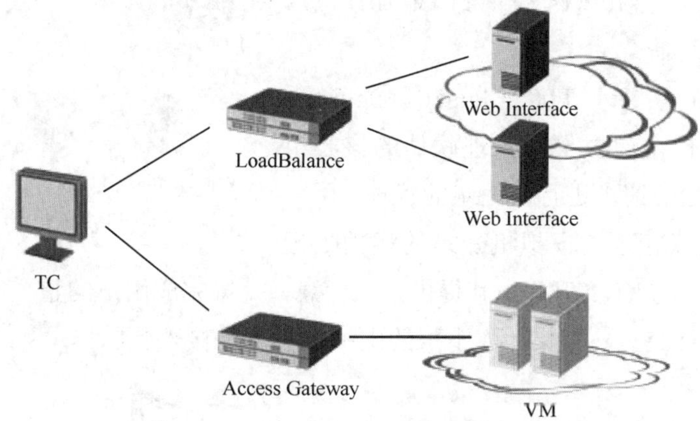

图 11-7　SVN 上部署 LB 以及 AG

（2）WI

WI（Web Interface）组件为最终用户提供 Web 登录页面，在用户发起登录请求时，将用户登录信息（加密后的用户名与密码）发送至控制中心 HDC（Huawei Desktop Controller），HDC 再转发给到 AD（Active Directory）进行用户身份验证；通过验证后会向用户呈现此账号所对应的虚拟机列表，为用户访问虚拟机提供入口。其工作示意如图 11-8 所示。

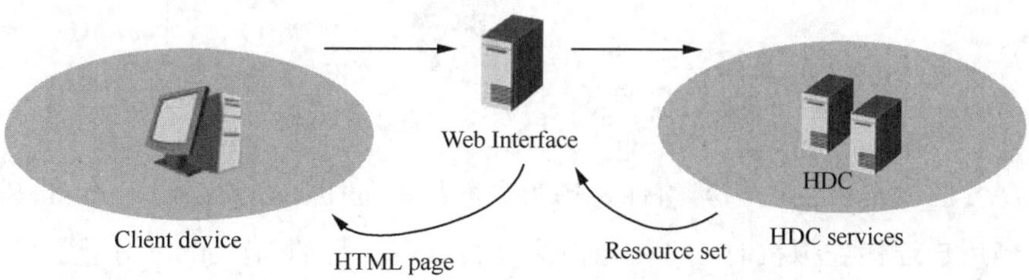

图 11-8　WI 工作示意

11.4.2　虚拟桌面管理

这一层是 FusionAccess 的核心，进行虚拟机的运行管理和维护管理。

（1）ITA（IT Adapter）组件为管理员管理虚拟机提供接口，提供了供管理员登录使用的界面，来完成桌面云服务的整套流程。其通过与HDC组件以及虚拟化平台的交互，完成虚拟机的创建、分配等操作。通过其提供的接口，将各自分散的FusionAccess组件组合成一套完整的桌面云系统。其工作示意如图11-9所示。

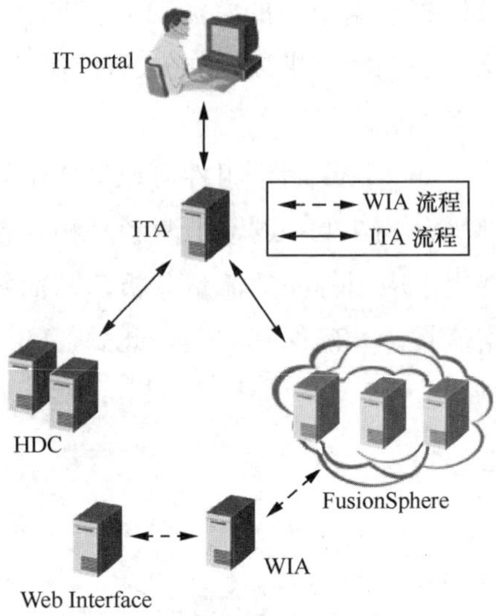

图 11-9 ITA 工作示意

（2）WIA（Web Interface Adapter）参与的流程较简单，当WI发现虚拟机关机时，就通过WIA发送启动虚拟机的消息，WIA查询到VM ID，然后向云平台发送启动命令。

如图11-10所示，HDC（Huawei Desktop Controller）组件是虚拟桌面管理软件的核心组件，根据ITA发送的请求进行桌面组的管理、用户和虚拟桌面的关联管理、虚拟机登录的相关处理等；在用户接入时与WI交互，为其提供接入信息，支持完成用户的整个接入过程；与虚拟机中的HDA进行交互，收集HDA上报的虚拟机状态及接入状态。

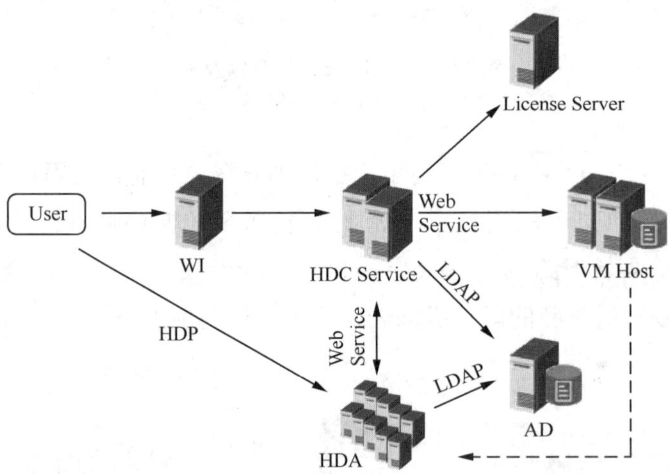

图 11-10 HDC Servers 组件工作示意

（3）LS（License Server）组件。华为桌面接入的License由License Server统一控制。当用户连接虚拟机时，HDC会检测是否具有充足的License用于用户连接，以判断是否允许连接。

License的授权方式有两种：一种是以总数来计量，即每创建一台桌面虚拟机就消耗一个License，消费完之后不允许再创建虚拟机；另一种是以并发数来计量，即创建的虚拟机数量不受限制，但是并发用户数受限于License的多少。一般情况下，License数量会有10%的冗余。如额定数为50时，可以将创建或者并发的虚拟机数量设置达到

55 台。

（4）DB（Data Base）组件。FusionAccess 采用的数据库是华为自研的 Gauss DB，也可以使用 MySQL 或 SQL Server 数据库。DB 用于保存虚拟机的配置信息以及用户与虚拟机的对应关系，用于 WI 请求时，被 HDC 调度以响应请求。

（5）Loggetter 组件是 FusionAccess 的日志服务器，记录 FusionAccess 各组件的安装日志与运行日志。日志服务器跟踪组件安装过程中的用户操作信息，以及组件运行过程中的关键点、参数、返回结果等信息，便于出现问题时及时定位。

（6）TCM（Thin Client Manager）组件实现对 TC 进行集中管理，包括版本升级、状态管理、信息监控、日志管理等，可搜索到待管理的 TC 终端，并对其进行管理。

11.4.3　虚拟桌面资源池

Access Agent 组件又称为 HDA（Huawei Desktop Agent）组件，其实质是一系列桌面连接服务，为 TC 或者 SC 连接虚拟机提供支持。终端要想连接到虚拟桌面，桌面虚拟机上必须安装 HDA。目前 HDA 支持安装在 Windows 以及 Linux 操作系统之上，用户可以使用 Windows 或者 Linux 系统作为桌面。

HDA 运行时，会寻找环境中存在的 HDC 进行注册，并向控制中心 HDC 报告虚拟机的状态，此时在 ITA 提供的管理 Portal 上，虚拟机的状态更新为就绪；而当虚拟机被连接后，HDA 又向 HDC 报告自身状态为已连接，此时更新状态至数据库，最终在 ITA 的 Portal 界面上显示。

11.4.4　虚拟应用资源池

在很多场景下，普通办公人员需要使用的仅仅是一个应用程序，桌面云接入系统可以通过应用虚拟化技术实现发布一个应用程序给用户的功能。所以通过虚拟桌面管理程序向用户发放一个完整桌面。

APS（Application Provision Server）组件是在应用虚拟化特性中新增加的部件，是用于对外发布应用或者共享桌面的应用资源池服务器，并安装需要对用户发布的应用。APS 是基于 Windows 2012 R2 操作系统的虚拟机与运行在其上的应用程序组成，如图 11-11 所示。

在应用虚拟化场景下可以做到：所有后台应用系统部署在数据中心服务器上；所有应用客户端在交付平台上运行；终端仅接受交付平台上应用运行的屏幕画面。

FusionAccess 应用虚拟化功能提供的按需应用交付系统，可以根据用户、应用和网络情况动态匹配最佳的应用交付方式，具有如下特点。

（1）简化 IT 管理

能将应用集中在数据中心，使 IT 可以轻松实施并向任何地方的任何用户交付应用，并可根据需要进行调整以符合不断变化的业务需求，可以减少部署后需要的支持。

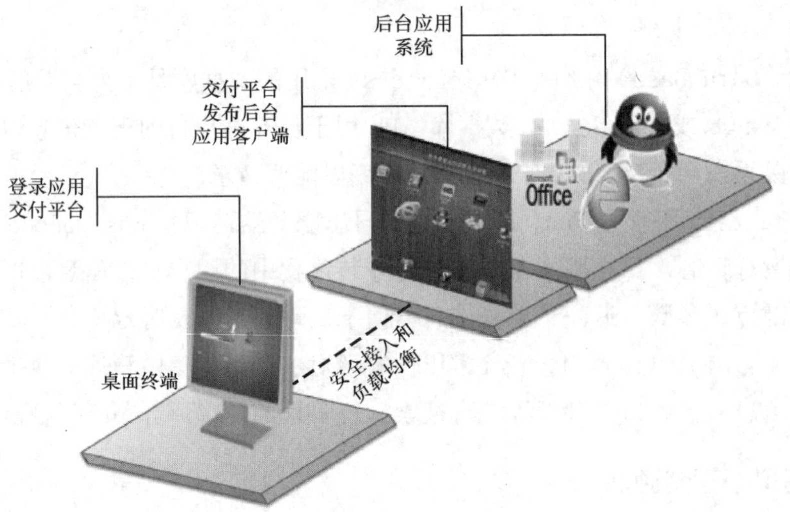

图 11-11　应用虚拟化实现原理

（2）提高应用性能和加快 IT 响应速度

集中式架构可以提高通过任何网络连接或者是运行在任何设备之上的应用性能。可在几秒钟之内将新应用交付给用户，而且可以一次性完成应用更新，并将更新程序及时发布给用户。能够帮助 IT 部门对资源进行分配，确保关键用户的使用体验。

（3）按需服务方式集中交付应用

通过将应用集中在一起，降低应用管理成本，通过集中控制和安全访问，提高安全性。集中化架构让 IT 人员无需在分布式终端上安装或管理应用，在数据中心就可一次性完成应用和服务器镜像的存储、维护、更新，然后按需交付给用户。这样不仅简化了 IT 管理，避免应用冲突，还能轻松实现实时更新，并大幅降低了修补和升级需求。

（4）任何设备，任何地点

使用户可以从任何地方通过任何设备自助访问应用。

（5）提升信息安全

凭借集中化的应用交付方式，成为最安全的应用交付架构。将数据保存在数据中心，用户端通过鼠标和键盘等设备对应用进行访问、设置打印和存储的权限策略，保障了重要信息的安全。其工作示意图如图 11-12 所示。

由于应用虚拟化是强依赖 Windows 操作系统的特性，了解 Windows 组件及功能可以帮助理解应用虚拟化实现的原理。Shell 和 Terminal Service 是 Windows 自带的组件，是应用虚拟化强依赖的功能服务。Shell 是 Windows 操作系统图形化的用户接口。它包含桌面、开始菜单、任务栏、文件和文件夹等。

Remote Desktop Service（RDS 服务），在 Windows Server 2008 及以前的版本叫做终端服务（Terminal Service），是一个 Windows 操作系统的组件，这个组件允许一个用户通过网络远程控制服务器或者虚拟机。RDS 首次出现在 Windows NT 4.0 Terminal

Service Edition，从 Windows 2000 开始在每个 Windows 版本都有所改善。在 2009 年的 Windows Server 2008 R2，被改名叫做“Remote Desktop Service”。

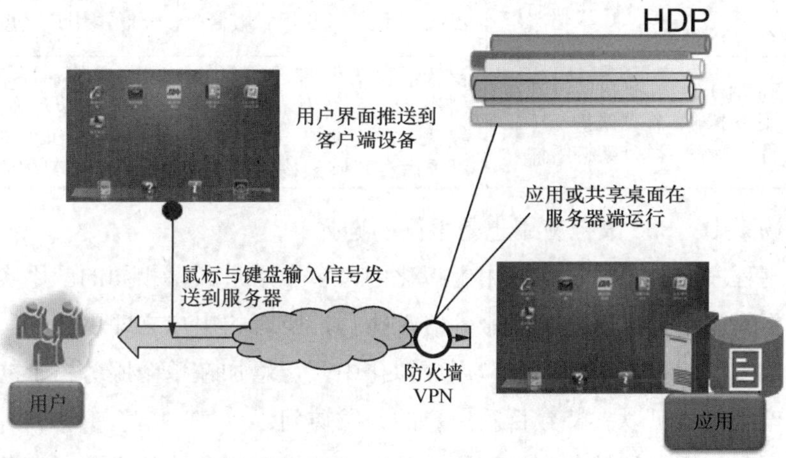

图 11-12　应用虚拟化实现

RDS 服务提供了多会话（Multi-Session）环境，允许用户端访问虚拟 Windows 桌面和执行服务器的 Windows 程序，允许多个用户同时连接在一台服务器并进行互动。允许多个用户连接并控制一台服务器，并且在远程计算机上显示桌面和应用程序。微软在 Windows Server 2008 R2 版本之后允许用户使用自己的桌面协议替代原生的 RDP 协议完成这项工作。

FusionAccess 应用虚拟化特性也是在 RDS 服务基础上，支持基于 Windows Server 版本的 RDS 服务来发布完整桌面和应用程序，远程传输协议采用 HDP 协议。

11.4.5　虚拟桌面与虚拟应用的比较

业界广泛使用的桌面云解决方案有 VDI 虚拟桌面和 SBC（Server-Based Computing）虚拟应用两种，见表 11-2。

表 11-2　　VDI 与 SBC 两种技术的比较

	虚拟桌面 VDI	虚拟应用	
		共享会话桌面	共享会话应用
用户体验	用户具有独立的操作系统	每个用户具有基于同一操作系统的不同桌面	仅看到应用，与运行本地应用体验几乎完全一致
硬件资源占用	高，为每个用户提供虚拟机。每个虚拟机都需要占用 CPU、内存、存储等资源	较低，每个用户仅占用桌面所需的资源	最低，每个用户仅占用其运行的应用所需资源
软件需求	高，需要购买 VDI 软件以及虚拟操作系统的使用许可	较低，需要 SBC 软件许可购买微软远程桌面 RDS 使用许可	较低，需要 SBC 软件许可。购买微软远程桌面使用许可

（续表）

	虚拟桌面 VDI	虚拟应用	
		共享会话桌面	共享会话应用
建设成本	高，对服务器硬件和存储都有较高的要求	较低，用户密度相对较高	较低，用户密度相对较高
管理难度	高，用户的数据和系统都在服务器端，需要维护 VDI 软件以及后台基础架构组件	较低，仅需要管理共享的操作系统以及发布的应用程序。需要维护 SBC 软件以及后台基础架构组件	较低，仅需要管理共享的操作系统以及发布的应用程序。需要维护 SBC 软件以及后台基础架构组件

在许多场景中，SBC 虚拟应用也是很好的选择。

（1）应用程序安装一次。在应用虚拟化中，多个用户共享相同的应用实例。因此，如果你需要更新应用，只需在一个服务器端执行，所有的用户立即更新。

（2）大幅度降低投入成本。在应用虚拟化中，可增加在单个服务器上的用户密度，通常一台物理服务器可以支持数百个用户的并发访问。

（3）应用和应用之间的兼容性。因为 VDI 只能发布服务器的桌面，在负载均衡的时候，也只能以桌面为单位，所以所有需要用到的应用程序必须安装到每台服务器上，无法避免应用与应用之间的兼容性问题。SBC 可以将不兼容应用安装在不同的服务器并发布给同一个用户。

（4）移动端的广泛支持。应用虚拟化相比较于 VDI，更适合手机、Pad 等移动终端，应用虚拟化可以将应用窗口投射到手机或者 Pad 屏幕上，具有良好的体验。

11.5 虚拟桌面外设重定向

外设，是指连接在计算机主机以外的外部设备。其主要作用是为主机提供需要处理的信息，并把处理的结果以多样化的形式展现出来；或提供可用数据的存放空间；或以电信号的方式向主机传达指令，以达到操纵计算机的目的。常见的外设有鼠标键盘、移动硬盘、打印机、USB 设备等。

传统 PC 场景下，外设是直接连接在主机上使用，作为主机功能的一种延伸，如图 11-13 所示。

目前，市面上有很多种类型的外设，USB 设备占主导地位。以下简单介绍关于在传统 PC 架构中应用程序对于外设的使用原理，如图 11-14 所示。

所有正常工作的 USB 设备在软件层面都依赖于 USB 总线驱动。一个应用需要使用 USB 设备时必须与 USB 设备驱动进行交互，而设备驱动的工作完全依赖 USB 总线驱动，用以交互 USB 设备数据，与硬件交互的工作则交由总线驱动完成。不管是设备驱动与总线驱动之间的交互或是总线驱动与总线之间的交互，都遵循一定的外设驱动标准协议。

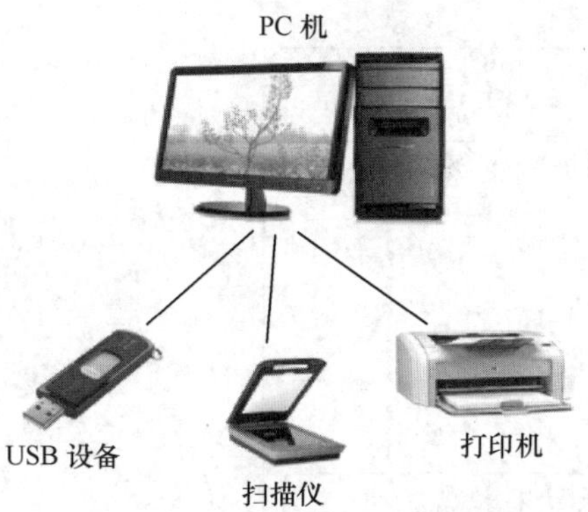

图 11-13 传统 PC 使用外设

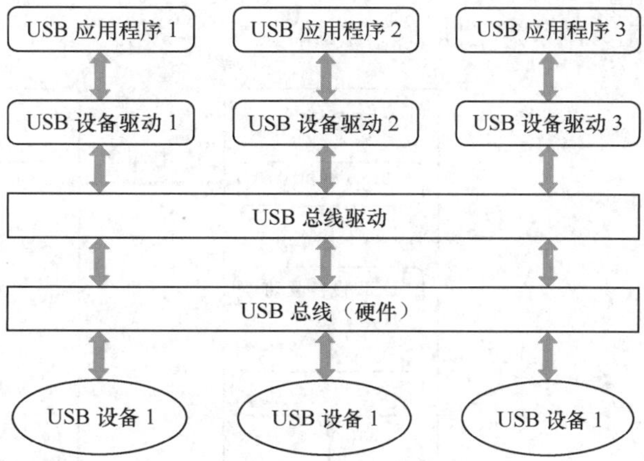

图 11-14 传统 PC 外设工作原理

虚拟桌面场景下，客户操作系统与外设接口相分离，存在于用户端的外设如何才能被云端的客户操作系统所调度呢？

上文提到操作系统之上的应用程序对于外设的使用需要经过两个软件层面，一个是 USB 设备驱动、一个是 USB 总线驱动。正常情况下 USB 总线驱动会驱使连接在 USB 总线上的 USB 设备进行数据交互，然而在虚拟桌面场景下，桌面虚拟机的虚拟 USB 总线上并没有连接 USB 设备。此时，提出了两种重定向解决办法。

1. USB 端口重定向

如图 11-15 所示，USB 端口重定向又称总线层重定向，将 USB 总线驱动放置在 TC/SC 的操作系统中加载。即在用户端的 TC/SC 的操作系统中加载 USB 总线驱动替换桌面虚拟机中的虚拟 USB 总线驱动。

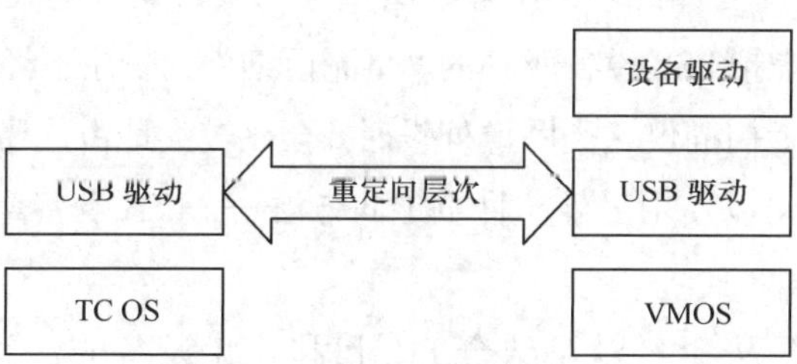

图 11-15 USB 端口重定向

图 11-16 详细展示了总线层重定向的原理。用户端的 USB 硬件设备在物理上连接在 TC 或者 SC 的总线上，通过用户端的 USB 总线驱动感知总线上连接着硬件设备，但是真实的 USB 设备驱动并不安装于用户端，因此用户端设备（TC/SC）是“不认识”连接在总线上具体为何种设备。

为承接 USB 物理设备所产生的数据，用户端引入了虚拟 USB 驱动。虚拟 USB 驱动“事无巨细”地与虚拟 USB 总线驱动进行双向的指令及数据交互。USB 总线存在于虚拟机侧，为完成双向数据的交互过程，引入了 USB 客户端以及 USB 服务端，采用 C/S 的服务架构完成两节点之间的数据通信。

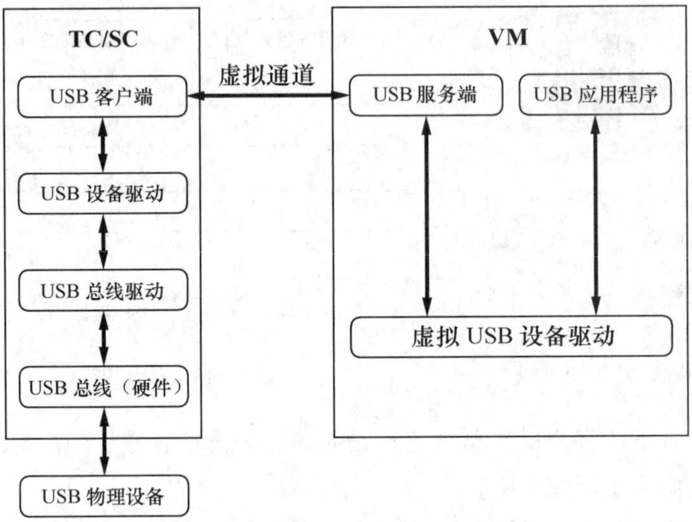

图 11-16　USB 端口重定向实现原理

总线层重定向技术对于虚拟机而言就是从自身的虚拟总线驱动上获取数据。从本质上来看，总线层重定向技术是将 PC 上的 USB 设备驱动到 USB 总线层驱动进行了拉长，长到跨越了网络，要在两个节点间进行数据通信。然而对于虚拟机上的应用程序而言，它是无感知的，应用程序调用的是其所指向的硬件设备驱动程序，在总线层重定向中，如图 11-16 所示，设备驱动程序依旧是安装于虚拟机侧的。当数据从用户端设备到达虚拟机的 USB 设备驱动时，虚拟机 CPU 产生中断，调取数据存放于内存供给应用程序使用，与传统 PC 上使用外设是一致的。正因为如此，USB 总线层重定向具有良好的设备兼容性。但同时也会造成一系列的问题，如虚拟 USB 设备驱动的“事无巨细”——在不经过任何压缩及预处理的情况下，使用摄像头或者扫描仪这类图像外设时，会比较大地占用带宽资源，从而影响用户的使用体验。为此，就可以使用另外一种重定向方法——USB 设备重定向。

2. USB 设备重定向

如图 11-17 所示，从命名以及结合 PC 上用 USB 设备的流程来看，USB 设备重定向是将 USB 设备驱动放置在 TC/SC 的操作系统中加载。即真实的 USB 设备驱动运行在用户端。

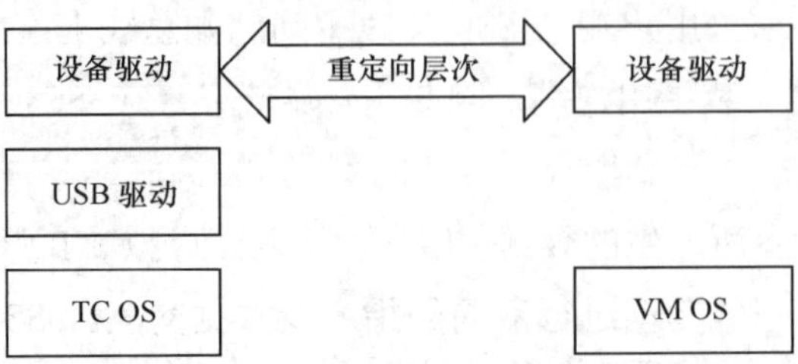

图 11-17　USB 设备重定向

如图 11-18 所示，描述了 USB 设备重定向的原理。与 UBS 端口重定向相比，可以清晰地发现，设备重定向图中的虚拟机端不再具有真实的设备驱动和虚拟 USB 总线，有的仅仅是虚拟 USB 设备。对于操作系统而言，一套外设驱动程序就是一个外设硬件。这里的虚拟 USB 设备不需要用户或者管理员安装，系统自动为连接的外设创建相对应的虚拟驱动程序。

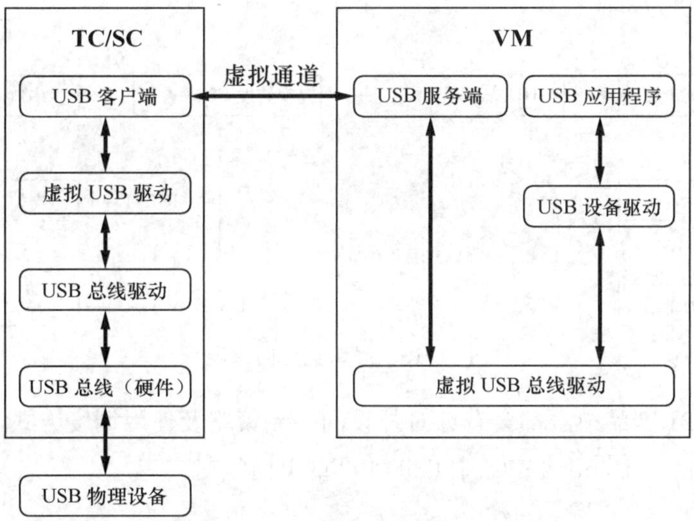

图 11-18　USB 设备重定向实现原理

由此一来，这整个用户端到虚拟机端应用之间的数据传递过程就减少了一步，减少了系统的计算开销；并且在用户端设备安装的 USB 设备驱动能够使得用户端设备“认识”到当前总线下连接的设备类型。进而可以对外设产生的数据做一些预处理，尽可能地减少带宽的占用。对于上述提到的摄像头、扫描仪一类的设备使用效果较佳。

但是 USB 设备重定向也存在一些问题，如在用户端安装的驱动程序。众所周知，用户端如果使用 TC 设备作为接入设备，其操作系统一般都是 Linux，很少有 Windows 的操作系统，这就带来了驱动程序在 Linux 上的兼容性问题。还有，在 USB 设备驱动与外设通道协议的 USB 客户端之间，如果外设厂商提供的不是遵循外设标准协议的驱动，那么 USB 客户端可能不能将其识别，进而影响虚拟机端应用程序对外设的正常使用。

在 USB 端口重定向中能够使用的外设种类很多，但是存在性能损耗机带宽占用大的问题；在 USB 设备重定向中对于性能的损耗较低且占带宽较低，但是需要用户端设备支持安装相应的驱动程序。

除以上介绍的 USB 设备重定向之外，正常使用外设过程中还会应用到一些串口设备，如串口打印机、串口指纹仪等。

3. 串口重定向

从图 11-19 的原理中可以看出实现方式基本与 USB 端口重定向一致。图中 IOCTL 是设备驱动程序中对设备的 I/O 通道进行管理的函数。所谓对 I/O 通道进行管理，就是对设备的一些特性进行控制，如串口的传输波特率、马达的转速等。用户端与虚拟机端的“提交转发 COM 数据”，相当于在 USB 端口重定向中的“USB 客户端”以及“USB 服务器”。其作用可以简单地理解为两张网卡之间互相传递数据。

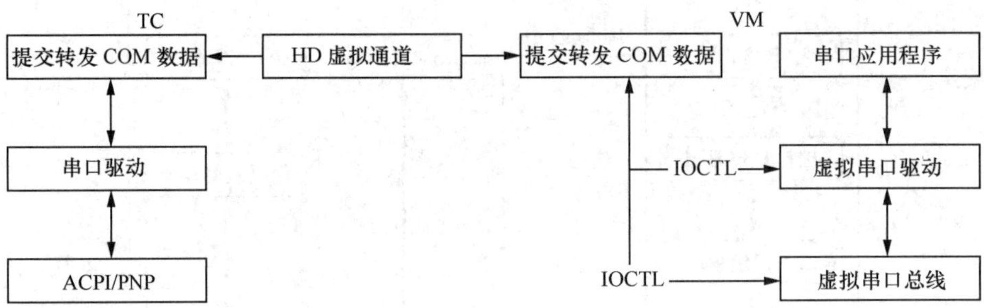

图 11-19 串口重定向原理

在众多的 VDI 产品中，都会有针对外设的控制策略及使用调度方式，如图 11-20 所示，是华为的 FusionAccess 产品中 USB 外设重定向策略。

图 11-20 FusionAccess 中 USB 重定向策略

外设重定向策略包括总线层重定向及设备类重定向。最常用的是总线层重定向，其优先级高于设备类重定向。设备类重定向一般应用在老旧的设备上较多。

USB 策略包括一个总开关，默认是关闭的，当打开总开关时，所有 USB 外设都能够通过 USB 重定向映射到虚拟机中，如果有特殊要求（某类型外设不映射到虚拟机中，如 U 盘不允许在虚拟机中使用），可以在外设的子开关中关闭。

11.6 构建图形桌面

在目前虚拟桌面应用场景下，一般仅支持普通办公，并没有高清制图能力，主要是因为虚拟桌面的部署尚处在初始阶段，企业的一些高端专业软件未部署到桌面云，高清制图桌面云虚拟机的成本也更高，导致桌面云支持高端专业软件的技术研发投入有限。目前普通办公场景下的桌面云应用技术已经成熟，高清制图桌面方面的技术也开始加速发展，各大厂商也加大了研发投入并推出了相应的解决方案。如 Citrix 的 HDX 3D Pro、VMware 的 vSGA 和 vDGA、NVIDIA 的 GPU 硬件虚拟化方案等。

高清制图指的是需要显卡辅助支持的 3D 应用，通常是符合 DirectX 或者 OpenGL 图形技术规范的应用。DirectX 和 OpenGL 都是应用程序编程接口，接口提供用于复杂任务（如三维渲染）的指令，以此帮助软硬件更高效地通信。开发人员针对特定的 API 来优化大量使用图形的游戏。这就是最新的游戏通常需要 DirectX 或 OpenGL 的更新版才能正确运行的原因。

普通虚拟桌面的图形处理能力都是由 CPU 模拟出来的，这种模拟 GPU 不具备任何硬件加速能力。

用户端通过 SC/TC 能看到的桌面其实是 SC/TC 根据 GDI 指令重构的远程桌面，其信号来源是虚拟机 CPU 形成的位图写在模拟 GPU 的视频缓冲区。GDI 指令是由 Mirror Drive 获取的。所以普通桌面虚拟机不能运行图形密集型程序，只能用于比较简单的场景，在简单场景下的任何图形处理效果都是 CPU 利用运算能力进行的“软渲染”。

这种“软渲染”在运行图形软件和高清视频时会遇到各种问题。如 Windows Aero 效果不支持、3D 渲染软件安装不上、高清视频无法播放等。而具备硬件 GPU 显卡处理能力的图形桌面虚拟机就能很好的解决以上问题。

怎么使得一台虚拟机能够具备硬件 GPU 的图形处理能力呢？如图 11-21 所示，介绍了三种图形桌面的实现方法。

1. GPU 直通

GPU 直通又称 GPU 透传（Pass-through），是指将物理形态存在的一张 GPU 显卡直接映射给某一台虚拟机使用的方式。这种使用方式下绕过了 Hypervisor 层，虚拟机获得整块显卡的完全使用权限。被分配了 GPU 的这台虚拟机具备完全的 3D 图形处理能力以及图像渲染效果，被称为“GPU-VM”。直通式地使用使该虚拟机具备与非虚拟化下 PC 对于显卡使用同等级别的效果。通常情况下，被分配的 GPU 只能被特定虚拟机所使用，不仅其他的客户虚拟机不能使用，就连宿主操作系统（Hypervisor）也失去了对该 GPU 的使用能力。

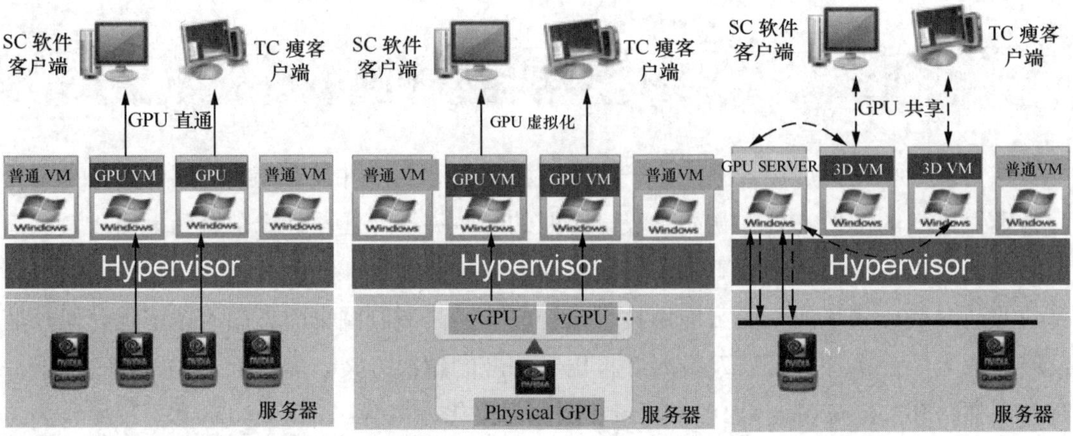

图 11-21　三种图形桌面构架方案

如图 11-22 所示，虚拟机桌面具备了 GPU 图形加速能力，图形软件可以使用 GPU 进行硬件渲染，GPU 将渲染后的位图放入显卡视频缓冲区，将缓冲区内容实时地投射到 TC 端虚拟机内置的显示虚拟桌面技术的内核中，获取到显示信息后，进行压缩、合并等一系列的处理后，通过协议 Server 端发送給协议的 Client 端，由协议 Client 端显示绘图信息。

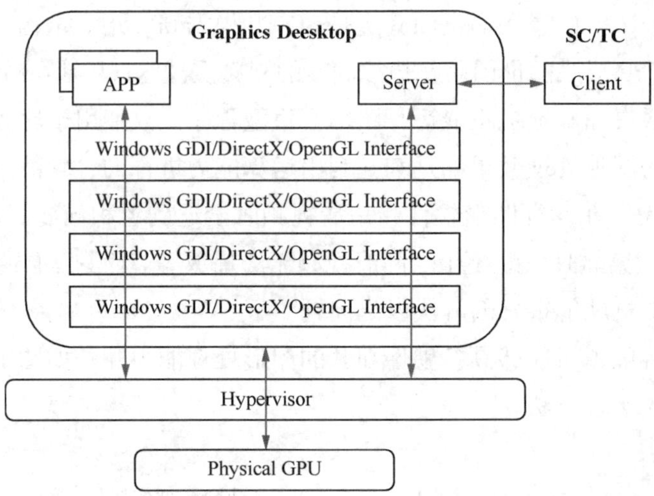

图 11-22　GPU 直通实现原理

在 GPU 直通解决方案中，一张物理 GPU 显卡被一台虚拟机使用，只要在虚拟机内正确安装了显卡的驱动程序，虚拟机将获得优秀的图形处理性能。但是，现在的显卡一般都是 PCI-E 的插槽，而服务器的 PCI-E 槽位有限；并且不是所有服务器都支持直通方案，支持的服务器对显卡还要有要求；再者，“GPU-VM”不能做迁移以及 HA。所以这种解决方案的实施是有条件限制的。

2. GPU 硬件虚拟化

如图 11-23 所示，GPU 硬件虚拟化的实现原理是 Hypervisor 接管物理 GPU 的所有权限，通过 Hypervisor 层的模拟，创建出多个虚拟 GPU（Emulation GPU）供给虚拟机使用。从表面上看每台虚拟机都有独立的 GPU 使用，实质上是将 GPU 的图形处理性能按时间进行切片，并将这些时间片分配给虚拟机使用的过程。这样一来，每台分得 GPU 处理性能的虚拟机也被称作“GPU-VM”。同样道理，与 GPU 直通方式类似，在获得了图形处理能力的虚拟机之上就能够完成一些特殊的 3D 渲染、图形处理等操作。

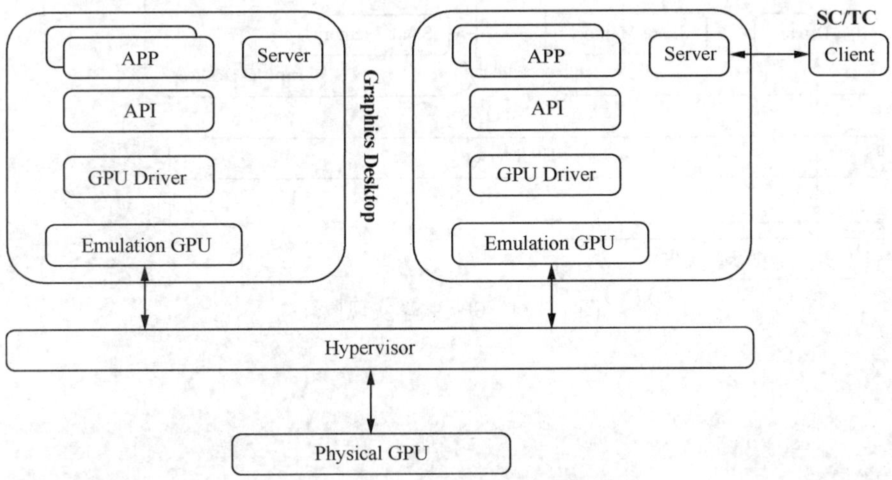

图 11 23　GPU 硬件虚拟化实现原理

由于采用了虚拟化技术，使得 GPU 的使用效率得到了一定程度的提高，如支持 GPU 硬件虚拟化的 NVIDIA K1 显卡支持 32 个虚拟 GPU 的构建，即一张 K1 显卡最多可以为 32 台图形桌面虚拟机提供图形处理能力，这体现了其高密度并发的能力，所以目前只有 NVIDIA 的 K1 和 K2 显卡能支持 GPU 硬件虚拟化。由于其分时复用的模拟实现方式，使得对于图形的处理能力略低于 GPU 直通的使用方式。因此对于中低端的 3D 应用以及标清视频的编辑需求，首先推荐的是 GPU 硬件虚拟化方案。

3. GPU 共享

如图 11-24 所示，GPU 共享的实现原理是将所有的 GPU 能力集中部署在一台虚拟机上，称为“渲染虚拟机（GPU Share Server）”。想要使用 3D 图形处理能力的虚拟机通过内存共享机制从渲染虚拟机获取。详细来看，图形桌面虚拟机中的 WDDM/OpenGL Driver 负责捕获 Direct3D、GDI 和 OpenGL 图形指令，并打包发送到渲染虚拟机进行处理。两边的 Share Memory 实现虚拟机之间的内存直接映射，通过共享内存设备驱动访问共享内存、触发中断通知，并且可以映射共享内存到用户态地址，实现用户态之间的零拷贝。渲染虚拟机中的 DX/OpenGL 是图形渲染组件，为图形桌面虚拟机分配图形指令，对接收到的图形指令进行渲染，并绘制为显示图形，将显示图形发送给图形桌面虚拟机进行整合，整合为图形桌面的屏幕显示，H.264 是压缩组件，负责对回传图像进行压缩，将画面的细节程度依据当前带宽富余的传输量进行补充，在固定低带宽环境下得到非常流畅的画质体验，在静态场景下又能很快看到所有细节，从而实现损失少，压缩比高。

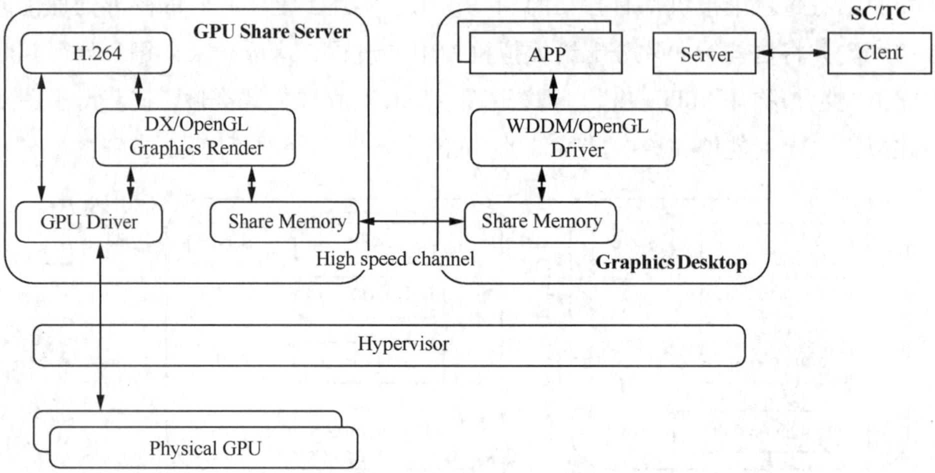

图 11-24 GPU 共享实现原理

习题

一、选择题

1. 以下哪些是属于虚拟桌面组类型（多选）（　　）

A. 完整复制　　B. 链接克隆　　C. 全内存　　D. 专有池

2. 以下哪些是属于桌面分配方式（多选）（　　）

A. 专有　　B. 私有　　C. 静态池　　D. 动态池

3. 以下哪些是虚拟桌面相比较于个人 PC 的优势（多选）（　　）

A. 运维简单　　B. 升级方便　　C. 绿色节能　　D. 移动办公

4. 下列哪些组件不是华为桌面接入系统 FusionAccess 所必需的（　　）

A. LB　　B. HDC　　C. WI　　D. ITA

5. FusionAccess 采用以下哪种桌面连接协议（　　）

A. HDX　　B. HDP　　C. RDP　　D. PCoIP

6. 以下哪种不是桌面云场景下 GPU 的使用方式（　　）

A. GPU 直通　　B. GPU 共享　　C. GPU 硬件虚拟化　　D. GPU 绑定

二、判断题（T or F）

1. 链接克隆虚拟机能够独立存在。（　　）

2．链接克隆虚方式部署虚拟机具有部署快捷、节约磁盘空间等特点。为此，在部署第一台虚拟机的时候就可以在极短的时间内完成。（　　）

3．全内存桌面采用内存去重压缩和复用技术，将桌面虚拟机的系统盘全部放到内存中，使得桌面虚拟机对于磁盘的操作转化为对于内存的操作，大幅提升用户体验，提高并发操作。（　　）

4．桌面接入系统中通常会引入数据库，如果数据库异常不会影响接入系统的正常使用。（　　）

5．在应用虚拟化场景下，可以做到所有后台应用系统部署在数据中心服务器上。（　　）

6．总线层重定向解决方案中，设备驱动安装在虚拟机端，无需在用户终端端安装驱动程序。（　　）

7．设备类重定向是将设备的驱动程序安装在用户终端这一端，因此 Windows 系统的 TC 会比 Linux 系统的 TC 具有更强的设备兼容性。（　　）

8．设备类重定向相比较于总线层重定向需要的带宽更大。（　　）

9．GPU 虚拟机不支持热迁移。（　　）

10．所有的服务器都支持 GPU 直通特性。（　　）

三、简答题

1．比较三种虚拟桌面类型的区别。

2．描述 FusionAccess 中 HDC 的作用。

3．比较总线层重定向与设备类重定向各自的优势。

4．GPU 如何实现硬件虚拟化？

第四部分小结

越来越多的企业需要把业务迁移到云端，使业务变得更快捷、简单、易用。本部分主要探讨在云平台中的各种应用，从如何上云，到如何用云，从 IaaS 层面的桌面虚拟化，理解企业级的虚拟化桌面的架构和原理，为企业移动办工、数据保护提供解决方案，到 PaaS 层面的中间件的二次开发，如何使用 Java 开发云平台的分布式应用程序，再到 SaaS 层面的 Office 365 的使用，目的是介绍云服务落地后在 IaaS、PaaS、SaaS 层面的应用。

本部分主要介绍了经典的桌面云的原理和架构，利用桌面虚拟化使建设呼叫中心、客户服务中心，数据的保护及远程办公等方面在企业得到广泛的应用，为企业降低成本，高效运维，提供方便、可靠的桌面虚拟化解决方案。

利用公有云开放的 API 接口，完成对气象数据读取和计算的功能，帮助理解大数据中 MapReduce 接口函数和处理大数据流程的基本工作原理。在公有云中几乎每个云服务都会提供二次开发所需接口服务，该服务实质就是企业所需的中间件服务，中间件服务是云计算中提供的重要云服务之一，所以云计算服务也被称为另一种形式的中间件服务。中间件应用主要目的是在系统不做任何改动的情况下，完成各种新增应用或实现个性化的服务。企业利用云计算的中间件服务，可以从复杂繁琐的分布式计算管理和维护中解脱出来，专注企业自身的业务发展即可。

除了介绍企业中常用的中间件服务外，本部分还介绍了 SaaS 平台中 Office 365 的快速使用方法。在实际的生产环境中，中小企业不需搭建自己的硬件平台，不需要任何维护人员，就能够完成企业办公所需的所有应用；而对大型企业而言，Office 365 的混合部署一直是企业所面临的难点问题。

云计算发展至今，实现了把之前分散的资源通过虚拟化抽象，进行一次整合，合并成为一台超级抽象的巨型计算机，并以另一种商业模式来运营它，如同公交、地铁、共享单车一样，根据时间或路程的远近，按需付费。未来云计算的超大型计算机又将成为由全球几亿部的手机、平板电脑、智能电视、智能终端等组成的一个超大规模的分布式计算集群。有数据显示，2015 年全球计算机、平板电脑、超便携设备和手机销量之和已达 25 亿台。随着硬件的发展，手机、智能终端的性能将超越电脑，未来的计算能力都将来自智能手机和智能终端的计算能力，其可把丢弃的或是经常处于闲置的资源有效地利用起来。这些智能设备只需手指控制，即可开始或停止计算。未来或许每个人都是云计算的一朵小云、一个云角色，为服务他人开启自己的云计算模式。

未来，云计算结合大数据将为人工智能时代的到来提供重要的技术支撑。其中人工智能重要的是使机器具有人类一样的自学习能力，这种自学习能力需要大量数据在后台提供支撑，通过大量计算对数据进行处理和分析，最终做出合理的判断，模拟人类的思维，并为我们提供各种服务。只有云计算才能为大数据的应用提供技术上的支撑，同时为其他行业提供各种方便、快捷的各种云服务。

随着全球化和信息化的发展，中国政府将云计算行业作为国家的新兴战略产业加以扶持，出台了大量的政策支持云计算行业的快速发展。

2010 年，国务院出台了《关于加快培育和发展战略性新兴产业的决定》，工信部、发改委联合发布了《关于做好云计算服务创新发展试点示范性工作的通知》，提出将加快促进我国云计算服务创新和应用示范。

2012 年，国务院发布《“十二五”国家战略性新兴产业发展规划》，明确指出国家将加快新一代信息网络技术开发和自主标准的推广应用，将云计算纳入战略性新兴产业发展规划。2012 年，工信部制定了《软件和信息技术服务业“十二五”发展规划》，明确指出国家将加快云计算平台等网络化关键软件，创新应用与服务模式。

2015 年，国务院出台的《关于促进云计算创新发展培育信息产业新业态的意见》提出，要鼓励普通高校、职业院校、科研院所与企业联合培养云计算相关人才，为云计算发展提供高水平技术支持。同时，要求“加强云计算相关基础研究、应用研究、技术研发、市场培育和产业政策的紧密衔接与统筹协调”，鼓励大企业开放平台资源，打造协作共赢的云计算服务生态环境。

未来公有云将根据功能、地域分离出更多、更方便、更快捷、更专业的公有云，企业可通过对私有云和公有云进行整合，向着混合云的方向转变。

术语表

第 1 章　云计算概念及发展历程

CRM（Customer Relationship Management）：客户关系管理。

ERP（Enterprise Resource Planning）：企业资源计划，是一种主要面向制造类企业进行的物质资源、资金资源和信息资源集成一体化管理的企业信息管理系统。

IoT（Internet of Things）：直译为“物体组成的因特网”，又被称为“物联网”。

RFID（Radio Frequency Identification）：无线射频识别，是一种通信技术，可通过无线电信号识别特定目标并读写相关数据，而无需识别系统与特定目标之间建立机械或光学接触。

SOA（Service Oriented Architecture）：面向服务的架构，是一个组件模型，它将应用程序的不同功能单元（称为服务）通过这些服务之间定义的接口和契约联系起来。

SLA（Service-Level Agreement）：服务等级协议。

VR（Virtual Reality）：虚拟现实技术，是一种多源信息融合的、交互式的三维动态视景与实体行为结合的仿真系统。

VIP（Virtual IP Address）：虚拟 IP 地址。

3GPP（3rd Generation Partnership Project）：3GPP 成立于 1998 年 12 月，多个电信标准组织伙伴签署了《第三代伙伴计划协议》。

第 2 章　云计算的分类及产品应用

BGP（Border Gateway Protocol）：边界网关协议，是运行于 TCP 上的一种自治系统的路由协议。

Dynamo：亚马逊的 Key-Value 模式的存储平台。

iSCSI（Internet Small Computer System Interface）：一个供硬件设备使用的可以在 IP 协议的上层运行的 SCSI 指令集，这种指令集合可以实现在 IP 网络上运行 SCSI 协议。

IAM（Identity and Access Management）：IAM 具有单点登录、强大的认证管理、基于策略的集中式授权和审计、动态授权、企业可管理性等功能。

NFS（Network File System）：NFS 是 FreeBSD 支持的文件系统中的一种，它允许网络中的计算机之间通过 TCP/IP 网络共享资源。

第 3 章　云计算安全

Hash 散列：一种将任意长度的消息压缩到某一固定长度的消息摘要的函数。不同的输入可能会散列成相同的输出，所以不可能从散列值来唯一的确定输入值。

OpenSSL（Open Secure Sockets Layer）：一个安全套接字层密码库，包括主要的密码算法、常用的密钥和证书封装管理功能及 SSL 协议，并提供丰富的应用程序供测试或其他目的使用。

OWASP（Open Web Application Security Project）：开放式 Web 应用程序安全项目，是一个组织，它提供有关计算机和互联网应用程序的公正、实际、有成本效益的信息。其目的是协助个人、企业和机构来发现和使用可信赖软件。

RDP（Remote Desktop Protocol）：远程桌面协议，是一个多通道协议，用于连接提供微软终端机服务的电脑。

SSH（Secure Shell）：SSH 为建立在应用层基础上的安全协议。SSH 是目前较可靠，专为远程登录会话和其他网络服务提供安全性的协议。

SYN（Synchronous）：TCP/IP 建立连接时使用的握手信号。

XSS（Cross Site Scripting）：跨站脚本攻击，恶意攻击者往 Web 页面里插入恶意 Script 代码，当用户浏览该页之时，嵌入 Web 里面的 Script 代码会被执行，从而达到恶意攻击用户的目的。

第 4 章　分布式系统

Infiniband：一种支持多并发链接的“转换线缆”技术，它是新一代服务器硬件平台的 I/O 标准。由于它具有高带宽、低延时、高可扩展性的特点，非常适用于服务器与服务器（如复制、分布式工作等）、服务器和存储设备（如 SAN 和直接存储附件）以及服务器和网络之间的通信。

Paxos：1990 年提出的一种基于消息传递的一致性算法。这个算法被认为是类似算法中最有效的。Paxos 算法解决的问题是一个分布式系统如何就某个值（决议）达成一致。

Scala：是一门多范式的编程语言，一种类似 Java 的编程语言，设计初衷是实现可伸缩的语言、并集成面向对象编程和函数式编程的各种特性。

第 5 章　硬件资源

ARP（Address Resolution Protocol）：地址解析协议，是根据 IP 地址获取物理地址 MAC 的一个 TCP/IP 协议。

CIFS（Common Internet File System）：CIFS 是公共的或开放的 SMB 协议版本，并由 Microsoft 使用。SMB 协议是在局域网上用于服务器文件访问和打印的协议。

802.1Q：IEEE 于 1999 年颁布了用以标准化 VLAN 实现方案的 IEEE 802.1Q 协议标准草案。

第 6 章　虚拟化技术

CDP（Continuous Data Protection）：持续数据保护。

LXC（Linux Container）：一种内核虚拟化技术，可以提供轻量级的虚拟化。

RunTime：运行时刻，是指一个程序在运行或者在被执行的状态。

SNIA（Storage Networking Industry Association）：全球网络存储工业协会。

第 7 章　OpenStack

无

第 8 章　FusionSphere

IDC（Internet Data Center）：互联网数据中心。

第 9 章　分布式应用开发案例

无

第 10 章　Office 365 概述

无

第 11 章　桌面虚拟化

无

参考文献

[1] 王庆波. 虚拟化与云计算[M]. 北京：电子工业出版社，2009.

[2] 崔成泉，王晓芳. 大数据 大文化[M]. 云南：云南大学出版社，2014.

[3] 张为民. 云计算：深刻改变未来[M]. 北京：科学出版社，2009.

[4] 李小宁，李磊，金连文，等. 基于 OpenStack 构建私有云计算平台[J]. 电信科学，2012, 28(9):1-8.

[5] 魏勇军. 浅谈等级保护技术与云计算[J]. 网络安全技术与应用，2015(9):63-64.

[6] 王琴. 基于价值网络重构的企业商业模式创新[J]. 中国工业经济，2011(01):79-88.

[7] 邱汉彬. 基于云存储的空间批租业务技术架构研究及原型验证[D]. 广州：华南理工大学，2012.

[8] 张建成，宋丽华，鹿全礼，等. 云计算方案分析研究[J]. 计算机技术与发展，2012, 22(01):165-167.

[9] 陆平. OpenStack 系统架构设计实战[M]. B 北京：机械工业出版社，2016.

[10] 梅琨，余慧. 新型农村合作医疗信息化云平台设计与实现[J]. 电脑编程技巧与维护，2014(14):39-40.

[11] 王文宇. 基于内容感知的 DLP 技术分析与研究[J]. 信息安全与通信保密，2011, 09(11):51-53.

[12] AnthonyT. Velte, TobyJ. Velte, RobertElsenpeter, 等. 云计算实践指南：Cloud computing a practical approach[M]. 北京：机械工业出版社，2010.

[13] 王鹏. 云计算的关键技术与应用实例[M]. 北京：人民邮电出版社，2010.

[14] 青欣，胥光辉，戢瑶，等. 云数据库应用研究[J]. 计算机技术与发展，2013(05):37-41.

[15] 周洪波. 云计算：技术、应用、标准和商业模式[M]. 北京：电子工业出版社，2011.

[16] 朱近之. 智慧的云计算：物联网的平台（第2版）[M]. 北京：电子工业出版社，2011.

[17] 林子雨，赖永炫，林琛，等. 云数据库研究[D]. 北京：中国科学院软件研究所，中国计算机学会，2012.

[18] 吴朱华. 云计算核心技术剖析[M]. 北京：人民邮电出版社，2011.

[19] 中国电子学会云计算专家委员会. 云计算技术发展报告.2012[M]. 北京：科学出版社，2012.

[20] 马建光，姜巍. 大数据的概念、特征及其应用[J]. 国防科技，2013, 34(02):10-17.

[21] 杨文志. 云计算技术指南[M]. 北京：化学工业出版社，2010.

[22] 李军. DDoS攻击全面解析[J]. 网络安全技术与应用，2007(9):8-9.

[23] 李国杰，程学旗. 大数据研究：未来科技及经济社会发展的重大战略领域——大数据的研究现状与科学思考[J].中国科学院院刊.2012(6):647-657.

[24] 朱志军，闫蕾. 转型时代丛书：大数据·大价值、大机遇、大变革[M].北京：电子工业出版社，2012.

[25] Martin Klubeck.量化：大数据时代的企业管理[M]. 北京：人民邮电出版，2013.

[26] 维克托·迈尔-舍恩伯格.大数据时代[M]. 浙江：浙江人民出版社，2012.

[27] 王磊，孙跃军. Office 365管理员实战指南[M]. 北京：电子工业出版社，2017

[28] 李军. 未来网络安全技术发展趋势[J]. 网络安全技术与应用，2007(1):10-11.

[29] 倪平，张治兵，周开波，等. 网络设备Web应用安全综述[J]. 现代电信科技，2016, 46(3):6-10.

[30] 鲁松. 计算机虚拟化技术及应用[M]. 北京：机械工业出版社，2008.

[31] 英特尔开源软件技术中心. 系统虚拟化：原理与实现[M]. 北京：清华大学出版社，2009.

[32] 张巍. 企业虚拟化实战.VMware篇[M]. 北京：机械工业出版社，2009.

[33] 姜茸，马自飞，李彤，等. 云计算安全风险因素挖掘及应对策略[J]. 现代情报，2015, 35(1):85-90.

[34] 姚文胜，李军，叶何亮，等. IaaS资源池容灾关键技术及实施建议研究[J]. 电信科学，2012, 28(8):150-155.

[35] 李云亚，何欣峰. 云计算中数据安全问题探讨[J]. 江苏科技信息，2014(10):29-30.

[36] 魏勇军. 浅谈等级保护技术与云计算[C]. 安徽：全国信息安全等级保护技术大会会议. 2013.

[37] 王春海. VMware 虚拟化与云计算应用案例详解[M]. 北京：中国铁道出版社，2016.

[38]张小斌. OpenStack 企业云平台架构与实践[M]. 北京：电子工业出版社，2015.

[39] 张子凡. OPENSTACK 部署实践[M]. 北京：人民邮电出版社，2016.

[40] 广小明. 虚拟化技术原理与实现：The principles & practice of virtualization technology[M]. 北京：电子工业出版社，2012.

[41] 杨振. 基于 Linux 的抗 DDoS 防火墙的设计与实现[D]. 天津：天津大学，2007.

[42] 李军. DDoS 攻击全面解析[J]. 网络安全技术与应用，2007(9):8-9.

[43] 戢友. OpenStack 开源云王者归来：云计算、虚拟化、Nova、Swift、Quantum 与 Hadoop[M]. 北京：清华大学出版社，2014.

[44] 肖力. 深度实践 KVM：核心技术、管理运维、性能优化与项目实施[M]. 北京：机械工业出版社，2015.

[45] Itwork. DNS 原理及其解析过程[EB/OL]. http://369369.blog.51cto.com/319630/812889/[].2012.

[46] 高贵升. 云计算技术探秘及应用研究[J]. 电脑与电信，2011(4):69-71.

[47] 赵琳. 分布式检索及相关理论[J]. 科技资讯，2011(9):13-13.

[48] M.L.Liu, Liu，顾铁成，等. 分布式计算原理与应用[M]. 北京：清华大学出版社，2004.

[49] 龚强. 云计算关键技术之分布式计算认知研究[J]. 信息技术，2014(8):1-3.

[50] 林小村. 数据中心建设与运行管理[M]. 北京：科学出版社，2010.

[51] 程炜烨. 一种分布式文件系统的设计和实现[J]. 微处理机，2008, 29(4):171-173.

[52] 朱伟雄，王德安，蔡建华. 新一代数据中心建设理论与实践[M]. 北京：人民邮电出版社，2009.

[53] 余秦勇，陈林，童斌. 一种无中心的云存储架构分析[J]. 通信技术，2012, 45(08):123-126.

[54] 邱旭华. 浅谈云存储技术在公安领域的应用[J]. 中国安防，2013(8):37-43.

[55] 刘长城. 一种海量结构化数据处理技术研究[D]. 上海：复旦大学，2012.

[56] 许俊. 面向服务的网格计算：新型分布式计算体系与中间件[M]. 北京：科学出版社，2009.

[57] 赵琳. 分布式检索及相关理论[J]. 科技资讯，2011(9):13-13.

[58] 沈青，董波，肖德宝. 基于服务器集群的云监控系统设计与实现[J]. 计算机工程与科学，2012, 34(10):73-77.

[59] 高贵升. 云计算技术探秘及应用研究[J]. 电脑与电信，2011(4):69-71.

[60] 吴朱华. 云计算核心技术剖析[M]. 北京：人民邮电出版社，2011.

[61] 刘忠宝，冀慎华. 虚拟化技术在商业银行中的应用前景[J]. 中国金融电脑，2008(06):46-49.

[62] 李广洋. 浅析虚拟机在基层央行中的应用[J]. 中国管理信息化，2012, 15(22):55-56.

[63] 张新玲，张东，曹玲玲，等. 云计算虚拟化平台性能研究[J]. 软件导刊，2013(11):1-3.

[64] 于宁宁. 网络服务器类型的分析和比较[J]. 中国证券期货，2012(A08):222-222.

[65] 张广明. 数据中心基础设施设计与建设[M]. 北京：电子工业出版社，2012.

[66] 崔萌. 移动核心网 NFV 部署及演进分析[J]. 电信技术，2016(3):77-80.

[67] 杨传辉. 大规模分布式存储系统[M]. 北京：机械工业出版社，2013.

[68] EricMaillé, René-FranoisMennec. VMware vSphere 5 虚拟数据中心构建指南[M]. 北京：机械工业出版社，2013.

[69] 韩哲. 种面向云计算的远程文件同步系统的设计与实现[D]. 北京：北京邮电大学，2013.

[70] 任海. 面向 OpenStack 的多层身份认证机制和资源态势监控[D]. 陕西：西安电子科技大学，2014.

[71] 刘刚，侯宾，翟周伟. Hadoop 开源云计算平台[M]. 北京：北京邮电大学出版社，2011.

[72] 李春艳，张学杰. 基于高性能计算的开源云平台性能评估[J]. 计算机应用，2013, 33(12):3580-3585.

[73] 温小龙. 私有云中基于 QoS 收益的资源调度机制研究[D]. 云南：云南大学，2013.

[74] 唐宏. 开源云 OpenStack 技术指南[M]. 北京：科学出版社，2013.

[75] 兰鑫岩. 基于 OpenStack 的视频共享系统的研究与实现[D]. 北京：北京邮电大学，2014.

[76] 华为技术有限公司. 华为 FusionCloud 桌面云解决方案 6.1 应用虚拟化技术白皮书. [EB/OL] .2017.

[77] 华为技术有限公司. 华为存储双活解决方案技术白皮书 V3.1. [EB/OL].2014.

[78] 华为技术有限公司. 华为点对点容灾解决方案 V100R001C00 技术白皮书[EB/OL].2014.

[79] 华为技术有限公司. 华为 FusionSphere 6.0 解决方案概述. [EB/OL].2016.

[80] 华为技术有限公司. FusionStorage V100R006C00 用户指南.[EB/OL].2017.

[81] 华为技术有限公司. FusionCompute 产品文档- (V100R005C00_05).[EB/OL].2015.

[82] 华为技术有限公司. FusionManager V100R006C00 产品文档 01 (服务器虚拟化，ServiceCenter).[EB/OL].2015.

[83] 华为技术有限公司. FusionManager 产品文档-(V100R005C00_04，服务器整合，all-in-one) .[EB/OL].2015.

[84] 付平武. 桌面虚拟化技术应用与研究[J]. 电脑知识与技术：学术交流，2013(6):1469-1470.

[85] 杨皓. 基于 VMware vSphere 的高校数据中心虚拟化应用[D]. 云南：云南大学，2016.

[86] 俞科峰.桌面云关键技术及在电信运营商的应用研究[J].广东通信技术，2012, 32(11):47-51.

[87] 丁涛. 基于虚拟化应用的安全接入的研究[D]. 北京：华北电力大学，2013.

[88] 鲍亮，叶宏. 开源云计算平台 CloudStack 实战[M]. 北京：清华大学出版社，2016.

[89] 杨皓. 基于 Horizon View 的桌面虚拟化技术在高职院校中的应用[J]. 价值工程，2017，36(18):176-179.

[90] 张庚，吴铭珊，丁慧霞，等. 桌面云在电力系统中的应用[J]. 电力信息与通信技术，2013, 11(3):32-35.

[91]闫龙川，刘志永.桌面虚拟化技术研究与应用[J].电力信息与通信技术，2010, 08(7):55-58.

[92] Ghemawat S, Gobioff H, Leung S T. The Google file system[C]//ACM SIGOPS operating systems review. ACM, 2003, 37(5): 29-43.

[93] Chen X. Google Big Table[J]. 2010.

[94] Dean J, Ghemawat S. MapReduce: a flexible data processing tool[J]. Communications of the ACM, 2010, 53(1): 72-77.

[95] Chang F, Dean J, Ghemawat S, et al. Bigtable: A distributed storage system for structured data[J]. ACM Transactions on Computer Systems (TOCS), 2008, 26(2): 4.

[96] Agrawal D, Das S, El Abbadi A. Big data and cloud computing: current

state and future opportunities[C]//Proceedings of the 14th International Conference on Extending Database Technology. ACM, 2011: 530-533.

[97] Hashem I A T, Yaqoob I, Anuar N B, et al. The rise of "big data" on cloud computing: Review and open research issues[J]. Information Systems, 2015, 47: 98-115.

[98] Mirkovic J, Reiher P. A taxonomy of DDoS attack and DDoS defense mechanisms[J]. ACM SIGCOMM Computer Communication Review, 2004, 34(2): 39-53.

[99] Manyika J, Chui M, Brown B, et al. Big data: The next frontier for innovation, competition, and productivity[J]. 2011.

[100] Jeong J, Lee K, Park J, et al. The autoconfiguration of recursive DNS server and the optimization of DNS name resolution in hierarchical mobile IPv6[C]//Vehicular Technology Conference, 2003. VTC 2003-Fall. 2003 IEEE 58th. IEEE, 2003, 5: 3439-3442.

[101] Childers B. Virtualization shootout: VMware server vs. VirutalBox vs. KVM[J]. Linux Journal, 2009, 2009(187): 12.

[102] Barham P, Dragovic B, Fraser K, et al. Xen and the art of virtualization[C]// ACM SIGOPS operating systems review. ACM, 2003, 37(5): 164-177.

[103] Uhlig R, Neiger G, Rodgers D, et al. Intel virtualization technology[J]. Computer, 2005, 38(5): 48-56.

[104] Adams K, Agesen O. A comparison of software and hardware techniques for x86 virtualization[J]. ACM SIGOPS Operating Systems Review, 2006, 40(5): 2-13.

[105] Soltesz S, Pötzl H, Fiuczynski M E, et al. Container-based operating system virtualization: a scalable, high-performance alternative to hypervisors[C]// ACM SIGOPS Operating Systems Review. ACM, 2007, 41(3): 275-287.

[106] Sefraoui O, Aissaoui M, Eleuldj M. OpenStack: toward an open-source solution for cloud computing[J]. International Journal of Computer Applications, 2012, 55(3).

[107] Corradi A, Fanelli M, Foschini L. VM consolidation: A real case based on OpenStack Cloud[J]. Future Generation Computer Systems, 2014, 32: 118-127.

[108] Pepple K. Deploying openstack[M]. "O'Reilly Media, Inc.", 2011.

[109] Wuhib F, Stadler R, Lindgren H. Dynamic resource allocation with management objectives—Implementation for an OpenStack cloud[C]//Network and service management (cnsm), 2012 8th international conference and 2012 workshop

on systems virtualiztion management (svm). IEEE, 2012: 309-315.

[110] Murray K. Microsoft Office 365: Connect and collaborate virtually anywhere, anytime[M]. Microsoft Press, 2011.

[111] Katzer M, Crawford D. Office 365 Administration Guide Enterprise[M]//Office 365. Apress, 2013: 365-428.

[112] Hill B. Working with Microsoft Office 365: Running your small business in the cloud[M]. O'Reilly Media, Inc., 2012.

[113] Kumawat A. Cloud Service Models (IaaS, SaaS, PaaS)+ How Microsoft Office 365, Azure Fit In[J]. 2014.

[114] Katzer M, Crawford D. Office 365 Exchange Online Protection Administration Guide[M]//Office 365. Apress, 2013: 483-543.

[115] Pepple K. Deploying openstack[M]. "O'Reilly Media, Inc.", 2011.

[116] Kumar R, Parashar B B. Dynamic resource allocation and management using openstack[J]. Nova, 2010, 1: 21.

[117] Baset S A. Open source cloud technologies[C]//Proceedings of the Third ACM Symposium on Cloud Computing. ACM, 2012: 28.

[118] Baset S A, Tang C, Tak B C, et al. Dissecting Open Source Cloud Evolution: An OpenStack Case Study[C]//HotCloud. 2013.

[119] Stewart C H, Pronev S B, Starnes D J. Method and apparatus for efficient storage and retrieval of objects in and from an object storage device: U.S. Patent 6,389,460[P]. 2002-5-14.

[120] Factor M, Meth K, Naor D, et al. Object storage: The future building block for storage systems[C]//Local to Global Data Interoperability-Challenges and Technologies, 2005. IEEE, 2005: 119-123.

[121] Anders M. Data format for multimedia object storage, retrieval and transfer: U.S. Patent 6,604,144[P]. 2003-8-5.

[122] Smith D L, Keenan W J, Szymanski S J. Block storage memory management system and method utilizing independent partition managers and device drivers: U.S. Patent 5,829,053[P]. 1998-10-27.

[123] Ruest N, Ruest D. Virtualization, A Beginner's Guide[M]. McGraw-Hill, Inc., 2009.

[124] Jang S M, Choi W H, Kim W Y. Client rendering method for desktop virtualization services[J]. ETRI Journal, 2013, 35(2): 348-351.

[125] Lai G, Song H, Lin X. A service based lightweight desktop virtualization

system[C]//Service sciences (ICSS), 2010 international conference on. IEEE, 2010: 277-282.

[126] Ruest N, Ruest D. Virtualization, A Beginner's Guide[M]. McGraw-Hill, Inc., 2009.

其他信息来源

华为（中国）官方网站：http://www.huawei.com/cn/

华为信息与网络技术学院官方网站：https://www.huaweiacad.com

IEEE 802 标准委员会网站：http://www.ieee802.org

IANA 官方网站：http://www.iana.org

ICANN 官方网站：https://www.icann.org

ITU 官方网站：http://www.itu.int

ISO 官方网站：https://www.iso.org

IETF 官方网站：http://www.ietf.org

IETF 官方网站 RFC 文档查询链接：https://www.rfc-editor.org/search/rfc_search.php

维基百科英文：https://en.wikipedia.org